原寸図鑑
葉っぱでおぼえる樹木

濱野周泰
［監修］

柏書房

本書の使い方

本書でとり上げる樹木

　本書は、葉のかたちから樹木の種をしらべ同定する（何の樹かを見きわめ確定する）ための検索図鑑として、日本に分布する樹木300種を収録しました。それらの樹木の多くは、もともと日本の山野に自生する樹木が中心ですが、そのほかにも観賞用や、食用・薬用、あるいは街路樹などの緑化用として外国から導入され、植栽されている外国産樹木も多く含まれます。

　日本に自生する樹種、植栽される樹種の数は千を超えるかと思われますが、本書では、日本に広く分布し、かつ平地でも山地でも、実際に身近にふれる機会の多い樹木、また情報としてふだんから目にし耳にもする樹木、そんな樹木を優先的に選びました。

　一般に樹木というと単幹直立のいわゆる高木をイメージしますが、本書の項目として選んだ樹木300種のなかには、何本もの細い幹が叢生する潅木や、樹高が人の背丈にも満たない低木もあります。またツタのように幹がほかのものに巻きついて伸びるつる性の樹木もあります。

　本書では、樹木を同定する際のよりどころとして、まず第一に葉のかたちをあげました。300種の樹木があれば葉のかたちは300通り、あるいはそれ以上あります。よく似た葉でも細部を見ればそれぞれ違った特徴をもっています。

　また本書では、原則として葉の表裏の原寸写真を掲載しました。実際の葉を手にするように、マークされた着目点で葉のかたちの細部の特徴を確認できるようになっています。

　樹木を同定する手がかりは、もちろん葉だけではありません。樹形や樹皮、枝や幹、花や実など各樹種の特徴がわかる写真も掲載しました。

本書の構成と項目の分類配列

　本書は、検索表（ビジュアル・インデックス）と本文の図鑑部分で構成されています。検索表は葉のかたちを15のタイプに分類した一覧表で、各タイプのブロック内には該当する実際の葉の写真が、かたちのより似ている順に配列されています。

　この検索表の最初のページは、葉のかたちのタイプ分類チャートです。手持ちのしらべたい葉を、その分類体系に従って、いずれかのタイプに絞り込みます。チャート→葉のタイプ→樹種の葉のかたち→樹種の特徴の詳細を確認して種を同定することができます。

　チャートでは最終分類の15タイプが縦1列の分類インデックスとなっていて、検索表および本文図鑑の共通のインデックスと対応しています。

　図鑑における樹種の分類と科の配列の順序は、原則としてエングラーなどによる分類・配列にほぼ従っています。

目　次　原寸図鑑　葉っぱでおぼえる樹木

本書の使い方	2
葉のかたち　タイプ分類と	
検索のためのチェックポイント	3
検索表　VISUAL INDEX	5
葉のかたちによるタイプ分類チャート	5
樹木図鑑	**17**
巻末資料	
樹木用語事典	322
学名さくいん	329
和名さくいん	331

イチョウ科	17	ツバキ科	134	アオギリ科	246
マツ科	18	スズカケノキ科	142	ジンチョウゲ科	247
スギ科	29	マンサク科	145	グミ科	248
コウヤマキ科	31	ユキノシタ科	152	イイギリ科	250
ヒノキ科	32	トベラ科	157	キブシ科	251
マキ科	40	バラ科	158	ミソハギ科	252
イチイ科	42	マメ科	188	ザクロ科	254
ヤマモモ科	45	トウダイグサ科	195	ミズキ科	255
クルミ科	46	ユズリハ科	198	ウコギ科	262
ヤナギ科	49	ミカン科	199	リョウブ科	270
カバノキ科	59	センダン科	203	ツツジ科	271
ブナ科	71	ツゲ科	204	カキノキ科	281
トチュウ科	89	ドクウツギ科	205	エゴノキ科	282
ニレ科	90	ウルシ科	206	ハイノキ科	284
クワ科	96	カエデ科	211	モクセイ科	286
ビャクダン科	103	ムクロジ科	226	キョウチクトウ科	297
モクレン科	104	トチノキ科	227	アカネ科	298
シキミ科	113	アワブキ科	228	ムラサキ科	300
クスノキ科	114	モチノキ科	229	クマツヅラ科	302
フサザクラ科	126	ニシキギ科	234	ゴマノハグサ科	305
カツラ科	127	ミツバウツギ科	238	スイカズラ科	306
メギ	128	ブドウ科	239	ユリ科	318
アケビ科	130	ホルトノキ科	242	キク科	320
マタタビ科	133	シナノキ科	243		

ハルニレ

単葉｜広葉｜切れ込みなし｜鋸歯あり

Ulmus davidiana var. *japonica*（ニレ科）

互生　落葉高木

北海道、本州、四国、九州に分布する落葉高木。とくに北の地域に多い。山麓部の沢沿いに多く、公園・街路樹などとして植栽される。高さ30m、直径1mに達する。樹皮は縦にやや深い割れ目が生じ、不規則な鱗片状となり、はがれる。色は灰色〜灰褐色。葉は互生し、4〜12㎝の葉柄がある。葉身はやや厚く、長さ3〜15㎝、幅2〜8㎝の倒卵形あるいは倒卵状楕円形または楕円形で、先は急鋭尖頭、基部はくさび形で左右不対称。葉縁は重鋸歯がある。葉の表は緑色でざらつき、微毛が散生する。裏は淡緑色で、葉脈沿いに短毛が密生する。側脈は10〜20対。花期は3〜5月。葉に先立って褐紫色またはわずかに帯紅色がかった花をつける。

幹を直立させて枝を広げ、大きな樹冠になる

樹皮は縦にやや深く割れ目が入る

葉の先は尖る

裏　原寸

表　原寸

葉縁には重鋸歯がある

葉は側卵状楕円形、あるいは楕円形

表は緑色でざらつく

基部はくさび形で左右不対称

葉は互生する

枝 30%

● TOPICS

単にニレともいい、北海道ではエルムの名で知られ、街路樹として多く植えられるなど、北海道を代表する樹木といえる。アイヌの神話では、祖神アイヌラックルは、ハルニレの女神と雷神との間の子であるとされる。

①**葉のかたちの分類項目**　葉のかたちをタイプ分類したチェック項目です。あたまのマークは15分類に該当するタイプのマークです（15タイプのマークは5ページの「タイプ分類チャート」で一覧下さい）。

②**樹木名**　図鑑の項目見出しです。学名（属名＋種小名）をイタリック体で並記します。よく使われる別の名前があれば「別名」として記載します。

③**葉のつき方マーク・生活型マーク**　樹種をしらべるための基本的な情報をマーク化しました。

葉のつき方	互生	対生	輪生	束生

生活型	落葉高木	落葉小高木
	落葉低木	落葉つる
	常緑高木	常緑小高木
	常緑低木	常緑つる

④**タイプ分類インデックス**　葉のかたちを15のタイプに分類し、それぞれをA〜Oの記号であらわしました。

⑤**樹木の基本的な特徴の写真**　樹形、樹冠、枝、幹、花、果実など、樹種それぞれの全体や部分の特徴を確認できる写真を掲載。

⑥**葉の原寸写真**　葉の裏表を原寸写真で確認。マークされたポイントのディテールを詳細にチェックします。葉が大きくてページに入りきらないものは写真をシルエットにした原寸写真の部分を、背景として掲載。なお写真の縮小率（％）は面積比ではなく長さの比率（距離比）です。

⑦**枝先の写真**　葉のつき方や、同じ枝に大きさやかたち、色の違う葉がつくことも多いことなどを確認します。

⑧**TOPICS（トピックス）**　類似種や近縁種との見分け方、基本種や変種などについて、また名前の語源や由来、歴史や民俗、園芸や造園、食用や薬用、材木としての利用など、樹木の文化にまつわる話題を提供します。

葉のかたち　タイプ分類と検索のためのチェックポイント

　樹木の葉は何気なく見ると同じように見えるものも多いのですが、よく似た葉でも細部を観察すればはっきり違った特徴が見えてきます。その特徴を見分けるチェックポイントを見つけ、ポイントごとに特徴を分類していけば、いくつかのタイプに分けることができます。

単葉と複葉

　樹木の葉は単葉と複葉の二つに分類されます。単葉は一枚の葉、つまり連続したひとつの面でできている葉です。複葉はひとつの葉（葉身）が一枚ではなく、不連続的に分かれて何枚かの小葉で構成される葉です。複葉の主軸は単葉の主脈に、同じく小葉軸は単葉の側脈に相当します。

　複葉の一枚の小葉は単葉にも見えて紛らわしいのですが、単葉の腋には芽（腋芽）があるのに対し、小葉の葉軸のつけ根に芽はなく、主軸の葉腋に芽があることで区別します。また単葉が枝につく葉の面は一定方向を向かないのに対し、複葉は、その主軸、小葉、小葉軸が同一平面上に位置し、一枚の単葉のようにそれぞれが同じ方向を向いて、全体に、より整然としています。

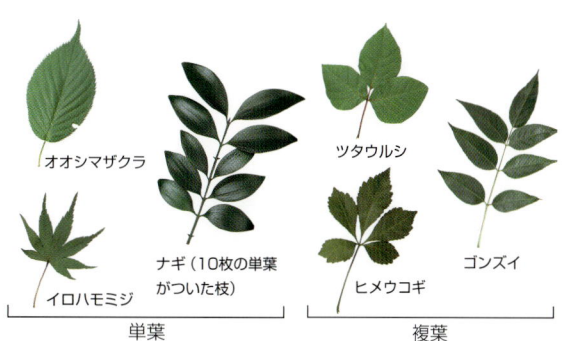

オオシマザクラ／ツタウルシ／イロハモミジ／ナギ（10枚の単葉がついた枝）／ヒメウコギ／ゴンズイ

単葉　　複葉

広葉と針葉

　樹木は広い葉をもつ広葉樹と、細い針のような葉または鱗状の葉をもつ針葉樹に分類されます。広葉樹は被子植物、針葉樹は裸子植物で、この違いは葉のかたち以上に植物分類学上の重要な分類概念ですが、ここではあくまでも葉のかたちの違いに着目する分類なので、絞り込みの順序を単葉の次にしました。

　広葉といっても、そのかたちは線形あるいは広線形とよばれる細長いものから、円形に近いもの、さらに横に広い腎臓形までいろいろなかたちのものがあります（巻末「用語事典」参照）。

　針葉には名前どおり針形あるいは線形といわれるかたちの葉と、小さい鱗のような葉が枝にびっしりつく鱗状の葉とがあります。広葉にくらべ、枝への葉のつき方が複雑で変化があります。針形は針のように細いものから幅の広い、針葉樹らしくないものまでいろいろあります。

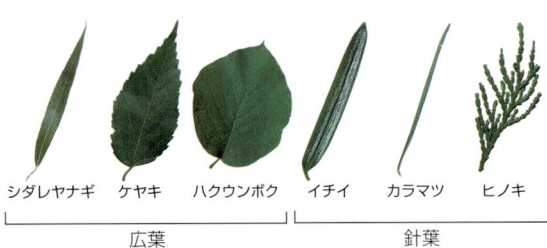

シダレヤナギ　ケヤキ　ハクウンボク　イチイ　カラマツ　ヒノキ
　　　　広葉　　　　　　　　　　　　　針葉

葉の切れ込み

　広葉には切れ込みのあるものとないものとがあります。切れ込みの深さの程度はいろいろで、きわめて浅いものからもう少しで複葉になってしまうのではと思われる深い切れ込みの入ったものまであります。また切れ込みの数もいろいろで、切れ込みでできた裂片の数によって3裂葉とか5裂葉などとよばれます。裂片の数はたいていは奇数ですが、変則的なものもあります。同じ樹種、同じ個体であっても、葉の裂片の数には幅があります。

カツラ（切れ込みなし）　ヤマグワ　フウ　イチジク
オオモミジ　ヤツデ　ハウチワカエデ

複葉のいろいろ

　複葉にはいくつかのタイプがありますが、それらはかたちのうえでは単葉の葉脈のタイプに対応します。小葉が3枚つく三出複葉は三行脈単葉と、掌状複葉は5主脈以上の掌状脈をもつ単葉と、そして羽状複葉は羽状側脈の単葉と対応します。

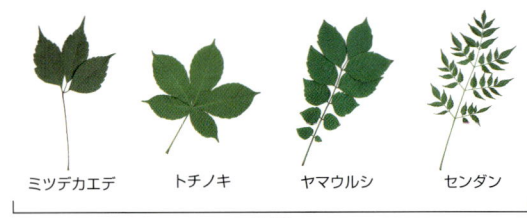

ミツデカエデ　トチノキ　ヤマウルシ　センダン
　　　　　　　　　複葉

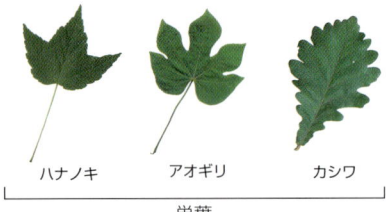

ハナノキ　アオギリ　カシワ
　　　　　単葉

鋸歯

　葉の縁にあるのこぎりの歯のようなギザギザは鋸歯とよばれ、その有無やかたちが樹種を同定するための重要な手がかりとなります。鋸歯の全くない葉は全縁とよばれます。鋸歯のかたちはゆるやかな波形状のもの、ギザギザの鋭いもの鈍いもの、歯が整然と規則的に並ぶものやそうでないもの、あるいは二重になった複雑なものなどさまざまです。また葉の縁全体ではなく、鋸歯が葉の上半分にだけあるという場合もあります（巻末「用語事典」の図解参照）。

モチノキ（鋸歯なし）　フサザクラ　ムクノキ　アラカシ　ハシバミ

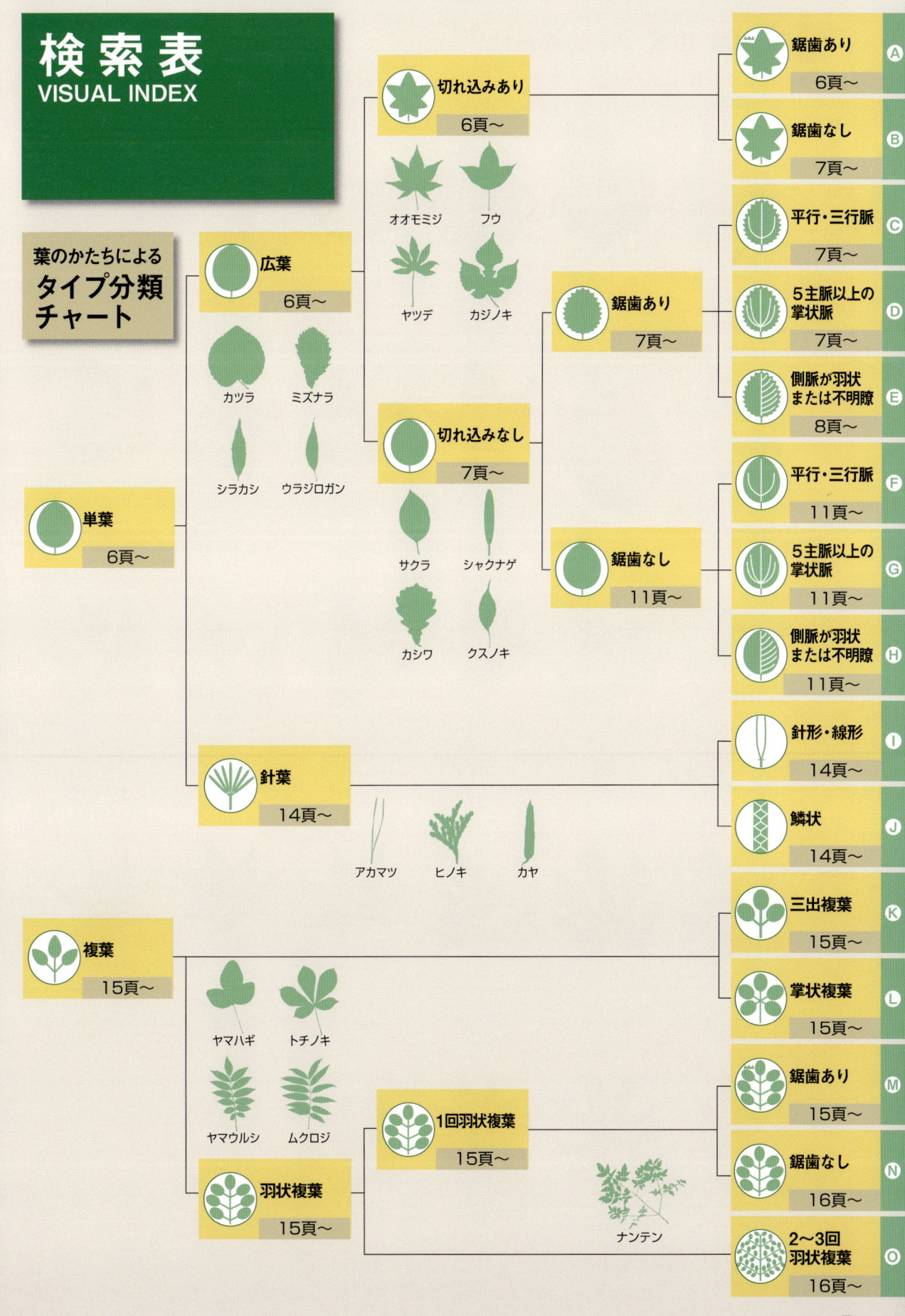

単葉｜広葉｜切れ込みあり

鋸歯ありⓐ

| ヤマグワ ➡97頁 |  マグワ ➡96頁 |  ヤマブドウ ➡239頁 |  カンボク ➡307頁 |  サンザシ ➡177頁 |  ツタ ➡241頁 |

| ウリハダカエデ ➡216頁 |  オヒョウ ➡94頁 |  ハナノキ ➡211頁 |  フウ ➡150頁 |  アメリカスズカケノキ ➡143頁 |  ウラジロハコヤナギ ➡50頁 |

| モミジバスズカケノキ ➡144頁 |  スズカケノキ ➡142頁 |  カジカエデ ➡222頁 |  モミジバフウ ➡151頁 |  カジノキ ➡98頁 |  ノブドウ ➡240頁 |

| モミジイチゴ ➡176頁 |  イチジク ➡101頁 |  コゴメウツギ ➡158頁 |  オオモミジ ➡213頁 |  ハリギリ ➡268頁 |  イロハモミジ ➡212頁 |

| ヤマモミジ ➡214頁 |  ヤツデ ➡265頁 |  オオイタヤメイゲツ ➡217頁 |  ハウチワカエデ ➡215頁 |

単葉｜広葉｜切れ込みなし｜鋸歯あり

鋸歯なし B

- イチョウ ➡17頁
- ユリノキ ➡112頁
- キリ ➡305頁
- ダンコウバイ ➡121頁
- トウカエデ ➡223頁
- アカメガシワ ➡197頁
- カクレミノ ➡264頁
- シロモジ ➡120頁
- アオギリ ➡246頁
- イタヤカエデ ➡220頁

平行・三行脈 C

- コウヤボウキ ➡320頁
- セイヨウハコヤナギ ➡49頁
- コウゾ ➡99頁
- シナノキ ➡244頁
- ヘラノキ ➡243頁
- エノキ ➡91頁
- ムクノキ ➡90頁
- クサギ ➡304頁
- マンサク ➡148頁

5主脈以上の掌状脈 D

- カツラ ➡127頁
- ガマズミ ➡311頁
- ヒュウガミズキ ➡146頁
- イイギリ ➡250頁
- ツクバネウツギ ➡312頁
- トサミズキ ➡147頁
- ボダイジュ ➡245頁

7

単葉｜広葉｜切れ込みなし｜鋸歯あり

側脈が羽状または不明瞭 E

シダレヤナギ ➡55頁	コゴメヤナギ ➡54頁	クヌギ ➡75頁	ウラジロガシ ➡83頁	クリ ➡85頁	シラカシ ➡84頁
スダジイ ➡86頁	アオキ ➡256頁	ビワ ➡181頁	アラカシ ➡82頁	バッコヤナギ ➡52頁	イチイガシ ➡81頁
ホルトノキ ➡242頁	ビロードムラサキ ➡302頁	タラヨウ ➡231頁	アベマキ ➡76頁	コナラ ➡79頁	アセビ ➡279頁
シャリンバイ ➡182頁	ウバメガシ ➡74頁	ノリウツギ ➡152頁	シモツケ ➡159頁	タチヤナギ ➡53頁	ネコヤナギ ➡58頁
オノエヤナギ ➡56頁	イヌコリヤナギ ➡57頁	シロヤナギ ➡51頁	イヌツゲ ➡229頁	アキニレ ➡95頁	イヌザクラ ➡161頁

単葉｜広葉｜切れ込みなし｜鋸歯あり

側脈が羽状または不明瞭 E

アズキナシ	→180頁
ヒトツバカエデ	→218頁
ナツツバキ	→137頁
マユミ	→236頁
ヤマザクラ	→169頁
カスミザクラ	→168頁
ドウダンツツジ	→278頁
ユキツバキ	→135頁
ウメモドキ	→232頁
トチュウ	→89頁
エドヒガン	→165頁
カンヒザクラ	→164頁
リンボク	→163頁
ヤマアジサイ	→154頁
ガクウツギ	→155頁
リョウブ	→270頁
ムラサキシキブ	→303頁
ハコネウツギ	→313頁
カナメモチ	→183頁
ガクアジサイ	→153頁
キブシ	→251頁
チシャノキ	→301頁
マタタビ	→133頁
ハイノキ	→285頁
ヤマブキ	→170頁
ブナ	→72頁
イヌブナ	→71頁
シラカバ	→62頁

単葉｜広葉｜切れ込みなし｜鋸歯なし

側脈が羽状または不明瞭 E

- ウダイカンバ ➡61頁
- ダケカンバ ➡63頁
- ヤマナシ ➡187頁
- ツルウメモドキ ➡237頁 
- ケヤマハンノキ ➡60頁
- マルバチシャノキ ➡300頁
- オオカメノキ ➡309頁 
- ハクウンボク ➡283頁
- ウメ ➡160頁
- フサザクラ ➡126頁 
- ハシバミ ➡65頁
- ミズナラ ➡78頁
- カシワ ➡77頁 
- ヒイラギ① ➡292頁

平行・三行脈 F

- サルトリイバラ ➡318頁
- ドクウツギ ➡205頁
- イヌビワ ➡102頁
- シロダモ ➡123頁
- ナギ ➡41頁
- ヤブニッケイ ➡115頁
- クスノキ ➡114頁

5主脈以上の掌状脈 G

- キヅタ ➡263頁
- マルバノキ ➡145頁
- ハナズオウ ➡189頁

側脈が羽状または不明瞭 H

- バリバリノキ ➡125頁
- ミツマタ ➡247頁
- アズマシャクナゲ ➡277頁
- ホソバタイサンボク ➡111頁
- ヒイラギ② ➡292頁
- ザクロ ➡254頁

単葉｜広葉｜切れ込みなし｜鋸歯なし

側脈が羽状または不明瞭 H

ヒトツバタゴ ➡291頁	ユズリハ ➡198頁	サンゴジュ ➡308頁	トベラ ➡157頁	マテバシイ ➡87頁	コクチナシ ➡299頁	ヤマモモ ➡45頁
モクレン ➡108頁	ハクサンシャクナゲ ➡276頁	シキミ ➡113頁	オガタマノキ ➡104頁	カゴノキ ➡124頁	シリブカガシ ➡88頁	スイカズラ ➡315頁
サツキ ➡271頁	タムシバ ➡110頁	ツクバネ ➡103頁	キンモクセイ ➡293頁	アカガシ ➡80頁	カキノキ ➡281頁	
モチノキ ➡230頁	ゲンカイツツジ ➡274頁	タブノキ ➡116頁	イスノキ ➡149頁	ゲッケイジュ ➡122頁	ナワシログミ ➡249頁	
ナツグミ ➡248頁	トウネズミモチ ➡294頁	ガジュマル ➡100頁	テイカカズラ ➡297頁	ウグイスカズラ ➡317頁	オオバクロモジ ➡118頁	

 複葉

 複葉｜羽状複葉｜1回羽状複葉

三出複葉 K

- カラタチ ➡202頁
- ヤマハギ ➡194頁
- ミツバアケビ ➡132頁

- ツタウルシ ➡206頁
- メグスリノキ ➡224頁
- ミツデカエデ ➡225頁

- タカノツメ ➡269頁

掌状複葉 L

- ヒメウコギ ➡266頁
- コシアブラ ➡267頁
- アケビ ➡131頁

- ムベ ➡130頁
- トチノキ ➡227頁

鋸歯あり M

- トネリコ ➡289頁
- マルバアオダモ ➡286頁

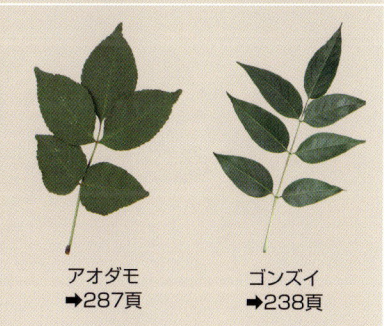

- アオダモ ➡287頁
- ゴンズイ ➡238頁

- ハマナス ➡173頁
- カラフトイバラ ➡174頁

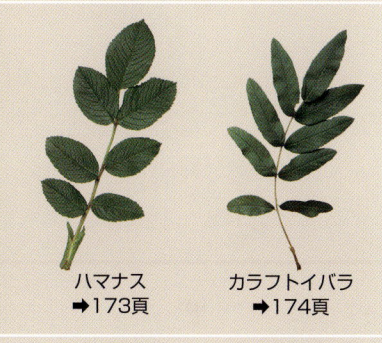

- ヌルデ ➡207頁
- ノイバラ ➡171頁

- ニワトコ ➡306頁
- キハダ ➡201頁

複葉｜羽状複葉｜1回羽状複葉

鋸歯あり M

- ヤマウルシ ➡208頁
- ヤチダモ ➡288頁 
- テリハノイバラ ➡172頁 
- ナナカマド ➡178頁 
- サワグルミ ➡48頁 
- ノグルミ ➡46頁 
- サンショウ ➡200頁 
- オニグルミ ➡47頁 
- サンショウバラ ➡175頁 

鋸歯なし N

- エンジュ ➡191頁
- ムクロジ ➡226頁 
- サイカチ ➡190頁 
- ハゼノキ ➡209頁 
- ヤマハゼ ➡210頁 
- ハリエンジュ ➡192頁 
- フジ ➡193頁 

複葉｜羽状複葉｜2～3回羽状複葉 O

- ネムノキ ➡188頁
- タラノキ ➡262頁
- センダン ➡203頁
- ナンテン ➡129頁

単葉 | 広葉 | 切れ込みあり | 鋸歯なし

イチョウ

Ginkgo biloba（イチョウ科）

互生　落葉高木

美しく黄葉するので、街路樹など各地で利用される

　中国原産で、庭園や公園、街路樹などとして各地に植栽される。落葉高木で、大きいものでは高さ30〜45m、直径5mほどになるものもある。樹皮は灰色〜灰褐色で、不規則に縦裂する。葉柄は3〜6cmと長く、葉はらせん状に互生し、短枝には束生する。葉身は長さ4〜8cm、幅5〜7cmの扇形。葉の表裏とも無毛で上縁は波状となり、中央部が浅く、あるいは深く切れ込むものもある。葉脈は二股分岐して平行脈状となり、上縁に達する。雌雄異株。花期は4〜5月。花は短枝上につき、雄花は短い穂状で、雌花は枝の先端についたふつう2個の胚珠からなる。果実の銀杏（ギンナン）は食用になる。

ギンナンの外種皮は悪臭を放つが、種子は炒って食べるとおいしい

葉の上縁は波状となり、切れ込みがあるものもある

表 原寸

裏 原寸

葉脚はくさび形

枝 50%

葉は短枝に束生する

●TOPICS

雌雄異株で、樹形にもその違いが現れるという。一般に古い雄株では枝が上向きに伸び、雌株では水平に伸びる傾向があるというが定かではない。雌株では種子、いわゆるギンナンが多くつくことで、その重みで枝が上に伸びないのではないかなどともいわれている。

| 単葉 | 針葉 | 線形 |

カラマツ

Larix kaempferi（マツ科）

 互生　落葉高木

秋には美しく黄葉し、冬を前に葉を落とす

　宮城県、新潟県以南から中部山岳地帯にかけての本州の山地に自生するほか、北海道をはじめ、各地に植林されたものも見られる。落葉高木で高さ約30m、直径約1mになる。葉は長さ2〜3cm、幅1〜2mmの線形で横断面は扁平、長枝ではらせん状に互生、短枝では20〜30本が束生する。長枝の葉は長く、短枝の葉は短い。花期は4〜5月。雄花は長さ約4mmの楕円形〜長卵形で、葉をつけない短枝に頂生する。雌花は長さ10mmほどの卵形で紅紫色、短枝の端につく。9〜10月に黄褐色に成熟する。球果は長さ2〜3cmの卵状球形で直立する。

樹皮は粗く縦に割れ、褐色

表 原寸　　　裏 原寸

葉は長さ2〜3cmで、やわらかい

葉の表は黄緑色　　　葉の裏には2本の気孔帯が目立つ

葉は長枝に互生

枝 原寸

葉は短枝に束生

枝 原寸

●TOPICS

別名ラクヨウショウ（落葉松）。秋に黄葉して落葉するためこの名がある。針葉樹の中では数少ない落葉樹のひとつで、新緑、秋の黄葉ともに美しい。カラマツの名は、新葉の形が、唐絵のマツに似るため、江戸末期の植木屋が名づけたという。

単葉 | 針葉 | 針形

クロマツ

Pinus thunbergii (マツ科)

束生　常緑高木

　青森県以南の本州、四国、九州、沖縄に分布する常緑高木。大きなものは高さ40m、直径約2mになるものがある。海岸沿いに多いが、場所によって標高800～900mにまで見られる。樹皮は厚く灰黒色で、亀甲状の鱗片となり、はがれる。葉は長さ10～15cm、幅1.5～2mmの針形でかたく、先端は尖り短枝に2本束生する。雌雄同株で花期は4～5月。雄花は長さ14～20mmの穂状で、新枝の基部に多数つく。雄花の基部には苞があり、その先に雄しべが多数らせん状に密生する。雌花は長さ3mmほどの球形で、紫紅色。

樹冠が広がり傘のようになる。庭木や盆栽としてもよく利用される

樹皮は亀の甲羅のような割れ目が入る

葉の先端は尖る

葉 原寸

葉は光沢の少ない緑色

短枝に2本の葉が束生する

枝 70%

● TOPICS

葉の緑色はアカマツより濃く、樹脂導はふつう3個であるが、それ以上が葉肉内にあることもある。アカマツは枝や葉の印象からメマツ（雌松）の名があるが、クロマツは葉や枝がアカマツに比べて太いため、オマツ（雄松）ともよばれる。

長枝上の短枝はらせん状に互生し、基部に灰白色の鱗片がある

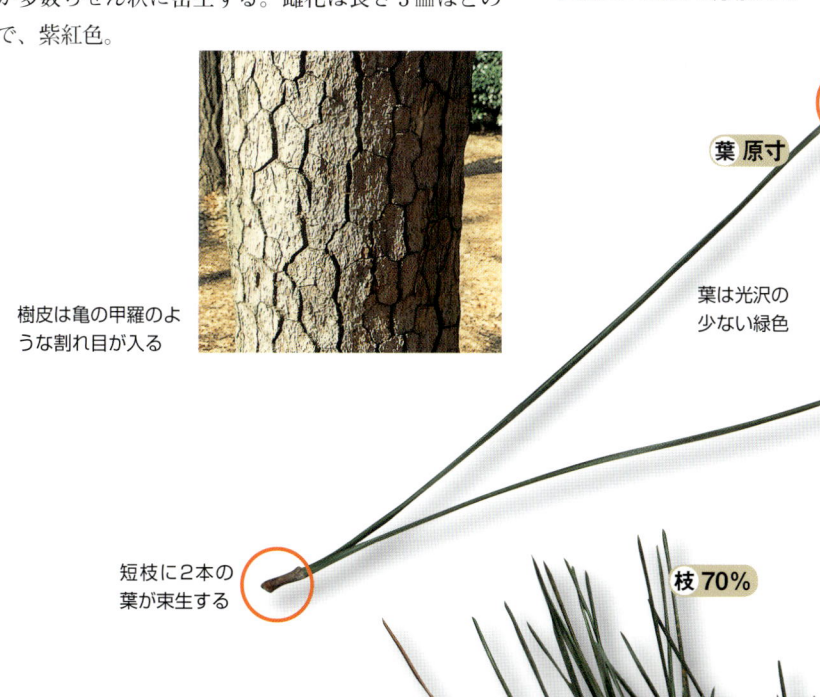

単葉｜針葉｜針形

アカマツ

Pinus densiflora（マツ科）

 束生　 常緑高木

　北海道の南部、本州、四国、九州の屋久島までに分布する常緑高木。高さ30m、直径約1.5mになる。樹皮は亀甲状の鱗片となり、はがれ、色は赤灰色。葉は長さ7〜10cm、幅約1mmの針形で、断面は半円形、短枝に2本の葉が束生する。葉はクロマツほどかたくない。長枝上の短枝はらせん状に互生する。雌雄同株。花期は4〜5月。新枝の基部に雄花が多数側生し、雌花は頂生する。翌年秋に卵形〜円錐状卵形の毬果が成熟する。

若いうちはまっすぐ伸びるが、曲がりながら大きくなる。樹皮の色が特徴的

果実は枝の下につき、熟すまでに2年かかる

葉は細長い針形。葉の断面は半円形で、2本をあわせた断面は円形になる

葉 原寸

枝 70%

長枝上の短枝はらせん状に互生する

短枝に葉が2本束生する

● TOPICS

クロマツとアカマツが混生する場所では、自然雑種が生じることが稀にあり、アイグロマツとよばれる。クロマツとアカマツの中間的な形態を示すが、クロマツに近いものをアイグロマツ、アカマツに近いものをアイアカマツとよぶこともある。

単葉｜針葉｜針形

ゴヨウマツ
Pinus parviflora（マツ科）

束生　常緑高木

　北海道南部、本州、四国、九州に分布し、尾根筋や山腹に見られる常緑高木。高さ約30m、直径約1mになる。樹皮は暗灰色で鱗状となり、はがれる。葉は長さ3～6cmの針形でややねじれ、短枝に5本束生する。葉の断面は三角形で、縁にまばらな小さな鋸歯があり、表裏とも白色の気孔帯がある。断面の裏面寄りには樹脂導が2つある。花期は5月。翌年10月に長さ5～8cm、直径約3.5cmの卵状楕円形の毬果が熟す。材は緻密で木目がとおりやわらかく、建築、土木、楽器、彫刻材など広く用いられる。また、盆栽としても多く栽培される。

高木では円錐形の樹形になる。自生するものは風雪の影響などで傾いた樹形になる

樹皮は鱗状となり、はがれる。材は削りやすく、飾り彫りなどに使われる

葉 原寸

葉の縁には微鋸歯がある　　樹脂導が裏面寄りに2つある

葉は短枝に5本束生する。葉は細長い線形で、葉の断面は三角形

枝 原寸

● TOPICS
短枝に束生する葉が5本。葉の数がゴヨウマツ（五葉松）の由来となっている。変種のキタゴヨウは葉の長さが6～10cmとやや長く、亜高山帯の岩場などに生える。

| 単葉 | 針葉 | 線形 |

ウラジロモミ

Abies homolepis（マツ科）

 互生　 常緑高木

樹冠は円錐形となり、老木では樹皮に割れ目がある

　本州の福島県から中部地方と紀伊半島、四国に分布する常緑高木。高さ30〜40m、直径約1mになる。樹皮は灰色または灰褐色で、鱗状となり、はがれる。葉は長さ10〜25mm、幅2〜3mmの線形でやや扁平、先端は鈍く、ときとして凹形になる。色は濃い緑色で、裏に白色の幅広い気孔帯がある。花期は5〜6月。雌雄同株で、雄花は前年枝の葉腋につき、長さ1〜3mmの楕円形で黄褐色、多数の雄しべがらせん状につく。材はモミより劣るが、量産されるために建築材やパルプ材として利用される。

樹皮は灰色〜褐色。若い木の樹皮に割れ目はない

葉の先は鈍く、窪むこともある　葉の表は濃緑色

葉裏の気孔帯は2条ある

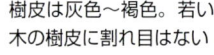

枝の溝は、葉の基部に続く

葉は線形で互生する。横断面は扁平

枝 原寸

● TOPICS

若木の葉の先端は二つに割れくちばし状に鋭く尖るが、成木や老木では先端は鈍く凹形か円形となる。標高1000〜2000mに見られ、標高の高いほうではシラビソに、低いほうではモミと分布が接している。

単葉｜針葉｜線形

モミ
Abies firma（マツ科）

互生　常緑高木

　本州の秋田県、岩手県以南、四国、九州の屋久島までに分布する常緑高木。高さ35〜40m、直径1.5〜1.8mになる。樹皮は粗く鱗片状となり、はがれ、灰色ないし暗灰色。葉は互生し、長さ15〜30mm、幅2〜3mmの線形で、先端は鋭形だが、若木では2裂して尖り、老木では円形か凹形となる。断面は扁平。葉の表は緑色、裏には灰白色の気孔帯が2条ある。雌雄同株。花期は5月。雄花は黄緑色で、前年枝の葉に腋生し、雌花は黄緑色の球花で、樹幹上部の前年枝の上面につく。

美しい円錐形の樹冠になり、直立するので目立つ

樹皮は粗く鱗片状となり、はがれる

表 原寸　　　裏 原寸

老木では円形あるいは凹形

横断面は扁平

葉の裏には灰白色の気孔帯が2条ある

枝 70%

葉は互生する。若い葉は黄緑色

●TOPICS
モミの生長は著しく早く、100年で直径60cmにも達し、比較的短い期間で大木に生長する。その分寿命は短く、150年から200年といわれている。クリスマスツリーに用いられるのは別種のヨーロッパモミ。

単葉｜針葉｜線形

トドマツ

Abies sachalinensis（マツ科）

互生　常緑高木

　北海道、南千島に分布する常緑高木。高さ約25m、直径約50cmになる。樹皮はやや平滑で灰白色、成木では不規則に縦に裂け、鱗片状となり、はがれる。葉は長さ15〜30mm、幅約1.5mmの線形の針葉で、先端は鈍形〜円形で、ときにやや凹形となり、裏には幅の狭い2条の気孔帯がある。花期は6月、雄花は前年枝の葉の腋につき、長さ7mmほどの卵形。雌花も前年枝の葉腋につき、長さ2〜3cmの円柱形。10月に毬果が熟す。北海道を代表する針葉樹で、パルプ材、建築材、土木材として多く用いられる、北海道における最重要林業樹種である。

ふつう上部の枝は上向きになり、円錐形の樹冠になる。枝にはサルオガセが着生している

樹皮は灰白色。材は白色で軟質

表 原寸
先端は鈍く尖るか円形、あるいは凹形となる
葉の表は青みを帯びた緑色

裏 原寸
葉の裏には2条の気孔帯が目立つ

枝 130%

葉はらせん状に互生する

●TOPICS

アカエゾマツ、エゾマツとともに、北海道を代表する針葉樹である。トドマツのみの純林をつくることもあるが、多くの場合、エゾマツなどの針葉樹や、ダケカンバやミズナラなどの広葉樹と、針広混交林をつくる。

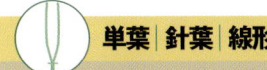 単葉｜針葉｜線形

オオシラビソ

Abies mariesii（マツ科）
別名：アオモリトドマツ 互生　常緑高木

　本州の青森県から中部地方の亜高山帯に分布する常緑高木。高さ25〜30m、直径80〜90cmになる。樹皮は平滑で灰色。葉はらせん状に互生し、長さ1.5〜2cm、幅約2.5mm、やや先が幅広になった線形で、先は凹形あるいは円形。葉の断面は扁平。葉の表は濃緑色、裏は白色の気孔帯が2条ある。雌雄異花。雄花は淡黄褐色の円柱形で、前年枝の葉腋に下垂する。雌花はやや赤みを帯びた濃紫色で、葉腋に直立してつく。

樹皮は灰色で、枝が雪のために垂れるものもある

球果は上向きについて、赤みのある濃紫色

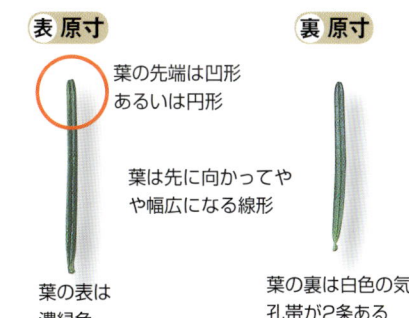
表 原寸　　裏 原寸
葉の先端は凹形あるいは円形
葉は先に向かってやや幅広になる線形
葉の表は濃緑色
葉の裏は白色の気孔帯が2条ある

三角錐のきれいな樹形をしており、常緑で落葉期は目立つ

葉は枝に沿うようにらせん状に互生する

枝 原寸

● TOPICS
和名は、シラビソより大形で太いものが多いことに由来する。シラビソの名は、ヒノキの細さを意味する古語「ヒソ（桧楚）」に由来し、樹皮が白っぽいため。あるいは葉裏が白いことに由来するという説もある。

単葉｜針葉｜線形

ツガ

Tsuga sieboldii（マツ科）

 互生　 常緑高木

枝は散漫になり、樹冠は円錐形にはならない

　本州の福島県以西の主に太平洋側、四国、九州に分布する常緑高木。高さ25〜30m、直径1mになる。樹皮は不揃いな亀甲状に裂け、色は灰褐色。葉は長さ10〜20㎜、幅1.5〜2.5㎜の線形でらせん状に互生し、先端はわずかに凹形か円形、基部には長さ1〜1.5mmのごく短い葉柄がある。葉の横断面は扁平。葉の表は濃緑色で光沢があり、裏には粉白色の気孔帯が2条ある。雌雄同株。花期は3〜4月。雄花は直径4㎜ほどの球形で、前年枝にふつう1個つく。雌花は紫褐色の球形で、若枝に頂生する。

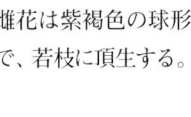

樹皮は灰褐色で、亀甲状に裂ける

表 原寸　葉は先がわずかに凹形、あるいは円形となった線形

葉の表は光沢があり、濃緑色

葉柄はごく短く長さ1〜1.5mmほど

裏 原寸　葉の裏には2条の粉白色をした気孔帯がある

枝 70%　葉は枝に直角につき、らせん状に互生する。葉の長さは一つの枝でも差がある

● TOPICS

和名ツガは、別名トガが転訛したもの。トガとは木が曲がるという意味。一つの枝でも葉は長短に差があり、その長短継ぎあう姿から、「つぎあう」が詰まり、「つがふ木」の意味からツガとなった、とする語源説もある。

単葉 | 針葉 | 線形

コメツガ

Tsuga diversifolia（マツ科）

 互生　 常緑高木

本州の中北部および紀伊半島、四国、九州の一部に分布する常緑高木。高さ20〜25m、直径1mになる。樹皮は灰褐色で、浅く縦裂し、細長い鱗片状となり、はがれる。葉は互生し、長さ1〜1.2mmの葉柄がある。葉身は長さ0.4〜1.5cm、幅1.5mmほどの線形で、葉の先端は円形あるいはわずかに窪み、葉の横断面は扁平。葉の表は濃緑色、裏は2条の粉白色の気孔帯がある。雌雄同株。花期は6月。小枝の端に緑紫色で卵円形の花穂をつける。

名前のとおり、米粒のような小さな葉がつく

樹皮は浅く縦に割れ目が入る

葉の先端は円形かわずかに凹形となる

 表 原寸

葉身は長さ1cm前後の線形。葉の横断面は扁平

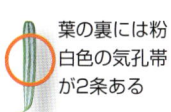 裏 原寸

葉の裏には粉白色の気孔帯が2条ある

枝 原寸

葉は枝に直角につかず、互生する

●TOPICS

葉がツガより小形で、その小さな様子を米にたとえてコメツガとなった。ツガよりも高所に生え、標高1500〜1600mあたりからツガに代わってコメツガが現われ、亜高山帯針葉樹林を構成する。

単葉｜針葉｜線形

ヒマラヤスギ

Cedrus deodara（マツ科）

互生　常緑高木

　ヒマラヤ西北部からアフガニスタン東部原産の常緑高木。日本では公園・庭園樹として植栽される。高さ20〜30m、直径60〜100cmになる。樹皮は細かく裂け、色は灰褐色。葉は長さ2.5〜5cm、幅約1mmの線形で、先端は尖る。長枝にはらせん状に互生し、短枝には20〜30本が束生する。葉は濃緑色。雌雄異花。花期は10〜11月。雄花は黄褐色で長さ2〜5cmの円柱形、雌花は小さく淡緑色、別々の短枝の端に直立してつく。

樹形は大きな円錐形になり、公園ではとくに目立つ

樹皮はマツに似ていて割れ目があり、薄くはがれる

葉 原寸

葉の先は針状に尖る

葉は2.5〜5cmの線形

葉は濃緑色

枝 60%

短枝には20〜30本の葉が束生し、若葉はより白い

● TOPICS

名にスギとあるが、スギではなくマツの仲間。和名はヒマラヤ産のスギの意味。別名ヒマラヤシーダーともよばれ、端正な樹形をしていて、世界でもっとも優れた樹形の樹木のひとつとされる。日本には明治初年ごろに渡来したとされる。

単葉｜針葉｜針形

スギ

Cryptomeria japonica（スギ科）

互生　常緑高木

　本州、四国、九州の主に太平洋側に多く分布する常緑高木。高さ30～40m、直径1～2mになる。古くから各地で植林され、天然林か人工林か判断しにくい林も多い。樹皮は縦裂して細長い薄片となり、はがれ、色は赤褐色～暗赤褐色。枝はふつう斜上する。葉は長さ4～12mmの鎌状針形、無毛で緑色、基部は枝に沿うようにつく。葉の断面は縦に長いひし形で、四面に白色の気孔帯がある。雌雄同株。花期は3～4月。雄花は前年枝の先端部に穂状につき、長楕円形で緑褐色。雌花も前年枝の先端につく。材は建築、船舶、土木、彫刻、家具、樽など、きわめて用途が広い。

マツと並んでもっともよく目にする。
針葉樹幹はまっすぐ伸びる

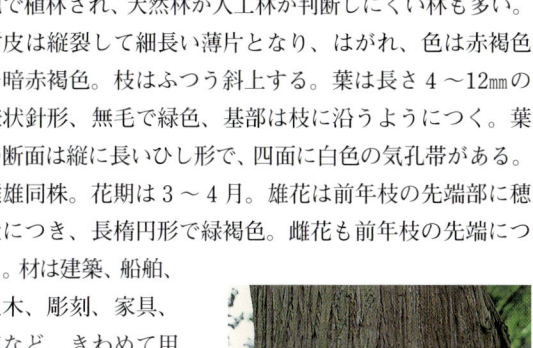

樹皮は縦に細長くはがれる。建築材として植林されたものが多い

葉は互生し、らせん状に枝につき、基部は枝に沿うようにつく

枝 原寸

枝先 原寸

小形の鎌のようにやや曲がった針形

葉の色は緑色

白色の気孔帯は四面にある

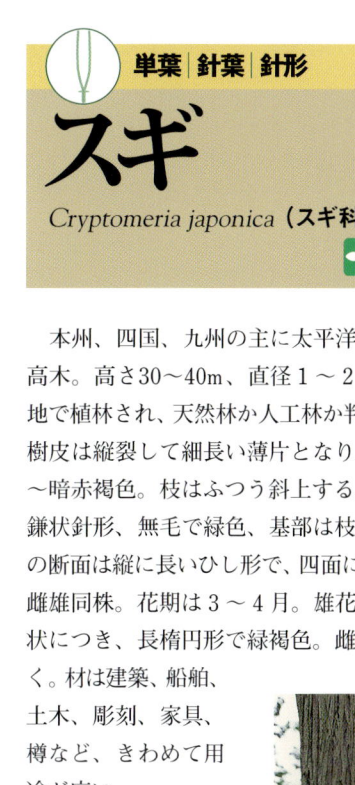

● **TOPICS**
静岡県天城、高知県魚梁瀬、鹿児島県屋久島など太平洋側の地域に分布するものをオモテスギ、日本海側の雪国に分布するものをウラスギとよび、オモテスギに比べてウラスギのほうが、葉の開く角度が狭い。

単葉｜針葉｜線形

メタセコイヤ

Metasequoia glyptostroboides（スギ科）

対生　落葉高木

幹はまっすぐ伸びて、円錐形の樹冠をつくる。秋に葉が色づく

　中国原産で、日本では北海道から九州までの庭園、公園に植栽される落葉高木。高さ25〜30m、直径1〜1.5mになる。樹皮は灰褐色で、縦に薄くはげる。葉は長さ0.8〜3cm、幅1〜2mmの線形で、横断面は扁平、先端は急激に細くなり、羽状に対生、秋にはレンガ色になって落葉する。葉の基部には短い葉柄がある。葉の表裏ともに無毛で灰緑色、裏の中央には濃緑色の線が1本目立つ。雌雄同株。花期は2〜3月。雄花は総状花序、あるいは円錐花序となって枝から垂れ下がる。

樹皮は凹凸があり、スギに似ていて縦に細長くはがれる

枝 70%

表 原寸　裏 原寸

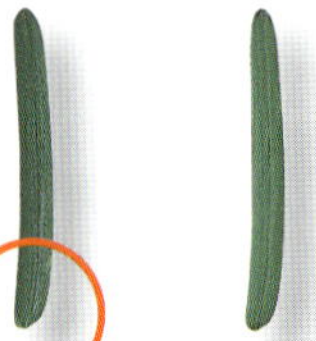

葉の横断面は扁平で、先は急に尖る

基部にはごく短い葉柄がある

表裏ともに無毛で、裏の中央には1本の濃緑色の線が目立つ

葉は羽状に対生する

● TOPICS

別名アケボノスギともよばれる。1943年に中国揚子江の奥地で発見され、生きた化石として話題になった。落葉する針葉樹で、秋、レンガ色になった葉とともに、側生する小枝もちりぢりに落ちる。

単葉｜針葉｜線形

コウヤマキ

Sciadopitys verticillata（コウヤマキ科）

輪生・束生　常緑高木

　本州の福島県以南、四国、九州の宮崎県以北に、断続的に分布する常緑高木。観賞用としても庭園などに植えられる。幹は直立して高さ30〜40m、直径約1mになる。樹皮は縦に裂けて長い鱗片状となり、はがれ、色は灰褐色〜赤褐色。長枝には長さ2mmほどで卵状三角形をした鱗片葉がある。短枝の葉は表と裏に窪みがあり、葉裏の中央に白い気孔帯がある。長さ6〜12cm、幅2〜4mmの線形の葉が、節では20〜40本の葉が輪生し先端では束生する。花期は3〜4月。雄花は長さが約7mmほどの楕円形で、20〜30個が頭状に密生し、長さ4cmほどになる。

幹は直立してきれいな円錐形の樹冠になる

樹皮は縦に裂けて鱗片状となり、はがれる

短枝の葉は束生または輪生する

枝 70%

表 原寸　　裏 原寸

葉の表は深緑色で、中央に縦に窪みがある

葉の裏は黄緑色を帯び、中央にある窪みには白色の気孔帯がある

● TOPICS
分布は不連続であるが、水はけのよい土壌を好み、各地に純林が点在する。とくに木曽ではヒノキ、サワラ、クロベ（ネズコ）、アスナロとともに、木曽五木のひとつとされる。

単葉│針葉│針形

ハイビャクシン

Juniperus chinensis var. *procumbens*（ヒノキ科）

対生　常緑低木

　長崎県の対馬・壱岐、福岡県の沖島の海岸に分布する常緑低木。幹や枝が長く地面を這い、場所によっては崖から垂れ下がるように伸びる。樹皮は赤褐色。葉はほとんどが長さ6〜8mmの針形で、三輪生、あるいは十字対生する。老木ではまれに鱗片葉ができる。毬果は直径8〜9mmの球形。ビャクシン（イブキ）の変種で、観賞用として庭園の斜面に這わせるように植えられ、ふつうソナレとよばれる。

地を這うように伸びて、低木になる

褐色の枝は、ふつう葉に隠れてほとんど見えない

表 原寸　葉の長さは6〜8mm

裏 原寸　葉の裏には気孔帯が見られる

葉はほとんどが針形状で、三輪生あるいは十字対生する

枝 80%

●TOPICS

長崎県の壱岐・対馬の海岸に自生し、イワダレネズとよばれているものがハイビャクシンで、これが庭園に植えられてソナレとよばれるようになったと考えられている。

単葉｜針葉｜鱗状

カイヅカイブキ

Juniperus chinensis var. *kaizuka*（ヒノキ科）

対生・輪生　常緑小高木

　本州から九州に至る各地に植栽される常緑小高木。幹は太く直立するがねじれる。高さ5〜10mになる。ふつう葉は鱗片状で、十字対生する。鱗片葉の幅は1〜1.2mm。老木や萌芽枝には長さ1〜1.5cm、幅1.5mmほどの針葉が見られ、三輪生する。葉先は鋭く尖る。雌雄異株。花期は4月。球果は粉灰色、直径6〜7mmの球形で肉質。イブキ（ビャクシン）の園芸品種だが、匍匐性のミヤマビャクシンから立ち性のものが選択されたという説もある。

幹はねじれながらまっすぐ伸びる。生け垣などに利用されるものは低く刈り込まれるものが多い

樹皮は赤褐色で、縦に薄くはがれる

葉はふつう鱗片状

枝先 原寸

針葉は三輪生する

萌芽枝や老木では針葉が見られる

枝先 原寸

枝 原寸

葉は枝に十字対生

●TOPICS

枝は密に分かれ、さらに斜めに旋回して伸びるため、枝が巻き上がるように生育し、炎が燃え上がるような樹形となる。枝を刈り込んだあとに針葉が出ることがある。

単葉｜針葉｜鱗状

ヒノキ

Chamaecyparis obtusa（ヒノキ科）

 対生　 常緑高木

幹はまっすぐ伸びて、先端が丸い樹冠をつくる

　本州の福島県以南、四国、九州の屋久島までに分布する常緑高木。高さ約30m、直径90〜150cmになる。樹皮は縦裂して薄く、長い裂片にはがれ、色は灰褐色〜赤褐色。葉は鱗片状で鈍頭、十字対生する。細い枝の表裏にある葉は長さ1.5mmほどでひし形、側部につく葉は長さ3mmほどで鎌形をしている。太い枝の側部につく葉は長さ14mmほどあり、表裏につく葉の長さはその半分の7mmほど。葉のついた枝の表裏は濃緑色で、裏では気孔帯が白色でYの字に見える。雌雄同株。花期は4月。雄花は長さ2〜3mmの楕円形。雌花は3〜5mmの球形。材は古くから建築用として重用されている。

樹皮は赤褐色で縦に薄くはがれる

枝先表 原寸

葉の先端は鈍形

両面は無毛で濃緑色

枝先裏 原寸

側葉の裏には白色の気孔帯がY字形になる

枝 原寸

枝に葉が十字対生し、表と裏がある

●TOPICS

ヒノキの材は最良の針葉樹材とされ、古くからさまざまな用途に使われている。とくに宮殿や神社仏閣の建築材として重用され、今日でも伊勢神宮の遷宮には木曽のヒノキが使われる。

木曾赤沢のヒノキ林。樹齢300年といわれるヒノキの美林が広がる

気孔帯で見分けるヒノキの仲間

ヒノキの仲間は、葉のついた枝の裏に白い気孔帯が見える。これは樹種によって特徴があるので、見分けるヒントとなる。ヒノキの気孔帯は、細いY字形。サワラはX、W字形あるいは蝶の羽のようになる。アスナロの気孔帯は大きく、放射状に並ぶ。クロベの気孔帯は灰色が濃く目立たない。

ヒノキ　　サワラ　　アスナロ　　クロベ

単葉｜針葉｜鱗状

サワラ

Chamaecyparis pisifera （ヒノキ科）

対生　常緑高木

本州の岩手県以南から九州までに分布する常緑高木。高さ30m、直径1mに達するものもある。樹皮は縦裂して細い薄片にはがれ、色は灰褐色～赤褐色。葉は鱗片状で鋭頭、細い枝を包むように十字対生し、側葉も表裏の葉も長さ3mmほどで、先が外曲する。葉のついた枝の裏に幅広い気孔帯が白くW字のように目立ち、この点でヒノキと区別される。花期は4月。雌雄同株。雄花は楕円形で小枝の端につき、雌花は球形。雄花雌花ともに目立たない。

先端が丸い円錐形の樹冠をつくる

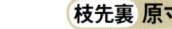

樹皮は縦に薄くはがれ、ヒノキより細くはがれる

枝先表 原寸　　**枝先裏 原寸**

葉は鱗片状で先は尖る

表は濃緑色　裏は淡緑色

裏の気孔帯は幅広く、W字あるいはX字ときに蝶の羽のような形に白く目立つ

枝 原寸

枝に葉が十字対生し、表と裏がある

● TOPICS

ヒノキとともにヒノキ属に分類され、形態もヒノキとよく似ている。しかし材はヒノキよりやわらかく、ヒノキが建築構造材に用いられるのに対し、加工しやすいサワラは風呂桶や家具などの加工品に利用されてきた。

単葉｜針葉｜鱗状

クロベ

Thuja standishii（ヒノキ科）
別名：ネズコ　　対生　　常緑高木

　本州、四国に分布する常緑高木。とくに中部地方以北に多く、山地に生える。高さ30m、直径1mに達するものもある。樹皮は縦裂して薄くはがれ、色は赤褐色。葉は長さ2〜4㎜、三角形または舟形、厚みがあり鱗片状で十字対生する。葉のついた枝の表裏の区別が明らかで、裏に灰白色の気孔帯がある。花期は5月。雌雄同株。雄花も雌花も小枝の端につく。雄花は長さ1.5〜2㎜の球形〜楕円形、雄しべは十字対生する。雌花は3〜4対で十字対生する鱗片からなる卵円形。材は建築、船舶、家具などに幅広く利用される。

円錐形の樹冠をつくり、山地の尾根地に見られる

樹皮は縦に薄くはがれ、心材がネズミ色なのでネズコともよばれる

枝先表 原寸
葉先は尖る
表は光沢があり、濃緑色
基部はくさび形

枝先裏 原寸
裏は灰白色の気孔帯がある

枝 原寸

枝に葉が十字対生し、表と裏がある

● TOPICS
同属に中国原産とされる常緑小高木のコノテガシワがある。クロベの枝葉が水平に出て表裏の差が明瞭であるのに対し、コノテガシワは枝葉が垂直に出るため表裏の差がない。

| 単葉 | 針葉 | 鱗状 |

アスナロ

Thujopsis dolabrata（ヒノキ科）

対生　常緑高木

　本州、四国、九州に分布する常緑高木。高さ30m、直径1mになる。樹皮は縦裂してはがれ、樹皮は灰褐色、はがれたあとは赤褐色となる。葉は長さ4〜5mm、鱗片状で鈍頭、十字対生する。小枝の表裏につく葉は舌形あるいはひし形で、小枝の側部につく葉は舟形あるいは卵状披針形。葉のついた枝の表は光沢のある緑色で、裏には白色の幅広い気孔帯がある。花期は5月。雌雄同株、小枝の端に開花し、雄花は小さく卵状楕円形、雌花は扁球形。材は建築、土木、家具、船、桶などに利用される。産地では通称ヒバとよばれることが多い。

枝は水平に伸びて円錐形の樹冠をつくる

樹皮は灰褐色で、薄くはがれたあとは赤褐色

葉は鱗片状で、十字対生する

枝先表 原寸

枝先裏 原寸

裏の気孔帯は粉をふいたような白色で目立つ

表は緑色で光沢がある

● TOPICS

アスナロ属はアスナロ1種からなる日本特産種。庭園樹として広く用いられ、園芸品種も数多い。変種のヒノキアスナロは、枝葉はアスナロにとても似ているが、アスナロは種鱗の先端が角上に突出して反っているのに対し、ヒノキアスナロでは突出していない。

| 単葉 | 針葉 | 針形 |

ネズ

Juniperus rigida（ヒノキ科）
別名：ネズミサシ　　輪生　　常緑高木

本州の岩手県以南、四国、九州に分布する常緑高木。高さ10m、直径30cm、大きなものは高さ20～25m、直径1mに達するものもある。樹皮は縦に裂けて薄片となり、はがれ、色は灰褐色。葉は長さ1～2.5cm、幅約1mmの針形で、三輪生する。先は棘状にかたく尖り、表には窪んだ白色の気孔帯がある。断面は鈍逆三角形。雌雄異株。花期は4月。それぞれの株の前年枝の葉腋に長さ4mmほどで楕円形の雄花、球形の雌花を単生する。

幹は直立して円錐形の樹形になる

枝は水平に伸びて枝先が垂れ下がる

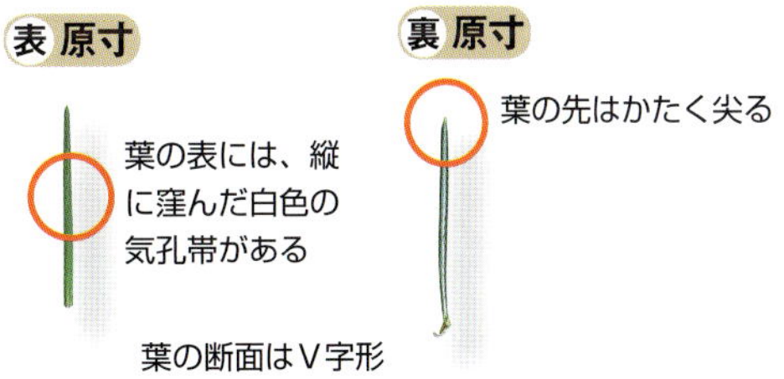

表 原寸
葉の表には、縦に窪んだ白色の気孔帯がある

裏 原寸
葉の先はかたく尖る

葉の断面はV字形

枝 150%

葉は三輪生する

●TOPICS

針葉の先がかたく尖り、ふれると痛いため、枝葉をネズミの通る場所に置くとネズミを刺して防いでくれるということから別名ネズミサシといわれる。肥沃な場所では早く高木となり、やせ地にも生えるが生育は遅い。

単葉｜針葉｜線形

イヌマキ

Podocarpus macrophyllus（マキ科）
別名:マキ　　互生　　常緑高木

中国原産といわれる常緑高木。高さ20m、直径50cmになる。樹皮は浅く縦に裂け、薄片にはがれ、色は灰白色。葉は革質で長さ10〜20cm、幅7〜10mmの広線形〜披針形で、枝にらせん状につく。葉の表は深緑色、裏は黄緑色で、中脈が顕著に隆起する。葉縁は全縁。雌雄異株。花期は5〜6月。雄株では長さ3〜5cmの円柱形の雄花が3〜5個前年枝の葉腋に腋生し、雌株では1cmほどの柄をもった雌花が前年枝の葉腋に単生する。

幹は直立して高さ20m以上になるものある。庭木としてよく利用される

葉は革質で広線形〜披針形

表 原寸　　裏 原寸

葉縁は全縁

葉の表は深緑色

葉の裏は黄緑色

樹皮は縦に裂けてはがれる

● TOPICS
雌株では、長さ1cmほどの柄に雌花が単生するが、花托は、秋に種子が熟すころになると、紅色に肥厚し、熟す。この熟した花托は甘く、食用になる。

枝 原寸

枝はらせん状に互生する

単葉｜広葉｜切れ込みなし｜鋸歯なし

ナギ

Podocaruus nagi（マキ科）

対生　常緑高木

　本州の和歌山県から山口県までの太平洋側、四国、九州、沖縄に分布する常緑高木。高さ20m、直径50～80cmになる。樹皮は平滑で浅い鱗片状となり、はがれ、色は黒褐色～灰黒色。葉は長さ4～8cm、幅1～3cmの卵形～長楕円状披針形、全縁、革質で表は深緑色で光沢があり、裏はやや白色を帯び、細い平行脈があり、十字対生する。雌雄異株。花期は5～6月。雄花は円柱状で葉腋に数個が束生する。雌花は葉腋に単生。材は緻密で、家具、器具、彫刻などに利用される。

幹はまっすぐ伸びて、葉が密生する

樹皮は滑らかで、浅く鱗片状となり、はがれる

枝 原寸

表 原寸

裏 原寸

葉の縁は全縁

葉の表は光沢があり深緑色

葉の裏は細い平行脈がある

十字対生するが、横枝では1節ごとに90度ずつねじれるため、2列になる

● TOPICS

本州では三重県南部あるいは山口県小郡市を北限とする太平洋側に分布する。これは、ナギが昔から熊野信仰と結びついて暖帯各地の神社に植栽されたためと考えられている。

単葉｜針葉｜線形

イチイ

Taxus cuspidata（イチイ科）

互生　常緑高木

　北海道、本州、四国、九州に分布する常緑高木。高さ15〜20m、直径1mほどになる。葉はらせん状に互生するが、横枝では2列となる。樹皮は浅く縦裂し、色は赤褐色。葉は長さ5〜20mm、幅1.5〜3mmの線形で、先は尖り、葉の表は深緑色で、中央に縦に走る隆起がある。裏には淡緑色の気孔帯が2条ある。花期は3〜4月。雌雄異株。雄花は球形で鱗片に覆われ、葉腋に単生、雌花もふつう葉腋に1個つく。種子は長さ5mmほどの卵球形で、仮種皮が取り巻き、種子の成熟とともに赤くなる。仮種皮は食べられるが、種子は有毒。

イチイは生長が遅いので、大きな個体は珍しい

樹皮は浅く縦に裂ける。材は建築材や家具に利用される

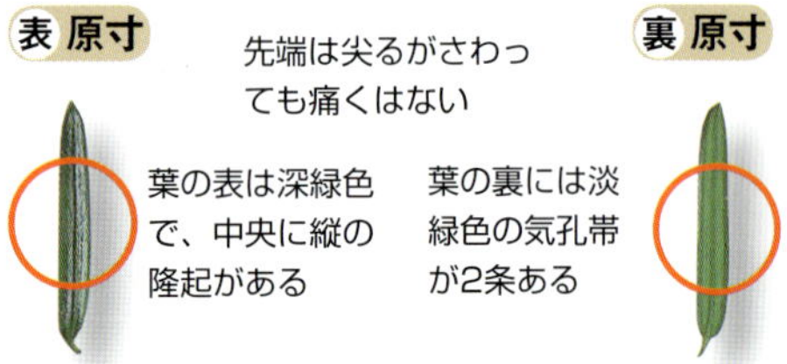

表 原寸　先端は尖るがさわっても痛くはない　裏 原寸

葉の表は深緑色で、中央に縦の隆起がある

葉の裏には淡緑色の気孔帯が2条ある

らせん状に互生するが、横枝では2列となる

枝 70%

● TOPICS

アララギ、また北海道や東北ではオンコともよばれる。古く、朝廷の官吏が正装をした際に手に持った笏（しゃく）を本種でつくったため、位階の正一位、従一位の「一位」にちなみ、名づけられたとされる。

単葉｜針葉｜線形

キャラボク
Taxus cuspidata var. nana（イチイ科）

互生　常緑低木

　本州の日本海側（秋田県から鳥取県まで）に分布する常緑の匍匐性低木。イチイの変種とされ、高さ1～2m。枝葉が密生し、葉は長さ1.5～2.5cm、幅2～3mmの線形でイチイに比べてやや幅広く、葉の表は暗緑色で光沢はなく、裏には黄緑色の気孔帯が2条あり、らせん状に互生する。鳥取県大山に自生するものはダイセンキャラボクとよばれ、国の天然記念物に指定されている。イチイとは独立した種とも考えられたが、現在では環境に適応したキャラボクの生活形のひとつとされ、変種とされている。

地面を這うような樹形のものが多く、庭木としても植栽される

果実は秋に赤く熟し、仮種皮は食べられる。種子は有毒なので注意が必要

表 原寸
葉先は尖るがかたくはない
葉の表は光沢がなく暗緑色

裏 原寸
葉の裏の気孔帯は黄緑色で、2条ある

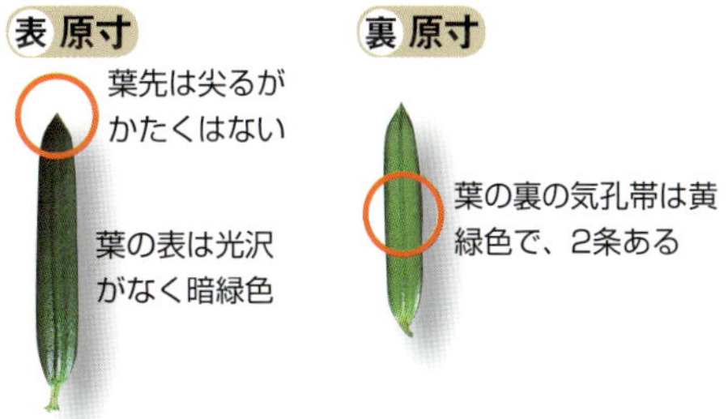

イチイと違い、葉はらせん状に互生する

枝 原寸
葉はらせん状に互生して、若い葉は黄緑色

●TOPICS
イチイの変種で、地面を這うように低木状となるキャラボクだが、樹形のほか、葉の並び方などもイチイとは異なる。イチイでは枝につく葉が基部でねじれて枝の左右に並ぶが、キャラボクでは枝にらせん状に互生するため、ほとんど並列にならない。

単葉｜針葉｜線形

カヤ
Torreya nucifera（イチイ科）

互生　常緑高木

　本州の宮城県以南、四国、九州の屋久島まで分布する常緑高木。高さ25m、直径2mほどになるものもある。樹皮は浅く縦裂し、細長い薄片にはがれ、色は灰褐色〜赤褐色。葉は長さ20〜30mm、幅2〜3mmの線形で、先は鋭く尖りふれると痛い。葉の表は深緑色で、裏に淡緑色の気孔帯が2条ある。花期は4〜5月。雌雄異株。雄花は長さ1cmほどの長楕円形で、前年枝に腋生する。雌花は前年枝の先に数個つく。種子の部分は食用になり、生食もできるが炒って食べるとおいしい。材は造船、彫刻、櫛、数珠などに利用され、とくに碁盤・将棋盤の材としては最上とされる。

幹はまっすぐ伸びて円錐形の樹冠をつくる

樹皮は縦に浅く裂けてはがれ、材は耐水性がある

表　原寸
葉は線形で、枝に2列互生する
葉の表は深緑色

裏　原寸
葉先は針状に尖り、ふれると痛い
葉の裏にある気孔帯は淡緑色で、2条ある

枝120%

葉は2列に互生して、葉の先端が尖る

● TOPICS
カヤとよく似たイチイやイヌガヤは葉がやわらかく、葉の先にふれても痛くない。葉裏の気孔帯の幅がカヤのほうが狭いことでも区別できる。独特の香気があるのも特徴のひとつ。

単葉｜広葉｜切れ込みなし｜鋸歯なし(あり)

ヤマモモ

Myrica rubra（ヤマモモ科）

互生　常緑高木

　本州の南関東・福井県以西、四国、九州、沖縄に分布する常緑高木。ふつう高さ6〜10mで、大きなものでは高さ20mに達するものもある。葉は互生し、長さ3〜8mmの葉柄がある。葉身は革質で、長さ5〜10cm、幅1.5〜3cmの広倒披針形。葉の先はやや鈍く、先端にごく小さな突起があり、基部はくさび形。葉縁は全縁あるいはまばらに小さな鋸歯がある。葉の表は緑色でやや光沢があり無毛、裏は緑色で無毛、淡黄色の透明な油点がある。雌雄異株。花期は3〜4月。葉腋に穂状花序を出す。

幹は太く、半円形の樹冠になる

球形の果実は甘酸っぱく、中に種が入っている

枝 40%

葉はやや枝の先に集まって互生する

葉の先はやや鈍く、先端には微少な突起がある

表 原寸

葉身は革質で広倒披針形

裏 原寸

葉の表は光沢があり緑色で無毛

葉の裏は無毛で緑色、淡黄色の油点がある

● TOPICS
6月中旬から7月初旬に、果実が赤く熟す。甘酸っぱく独特の風味をもち、生食のほかジャムや果実酒にする。小種名のrubraは、「赤い」という意味をもち、熟した果実の色にちなんでいるが、これは宝石のルビーと語源を同じくする言葉である。

複葉 | 羽状複葉 | 1回羽状複葉 | 鋸歯あり

ノグルミ
Platycarya strobilacea（クルミ科）

互生　落葉高木

　本州の東海地方以西、四国、九州に分布する落葉高木。高さ5〜10m、直径20〜30cm、大きいものは高さ30mにも達する。葉は長さ20〜30cm、7〜19枚の小葉からなる奇数羽状複葉で、葉柄や葉軸には軟毛がある。小葉は長さ5〜10cm、幅1〜3cmの披針形または狭長楕円形。葉縁には尖った鋸歯があり、葉先は鋭く尖る。基部はゆがんだ円形あるいは切形。葉の表は暗緑色でほぼ無毛あるいは粗毛が散生し、裏は黄緑色で脈上に粗い毛が散生し、油点が散在する。花期は6月。丘陵帯の林縁の日当たりのよい場所に生える。

日当たりのよい場所を好み、葉は互生する

原寸

樹皮は褐色で、縦に浅く裂ける

先は鋭く尖る

葉縁には尖った鋸歯がある

葉は奇数羽状複葉で、小葉は7〜19枚で、披針形あるいは狭長楕円形

表 50%　　裏 50%

基部はゆがんだ円形あるいは切形

小葉の表は暗緑色

小葉の裏は黄緑色

● TOPICS
別名ドクグルミ。枝や葉がもつ毒性を利用して、古くは魚を捕まえるのに使用された。枝や葉をすりつぶしたものを川に流すと、魚が失神して浮き上がり、それを捕まえる。

46

複葉｜羽状複葉｜1回羽状複葉｜鋸歯あり

オニグルミ

Juglans mandshurica var. *sachalinensis* （クルミ科）

互生　落葉高木

　北海道、本州、四国、九州に分布する落葉高木。川沿いの湿気の多い場所に生える。高さ7〜10m、大きなものでは高さ25mになる。茎には葉のあとがこぶ状に残る。葉は11〜19枚の小葉からなる奇数羽状複葉で長さ40〜60cm、互生する。小葉は長さ8〜18cm、幅3〜8cmの楕円形〜長楕円形で、縁にはやや尖った鋸歯がある。小葉の先端は鋭く尖り、基部はややゆがんだ切形または円形。葉柄はごく短い。小葉の表は濃緑色で無毛、裏は灰白緑色で星状毛が密生する。雌雄同株。花期は5〜6月。雄花は前年枝の葉腋から下垂する雄花序に多数つき、雌花は枝先に直立した雌花序にまばらに7〜10個つく。種子は食用となる。

日当たりがよく湿った土地に生え、枝はまばらについて丸い樹冠になる

原寸

果実は花床が堅果（クルミ）を包んでいる

葉は奇数羽状複葉で、小葉は11〜19枚。小葉は楕円形から長楕円形

表 40%　裏 40%

葉の縁にはやや尖った鋸歯がある

小葉の表は無毛で濃緑色

小葉の裏は星状毛が密生し、灰白緑色

● TOPICS

葉は大きく小葉の幅がノグルミ、サワグルミにくらべて広い。ふつうクルミとして食べるのはヨーロッパからアジア西部原産のテウチグルミ（別名カシグルミ）で、日本でも栽培される。葉は奇数羽状複葉で小葉はオニグルミより少なく2〜4対。

複葉 | 羽状複葉 | 1回羽状複葉 | 鋸歯あり

サワグルミ

Pterocarya rhoifolia（クルミ科）

互生　落葉高木

　北海道、本州、四国、九州に分布する落葉高木。高さ10〜20m、直径40〜60cm、大きなものでは高さ30mになる。葉は長さ20〜30cmの奇数羽状複葉で互生する。小葉の数は11〜21枚。小葉は長さ5〜12cm、幅1.5〜4cmの長楕円形で、先は短く尖り、基部はゆがんだ切形あるいは円形で、葉縁は尖った細鋸歯がある。小葉の表は濃緑色で毛がまばらに生え、裏は緑色で脈腋に短毛が生え、黄色を帯びた油点が散在する。花期は4〜6月。雌花序を枝先に、その下の葉腋から雄花序を下垂する。実は食べられない。

幹は直立して枝を広げる。サワグルミとよばれるが、クルミはできない

樹皮は暗灰色で、縦に割れ目が入る

葉は11〜21枚の小葉からなる奇数羽状複葉。小葉は長楕円形

表 50%

裏 50%

原寸

小葉の裏の脈腋には毛が生える

葉の縁には細かい尖った鋸歯がある

小葉の表は濃い緑色で、まばらに毛が生える

小葉の裏には帯黄色の油点が散在する

● TOPICS

名のとおり、山地帯の沢沿いに生える。材はマッチの軸木や器具、家具などに用いられる。とくに下駄材としてはヤマギリとよばれ利用される。果実が長く下垂し、総状につくため、フジグルミ（藤胡桃）の名もある。

セイヨウハコヤナギ

単葉 | 広葉 | 切れ込みなし | 鋸歯あり

Populus nigra var. *italica*（ヤナギ科）
別名：ポプラ
互生　落葉高木

　ヨーロッパ、西アジア原産の落葉高木。高さ20〜30m、高いものでは高さ40m、直径80〜100cmになる。日本では街路樹や庭園樹として各地に植栽されている。葉は単葉で互生し、葉身は長さ4〜12cmの広三角状あるいは菱状三角形で、葉柄は2〜5cm。葉の表は光沢があり濃緑色、裏は淡緑色で、表裏とも毛はなく、葉縁には細かな鋸歯があり、先端は急に鋭尖頭となる。葉脚はくさび形あるいは切形。
　花期は4〜5月で雌雄異株。

街路樹などに利用され、まっすぐに伸びた縦長の樹形は特徴的

樹皮は灰褐色で、縦に割れ目が入る

葉身は広三角状あるいは菱状三角形

葉の先は急に鋭く尖る

葉縁に細かな鋸歯がある

裏 原寸

表 原寸

葉の裏は淡緑色

葉の表は濃緑色で、光沢がある

枝 70%

若い枝は緑色で、葉は互生する

●TOPICS

別名であるポプラの語源はラテン語のpopulus（人民）。古くは家の前庭に植えられ、市民がこの木陰で集会を開いたといわれることから。ヤナギ科ヤマナラシ属の樹木の総称であるが、日本ではふつう、ポプラというと明治中期にアメリカから渡来したこのセイヨウハコヤナギをさす。

単葉｜広葉｜切れ込みあり｜鋸歯あり

ウラジロハコヤナギ

Populus alba（ヤナギ科）
別名：ギンドロ

互生　落葉高木

　ヨーロッパ中南部、西北アジア原産の落葉高木。日本には明治中期に持ち込まれ、庭園、公園に広く植栽される。高さ20〜25m、直径30〜50cmほどになる。葉は単葉で、長さ4〜7cm、幅4〜6cmの広卵形あるいは三角状広卵形で、互生する。葉の表は暗緑色で、はじめ毛が多いが徐々になくなる。葉の裏は銀白色の綿毛が密生して白っぽい。葉縁は波状の欠刻状鋸歯があり、若木の葉の縁は3〜5に浅裂する。葉先は鋭頭または鈍頭で、葉脚は円形あるいは浅心形。花期は4〜5月。

風にゆれると、葉裏の白さが輝くように見える

若木の葉の縁は3〜5に浅裂する

樹皮は黒褐色で、縦に割れ目が入る

裏70%

表 原寸

葉縁は波状の欠刻状鋸歯がある

葉裏には銀白色の綿毛が密生する

葉の表は暗緑色

● TOPICS
ウラジロハコヤナギの名は、密生する綿毛により葉裏が白く見えることから。そのため、別名ハクヨウ（白楊）、ホワイトポプラともよばれる。学名のalbaも葉裏が白いことによる。葉の表は暗緑色だが、秋には黄葉し、美しい。

単葉｜広葉｜切れ込みなし｜鋸歯あり

シロヤナギ
Salix jessoensis （ヤナギ科）

互生　落葉高木

　北海道、本州の東北地方に分布する落葉高木。高さ20m、直径1mに達する。葉は互生し、長さ2〜8mmの葉柄がある。葉身は長さ5〜11cm、幅1〜2cmの線形で、先端は鋭頭または鋭尖頭、基部はくさび形または広いくさび形。葉縁は小さな波状鋸歯がある。葉の表は濃緑色で、はじめ絹毛が散生するが、のちに葉脈を除き無毛となる。葉の裏は粉白色で絹毛が生える。雌雄異株。花期は4〜5月。葉の展開と同時に円柱形の花穂を出す。花穂には短柄があり、柄には2〜4枚の葉がある。雄花穂は長さ2.5〜4.5cmで淡黄緑色、雌花穂は長さ約3cmで密に花をつける。

葉が茂りこんもりとした樹形になる

樹皮は灰褐色で、縦に割れ目が入り薄くはがれる

表 原寸
葉は線形
葉縁には小さな波状の鋸歯がある
葉の表は濃緑色で葉脈に毛がある
基部は広いくさび形かくさび形

裏 原寸
葉の先端は鋭尖頭あるいは鋭頭
葉の裏は粉白色で絹毛が密生する

枝 原寸
葉は互生して、その年に出た枝は緑色

●TOPICS
和名は、樹皮が白っぽく、葉の裏も白いことによる。多雪地帯の川沿い、湿った原野などに多く、東北地方南部から近畿地方に分布するコゴメヤナギに生育環境や姿は似るが、両種は住み分けるように分布を異にする。シロヤナギのほうが葉がやや大きく樹皮が白っぽい。

単葉 | 広葉 | 切れ込みなし | 鋸歯あり

バッコヤナギ

Salix bakko（ヤナギ科）
別名：ヤマネコヤナギ

互生　落葉高木

　北海道の西南部、本州の近畿以東、四国に分布する落葉高木。高さ5〜15m、直径40〜60cmになる。葉は互生し、長さ1〜2cmの葉柄がある。葉身は革質で、長さ8〜13cm、幅3.5〜4cmの楕円形ないし長楕円形、葉の先は鋭尖頭で、基部は円形あるいは鋭形。葉縁は不整の波状鋸歯があり、まれにやや全縁となる。葉の表は濃緑色でやや光沢があり無毛、葉脈が凹状になる。葉の裏は粉白色で、縮毛が密生する。花期は3〜5月。雄花穂は長さ3〜5cm、直径2.5〜3cmの楕円形または長楕円形で、葉に先立ち現れる。雌花穂は長さ2〜4cmで、直径1.4〜1.7cmのやや曲がった狭長楕円形。

雄花穂は大きく、よく目立つ

高さ5〜15mになり、樹皮は灰褐色

葉は互生する
枝 60%

葉の先は鋭尖頭
葉身は楕円形ないし長楕円形、葉身は革質
表 原寸
裏 原寸
葉縁は不整の波状鋸歯があるが、まれに全縁となる
葉の裏は粉白色で、縮毛が密に生える
葉の基部は円形または鋭形
葉の表は濃緑色で無毛、葉脈が凹状になる

● TOPICS

和名の由来にはいくつかあるが、ベコがこの葉を好んで食べることから、ベコヤナギが訛ってよばれるようになったという説がもっとも説得力がある。ベコとは南部牛をさす東北地方の方言。

| 単葉 | 広葉 | 切れ込みなし | 鋸歯あり |

タチヤナギ

Salix subfragilis（ヤナギ科）

互生　落葉小高木

　北海道、本州、四国、九州に分布する落葉小高木。高さ5〜10m、直径20〜30cmになる。樹皮は薄片となってはがれ、灰褐色。葉は互生し、長さ1.6cmの葉柄がある。葉身は長さ5〜15cm、幅1.3〜2.5cmの長楕円状披針形で、葉先は長い鋭尖頭、基部はくさび形。葉縁は細鋸歯がある。葉の表は緑色で光沢がある。葉の裏は帯白緑色。表裏ともに無毛。側脈は16〜18対。雌雄異株。花期は3〜6月。葉と同時に、長さ2〜6cm、直径8mmほどの尾状花序をつける。雄花は淡黄緑色、雌花は淡緑色。

葉の展開と同時に淡い黄緑色の花序をつける姿は、春の訪れを感じさせる

枝 60%

表 原寸　　裏 原寸

葉身は先の尖った長楕円状披針形

葉縁には細かな鋸歯がある

葉は互生する。葉の基部はくさび形

若い葉の中央部は褐色を帯びる

葉の表は光沢があり緑色で無毛

葉の裏は帯白緑色で無毛

●TOPICS

和名は、枝が上向きに伸びることに由来するとされる。「ヤナギ」の語源は、「矢の木」「矢木」が転化したものとされ、矢の材料となるためといわれるが、タチヤナギも同様に矢の材料とされたといわれる。

単葉 | 広葉 | 切れ込みなし | 鋸歯あり

コゴメヤナギ

Salix serissaefolia（ヤナギ科）

互生　落葉高木

　本州の関東、中部、近畿地方に分布する落葉高木。高さ10〜25m、直径1m以上になるものもある。小枝は短く、平滑で緑色を帯び、分岐点で折れやすい。葉は互生し、成葉は長さ4〜7cm、幅9〜12mmの狭長楕円状披針形で、先端は次第に狭くなり鋭頭。基部は鈍形または鈍円形で、縁には細かな鋸歯がある。葉の表は濃緑色で光沢があり、裏は白緑色で、表裏とも若い葉には毛がありのちに無毛。葉柄は長さ2〜6mm、托葉は斜卵形で鋭尖頭。雌雄異株。花期は4〜5月。雄花穂は長さ1.5〜2cm、雌花穂は長さ1〜2cmの円柱形。

高さ10〜25mの高木で、樹皮は縦に割れる

春先に小さな雄花穂をつける

枝 80%

先端は次第に細くなり、鋭頭

縁には細かな鋸歯がある

表 原寸　　裏 原寸

葉の表は光沢のある濃緑色

葉の裏は粉をふいたような白緑色

基部は鈍形あるいは鈍円形

小枝は短く、折れやすい。葉は互生する

● TOPICS

シロヤナギに近い種で、樹形も似ているが、花穂が小さい点や成葉が小さいことなどで区別できる。また、コゴメヤナギが関東・中部・近畿の丘陵地帯〜山地帯に分布するのに対し、シロヤナギは北海道と本州の東北地方に分布し、河畔に多いことなども異なる。

| 単葉 | 広葉 | 切れ込みなし | 鋸歯あり |

シダレヤナギ

Salix babylonica（ヤナギ科）

互生　落葉高木

　中国原産で、本州、四国、九州の公園・庭園・街路樹などとして植栽される落葉高木。高さ10～25m、直径50～70cmになる。枝はやや光沢があり、細く、長く下垂する。葉は互生し、成葉は長さ8～13cm、幅1～2cmの披針形あるいは線状披針形で、先端は徐々に細くなり鋭尖頭で、基部は鋭形。無毛で縁には細かな鋸歯があり、葉の表は濃緑色、裏は粉白色。葉柄は長さ5～10mm。托葉は小さく斜卵形またはまれに半心形で鋭尖頭。若葉には最初やや毛があるが、のちに無毛となる。雌雄異株。花期は3～5月。雄花穂は長さ2～4cm、雌花穂は1.5～2cm。

名前のとおり枝が枝垂れ、高さ10～25mの高木になる

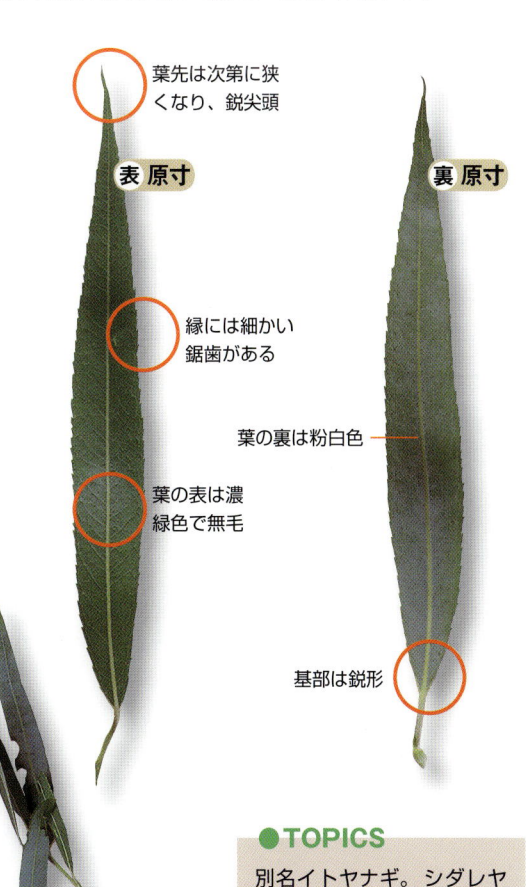

樹皮は縦に割れて、灰褐色

葉先は次第に狭くなり、鋭尖頭

表 原寸　　裏 原寸

縁には細かい鋸歯がある

葉の裏は粉白色

葉の表は濃緑色で無毛

基部は鋭形

枝 60%

葉は互生し、枝はしなやか

●TOPICS

別名イトヤナギ。シダレヤナギの名とともに、枝が細く長く垂れることから名づけられた。ロッカクヤナギは、シダレヤナギの品種で、枝が地面につくほど長く垂れる。京都の六角堂の前にあったことからそうよばれる。

| 単葉 | 広葉 | 切れ込みなし | 鋸歯あり |

オノエヤナギ

Salix sachalinensis（ヤナギ科）

互生　落葉小高木

　北海道、本州、四国に分布する落葉小高木。山地帯の湿地や河川沿いを好む。高さ5～10m、直径10～20cmになる。成葉は長さ10～16cm、幅1～2cmの披針形あるいは狭披針形で、互生する。葉の先端は長く尖り、基部は鋭形あるいは鈍形。全縁あるいは不明瞭な低い波状鋸歯があり、縁は先端部を除きわずかに裏側に巻く。葉の表は光沢があり暗緑色、裏は白みを帯びた淡緑色で、葉裏全体に伏した短い毛がある。雌雄異株。花期は4～5月。雄花穂は長さ2～4cmの円柱形、雌花穂は長さ2～4cmの狭円柱形。

河原などに見られ、高さ5～10mになる

樹皮は暗褐色で縦に割れる

先端は長く尖る

表 原寸　　裏 原寸

葉は披針形または狭披針形

縁に不明瞭な低い波状の鋸歯がある

葉の裏は短毛があり、白みを帯びた淡緑色

葉の表は暗緑色で、光沢がある

基部は鋭形または鈍形

枝 70%

葉は互生する

●TOPICS

ナガバヤナギの別名もあり、北海道日高地方には、オノエヤナギの細長い葉が川に落ちて流れ、シシャモ（柳葉魚）になったという伝説がある。生け花に利用される「石化柳」は、オノエヤナギの園芸品種で、扁平化した枝の幅が5～6mmになったものもある。

イヌコリヤナギ

Salix integra（ヤナギ科）

単葉｜広葉｜切れ込みなし｜鋸歯あり

互生　落葉低木

北海道、本州、四国、九州に分布する落葉低木。ふつう高さは2～3m、まれに高さ6mほどになる。葉には長さ3～4mmの葉柄があり互生、まれに対生する。葉身は長さ4～10cm、幅1.3～2cmの狭長楕円形または長楕円形で、鋭頭または鈍円頭で先端がわずかに凸状となる。基部は円形あるいは浅い心形。葉縁は低い細鋸歯がある。葉の表は緑色、裏は粉白色で、表裏ともに無毛。雌雄異株。花期は3～5月。葉の展開に先立ち、細長い円柱状の尾状花序を出し、密に花をつける。

高さはふつう2～3mになり、葉を茂らせる

開花後は白い柳絮（りゅうじょ）が目立つ

葉の先は鋭頭または鈍円頭で、先端がわずかに凸状

表 原寸

葉身は狭長楕円形ないし長楕円形

葉縁は低い細鋸歯がある

葉の表は緑色で毛はない

裏 原寸

葉の裏は粉白色で無毛

基部は円形または浅い心形

枝 原寸

葉は基本的に互生するが対生するものもある

● **TOPICS**
近縁のコリヤナギは枝の皮をむいて柳行李（やなぎごうり）をつくるが、本種は行李づくりには使われず、役に立たないために「イヌ」を冠して名づけられた。

ネコヤナギ

単葉｜広葉｜切れ込みなし｜鋸歯あり

Salix gracilistyla（ヤナギ科）

互生　落葉低木

　北海道、本州、四国、九州に分布する落葉低木。丘陵地帯から山地帯に多く、水辺に生える。茎は叢生し、高さ0.5〜3mになる。葉は互生し、長さ5〜20mmの葉柄がある。葉身は革質で長さ7〜13cm、幅1.5〜3cmの長楕円形で、先は鋭頭あるいは短鋭尖頭で、基部はくさび形。葉縁には細かい鋸歯がある。葉の表は濃緑色ではじめ絹毛があるがのちに無毛、裏は灰白緑色で絹毛がある。雌雄異株。花期は3〜4月。

水辺に群がって生え、環境に合わせて匍匐性にもなる

樹皮は細く、暗灰色

葉は互生する　枝70%

葉の先端は鋭頭または短鋭尖頭　表 原寸

葉身は革質で長楕円形　裏 原寸

葉縁には細鋸歯がある

葉の表は濃緑色で毛が生えるがのち無毛

葉の裏は灰白緑色で、絹毛が生える

基部はくさび形

●TOPICS

ネコヤナギの突然変異と考えられているクロヤナギは花穂が芽鱗を脱いで満開になるまで黒色。ネコヤナギとヤマネコヤナギとの雑種をフリソデヤナギといい、アメリカヤナギの名で雄株が切り枝として年末から年頭にかけて花屋の店頭に並ぶ。

単葉｜広葉｜切れ込みなし｜鋸歯あり

ハンノキ

Alnus japonica（カバノキ科）

互生／落葉高木

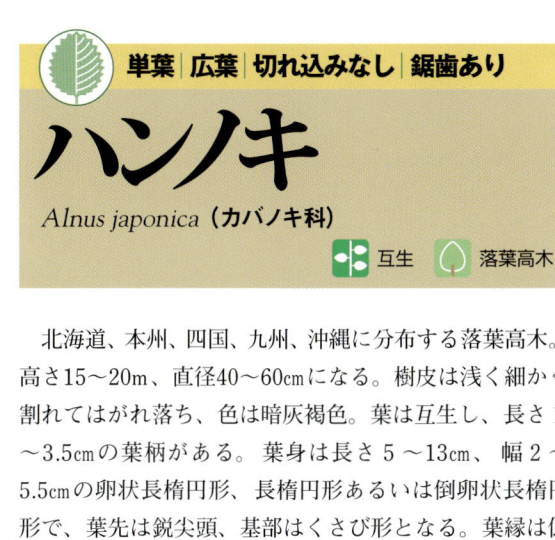

北海道、本州、四国、九州、沖縄に分布する落葉高木。高さ15〜20m、直径40〜60cmになる。樹皮は浅く細かく割れてはがれ落ち、色は暗灰褐色。葉は互生し、長さ1〜3.5cmの葉柄がある。葉身は長さ5〜13cm、幅2〜5.5cmの卵状長楕円形、長楕円形あるいは倒卵状長楕円形で、葉先は鋭尖頭、基部はくさび形となる。葉縁は低い不整な鋸歯がある。葉の表は濃緑色で、葉脈上にわずかに毛が残るほかはほぼ無毛。葉の裏は淡緑色ではじめ毛があり、のちに脈腋に少し残る程度。側脈は7〜9対。雌雄同株。花期は2〜4月。雄花序は前年枝の先に2〜5個散房状につき、雌花序は雄花序より基部の葉腋につくられる。

地下水位の高い湿地などに生え、水をかぶりやすい場所ではひこばえが出る

樹皮は細かく割れ目が入る

葉は互生する

枝 30%

葉身は卵状長楕円形または長楕円形、あるいは倒卵状長楕円形

葉先は鋭尖頭

表 原寸

裏 原寸

葉縁には不整な低い鋸歯がある

葉の表はほぼ無毛で、わずかに葉脈上に毛がある

葉の裏は脈腋に少し毛がある

基部はくさび形

● TOPICS

和名はハリノキが変化したものだとされるが、ハリノキの語源は不詳。「ハンノキの花多き年に不作なし」「ハンノキの実の多い年には米がよくできる」など、ハンノキと稲作との関係の深さをうかがわせる俗信がいくつかある。

| 単葉 | 広葉 | 切れ込みなし | 鋸歯あり |

ケヤマハンノキ
Alnus hirsuta (カバノキ科)

互生　落葉高木

北海道、本州、四国、九州に分布する落葉高木。高さ15〜20m、直径50〜80cmになる。樹皮は平滑、横長で灰色の皮目が目立ち、色は紫褐色を帯びる。葉は互生し、長さ1.5〜3cmの葉柄がある。葉身は長さ6〜14cm、幅4〜13cmの広卵形あるいは広楕円形ないし広円形で、鈍頭またはやや円頭。基部は円形あるいは切形または浅心形となる。葉縁は浅く大きな欠刻状の重鋸歯がある。葉の表は濃緑色で短毛が散生。裏は帯白緑色で、全面に毛があり、とくに葉脈上に多い。側脈は6〜8対。花期は4月。葉の展開に先立ち花を開く。

幹がまっすぐ伸び、枝を斜め上方向につける。川岸や渓流沿いに見られる

幼木の樹皮は緑色を帯び、皮目が目立つ

裏 70%

葉縁には大きな浅い欠刻状の重鋸歯がある

表 原寸

葉身は広卵形または広楕円形、あるいは広円形

枝 30%

葉の表は濃緑色で短毛が散生する

葉の裏は帯白緑色で、全面に毛があるが、とくに葉脈上に毛が多い

若い枝には毛が生え、葉は互生する

● TOPICS

葉の表が無毛で、裏が著しく粉白色のものをヤマハンノキといい、ケヤマハンノキと分布域が重なる。ケヤマハンノキの毛の量は個体間の変異が大きく、両者の区別が難しい場合もある。

| 単葉 | 広葉 | 切れ込みあり | 鋸歯あり |

ウダイカンバ

Betula maximowicziana（カバノキ科）

互生　落葉高木

　北海道、本州の岐阜県以東に分布する落葉高木。高さ30m、直径1mになる。樹皮は紙状の薄片になってはがれ、色は灰白色または橙黄色で、小さく横に長い皮目が散在する。葉は長枝には互生、短枝には2枚が対をなしてつく。葉身は長さ8〜14cm、幅6〜10cmの広卵形、基部は心形で、先は尖る。葉柄は2〜6cm。葉の表は濃緑色、裏は淡緑色で、葉縁は不整な細かい鋸歯があり、鋸歯の先端は長い腺状突起になる。雌雄同株。花期5〜6月。長枝の先端に出た雄花序に淡黄色の雄花をつけ、短枝の先に雌花序を出す。

幹はまっすぐ伸びて、カバノキ科で最大の葉をつける

樹皮は横に長い皮目がある

葉縁には不整な細かい鋸歯がある

裏 原寸

先端は鋭尖頭

表 原寸

葉身は整った心形

葉の裏は淡緑色

葉は短枝に2枚ずつ束生する

枝 30%

葉の表は濃緑色で、葉脈がはっきりしている

● TOPICS

葉身は整ったハート形で、葉脈がはっきりしている。葉の両面の葉脈上以外は無毛であるが、幼樹の葉でははじめビロード状の軟毛が密に生えている。若い個体では葉は15cmほどと大きくなり、カバノキの仲間では最大となる。材は良質な家具材となり、家具業界ではウダイカンバをマカバとよぶ。

| 単葉 | 広葉 | 切れ込みなし | 鋸歯あり |

シラカバ

Betula platyphylla （カバノキ科）

互生　落葉高木

　北海道、本州の中部地方以北に分布する落葉高木。山地帯の明るい場所に生える。高さ25〜30m、直径1mになる。樹皮は紙質で薄く横にはがれ、色は白色。皮目は丸く、密に分布する。葉には長さ1〜3.5cmの葉柄があり、長枝では互生し、短枝では2枚ずつ対につく。葉身は長さ5〜9cm、幅4〜7cmの三角状広卵形あるいは卵状ひし形で、やや厚く、先端は尖り、基部は切形あるいは広いくさび形、まれに心形あるいは円形となる。葉縁には重鋸歯まれに単鋸歯がある。葉の表は深緑色、裏は淡緑色で腺点がある。雌雄同株。花期は4〜5月。新芽の展開とともに雄花序は長枝の先端に下垂して花粉を散らし、雌花序は短枝に頂生する。

日当たりのよい土地を好み、高原に多く見られる。葉は美しく黄葉する

樹皮は白色で、よく目立つ

裏 原寸

表 原寸

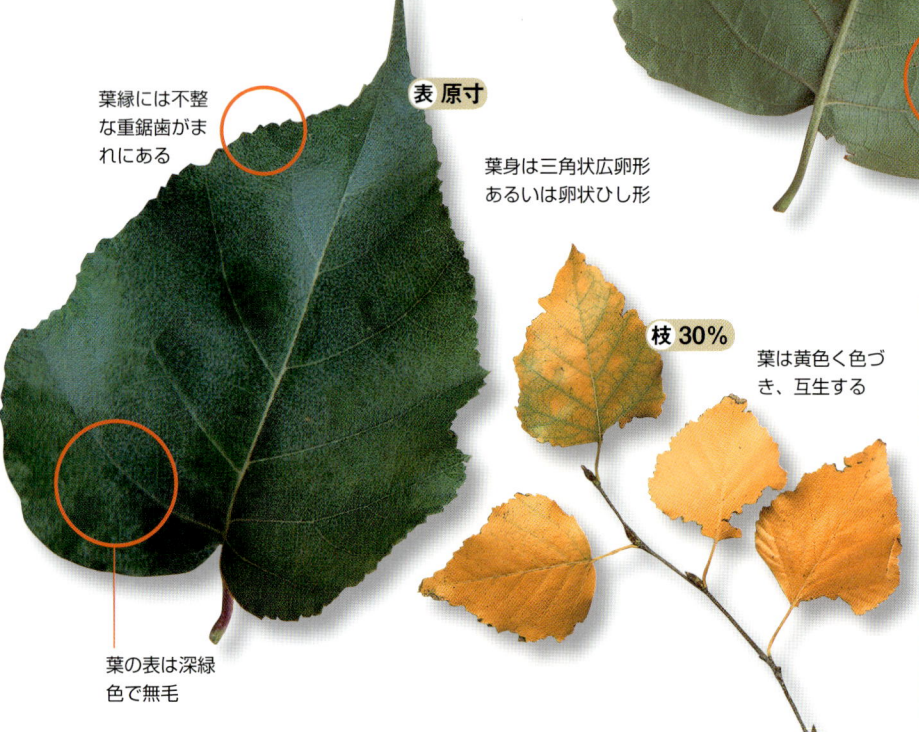

葉縁には不整な重鋸歯がまれにある

葉身は三角状広卵形あるいは卵状ひし形

葉の裏は淡緑色で、まれに葉脈上に毛がある

枝 30%

葉は黄色く色づき、互生する

葉の表は深緑色で無毛

●TOPICS

葉は三角状の広い卵形で、基部はふつう切形。ダケカンバの葉がハート形であることから両者が区別できる。シラカバは冷涼な気候を好み、代表的な高原の風景をつくる。シラカバの仲間は葉や若い枝に独特のさわやかな香りをもち、北欧のサウナ風呂では、シラカバの葉のついた枝で体をたたく。

| 単葉 | 広葉 | 切れ込みなし | 鋸歯あり |

ダケカンバ
Betula ermanii（カバノキ科）

互生　落葉高木

　北海道、本州中部以北、四国に分布する落葉高木。高さ15〜20m、直径30〜60cm、老木では直径1mに達するが、亜高山帯の森林限界近くでは低木状となる。樹皮は紙状に薄く横にはがれ、色は赤褐色または灰白褐色で、老木になると縦に裂け目ができる。葉には長さ1〜3.5cmの葉柄があり、長枝では互生、短枝では2枚が束生する。葉身は長さ5〜10cm、幅3〜7cmの三角状広卵形ないし三角状卵形。葉先は鋭尖頭で、基部は円形あるいはやや切形、ときに浅い心形となる。葉縁は不整の重鋸歯があり、鋸歯の先は尖る。葉の表は濃緑色で、ほぼ無毛。葉の裏は淡緑色で、脈腋に毛がある。雌雄同株。花期は5〜6月。雄花序は長枝の先に単生または数個生じ、雌花序は短枝に頂生、新芽の展開と同時に開花する。

幹はまっすぐ伸びて、きれいな円錐形の樹形になるが、高山などでは風雪の影響で幹が曲がるものも多い

樹皮は赤褐色または灰白褐色で薄くはがれる

葉身は三角状広卵形あるいは三角状卵形

葉の先端は鋭尖頭

葉の表はシラカバよりもはっきりした緑色

葉は短枝で2枚が束生する

葉の基部は円形または切形

葉の裏は淡緑色で、脈腋に毛がまとまる

葉縁は不整の重鋸歯がある

● TOPICS
同じ仲間のシラカバよりも高所に生え、風や雪に対する抵抗性も高い。標高の高い場所のものでは強い風によって樹形がゆがんだものや、雪の重みで幹や枝が斜面に沿って下向きに曲がる。

| 単葉 | 広葉 | 切れ込みなし | 鋸歯あり |

ミズメ

Betula grossa（カバノキ科）
別名：ヨグソミネバリ、アズサ

互生
落葉高木

　本州の岩手県以南、四国、九州の山地に自生する落葉高木。日本固有種。高さ15～20m、直径40～60cmになる。樹皮は平滑で暗灰色。葉は新しい長枝では互生し、短枝は2枚が束生する。葉身は長さ3～10cm、幅2～8cmの卵形～広卵形で、先は尖り、基部は浅心形～やや円形。若い葉は表裏ともに長い伏した毛が生えるが、後に裏の葉脈上に残るだけになる。葉の表は濃緑色、裏は灰白緑色。葉縁は不整の重鋸歯がある。葉柄は長さ1～2.5cmで毛がある。雌雄同株。花期は4月。新芽の展開と同時に長枝の先端から雄花序が下垂し、雌花序は短枝に先端に直立する。

幹はまっすぐ伸び、沢沿いや肥沃な山腹に生える

樹皮は独特の香りがあり、サクラに似て皮目が目立つ

葉縁には鋭く細かな重鋸歯がある

葉身は卵形～広卵形

先端は尖る

表 原寸

裏 原寸

葉の表は濃緑色

基部は浅心形～円形

葉の裏は灰白緑色

枝 70%

短枝の葉は2枚ずつ束生する

●TOPICS

枝を折るとサリチル酸メチルの香りがある。古く梓（あずさ）弓といって、弓としたのは、このミズメではないかとされる。若い樹皮や材の外観がサクラに似ているため、ミズメザクラともよばれ、家具や内装にはサクラの名で使われることが多い。

単葉｜広葉｜切れ込みなし｜鋸歯あり

ハシバミ

Corylus heterophylla var. thunbergii （カバノキ科）

互生　落葉低木

　北海道、本州、九州に分布する落葉低木。高さ1〜2mになる。葉は互生し、長さ6〜20mmの葉柄がある。葉身は長さ、幅ともに5〜12cmの三角状広倒卵形ないし広卵円形で、葉先は急鋭尖頭または切形、基部は浅心形となる。葉縁はやや欠刻状あるいは不整な重鋸歯がある。葉の表は濃緑色で、はじめ毛があるがのちに無毛。葉の裏は淡緑色で主に葉脈上に毛がある。側脈は5〜10対。雌雄同株。花期は3〜4月。新芽の開出に先立って開花し、雄花序は長い尾状花序で下垂する。雌花は新枝の先端に数個つく。果実は丸いどんぐり状で、食用となる。

幹は株立ちとなって、低い茂みをつくる

樹皮は灰褐色で細い

葉先は急に鋭尖頭となる

葉縁には不整の重鋸歯がある

葉身は三角状広倒卵形あるいは広卵円形

裏 原寸

表 原寸

葉の裏は淡緑色

基部は浅い心形

葉の表は濃緑色

葉は互生する

枝 40%

● TOPICS

和名は、ハシワミ（葉皺）が転訛したもの、など諸説ある。果実は、古くから食用ならびに油をとるために重用された。近縁のセイヨウハシバミの実がヘーゼルナッツである。

単葉｜広葉｜切れ込みなし｜鋸歯あり

ツノハシバミ

Corylus sieboldiana（カバノキ科）

互生　落葉低木

　北海道、本州、四国、九州に分布する落葉低木。日当たりのよい山地の林縁に生える。高さ2～3mほど。樹皮は円滑で、円形あるいは横長の皮目があり、色は淡灰褐色。葉は互生し、長さ6～20mmの葉柄がある。葉身は長さ5～11cm、幅3～7cmの卵形、広倒卵形、楕円形あるいは長楕円形で、先は急鋭尖頭、基部は円形または浅い心形。葉縁には不揃いの鋭い重鋸歯がある。葉の表は淡黄緑あるいは緑で光沢はない。裏は黄緑色。雌雄同株。花期は3～5月。葉の展開前に開花し雄花序が垂れ下がる。雌花は芽鱗に包まれたまま伸長し、柱頭が現れる。総苞は基部がやや膨れた筒状、いわゆるとっくり状になり、先はくちばし状となる。果実はどんぐり状で食べられる。

葉の展開前に、灰色の枝に花序が垂れる

葉は互生して葉を茂らす

葉の先端は急鋭尖頭

裏 原寸

葉は互生し、葉身は卵形、広倒卵形、楕円形あるいは長楕円形

葉の裏は黄緑色で、葉脈が凸状になる

縁には不揃いの重鋸歯がある

表 原寸

先がくちばし状の果実には毛が生える

枝 50%

葉の表は光沢がなく淡黄色または緑色

●TOPICS

総苞のくちばし状の部分が短いものをトックリハシバミというが、ツノハシバミと区別が難しい場合もある。また、葉身が長さ7～15cm、幅4～11cmとやや大きなものがオオツノハシバミで、総苞がツノハシバミのようにとっくり形とはならない。

単葉｜広葉｜切れ込みなし｜鋸歯あり

アサダ

Ostrya japonica（カバノキ科）

互生　落葉高木

　北海道、本州、四国、九州の山地帯に分布する落葉高木。高さ15～20m、直径40～60cmになる。樹皮は浅く縦裂して小さな薄片に割れ、ささくれ立つように反り返り、色は暗紫褐色。葉は毛と腺毛に覆われ、長さ4～8mmの葉柄があり互生する。葉身は、長さ5～13cm、幅3～6cmの狭卵形、あるいは広楕円形または長楕円形で、先は鋭く尖り、基部は広いくさび形、または円形～やや心形。葉はやや薄く、葉の表は鮮やかな緑色、裏は緑色で、はじめ表裏ともに軟毛が密生するが、のちに裏の葉脈状に残るだけとなる。葉縁には不整な重鋸歯がある。雌雄同株。花期は5月。新葉の展開とともに雄花序が下垂し開花、雌花序は新枝の頂端に上向きに生じる。

幹はまっすぐ伸びる。湿り気があって、日当たりのよい土地を好む

樹皮は浅く縦に割れ、反り返ってはがれる

裏 原寸

葉の裏の葉脈上に毛が残る

葉先は鋭く尖る

表 原寸

葉縁には不整な重鋸歯がある

葉の表は鮮やかな緑色

葉の裏は緑色

枝 50%

葉脚は円形またはやや心形

葉は互生して、若い枝には毛が生える

●TOPICS

クマシデ類と似ているが、このアサダの若枝には毛と腺毛があるのに対し、クマシデ類では腺毛はない。これはアサダとハシバミ類との共通の形質である。開花後、小苞が果実を包むように発達するが、その様子から、ミノカブリ、フクロシバなどの別名がある。

単葉 | 広葉 | 切れ込みなし | 鋸歯あり

サワシバ

Carpinus cordata（カバノキ科）

互生　落葉高木

　北海道、本州、四国に分布する落葉高木。高さ10～15m、直径40～60cmになる。樹皮は黄色を帯びた赤褐色あるいは淡緑灰色で、ひし形をした鱗状の浅い褐色の割れ目を生じる。葉は互生し、長さ1～2cmの葉柄がある。葉身は洋紙質で、長さ7～14cm、幅4～7cmの卵状長楕円形ないし卵形で、先端はやや尾状に伸びた急鋭尖頭、基部は心形。葉縁は不整の細かな重鋸歯があり、鋸歯の先端は短い芒状となる。葉の表は濃緑色で無毛ないしわずかに粗毛がある。葉の裏は緑色で脈腋に毛が多い。雌雄同株。花期は4～5月。雄花序は前年枝に下垂して、雌花序は新芽の展開と同時に頂生する。

山地の渓流沿いなど湿り気のあるところに生える

樹皮はひし形をした浅い割れ目が入る

葉先は急鋭尖頭でやや尾状に伸びる

裏 原寸

葉の裏は緑色

葉身は卵状長楕円形あるいは卵形

葉縁には先端が短い芒状となった不整の重鋸歯がある

表 原寸

枝 60%

葉の表は濃緑色

基部は心形

葉は互生する

●TOPICS

同属のクマシデによく似ているが、サワシバの葉はクマシデよりやや横幅が広く、基部も心形なので区別できる。葉をはじめ全体が大形のものをオオサワシバ、葉の裏に長い絹毛と短い立毛がやや密に生えるものをビロードサワシバという。

| 単葉 | 広葉 | 切れ込みなし | 鋸歯あり |

クマシデ

Carpinus japonica （カバノキ科）

互生　落葉高木

本州、四国、九州に分布する落葉高木。高さ10〜15m、直径40〜60cmになる。樹皮は、若木では平滑、老木では浅く裂け鱗片状となり、はがれ、色は黒褐色。若枝には長い絹毛がある。葉は互生し、長さ8〜15mmの葉柄がある。葉身は長さ6〜11cm、幅2.5〜4.5cmの狭卵形〜卵状長楕円形で先は長く尖り、基部は円形あるいは浅い心形。葉縁には重鋸歯がある。葉の表は濃緑色で無毛、裏は緑色で、葉脈上に毛が生える。雌雄同株。花期は4〜5月。山地の日当たりのよい谷沿いなどに多く生える。日本固有種。クマシデ類のなかでもっとも材がかたく、イシシデ、カタシデの別名もあり、材は家具や薪炭材などに用いられる。

日当たりのよい丘陵地などに見られる

樹皮ははじめ滑らかで、縦に浅く割れ目が入り、老木になるとはがれる

葉先は長く鋭く尖る

表 原寸

葉の表は無毛で濃緑色

葉縁には重鋸歯がある

裏 原寸

葉の裏は葉脈上に毛があり、色は緑色

葉は互生して、果穂がよく目立つ

枝 50%

●TOPICS

カバノキ科のうちクマシデ類（シデ類）と総称される樹木は数種類。サワシバはクマシデとよく似ているが、葉は広卵形で基部がはっきりとした心形。アカシデ、イヌシデは樹皮がはがれることがなく、葉は被針形で、側脈の数も10〜15対と少ない。

| 単葉 | 広葉 | 切れ込みなし | 鋸歯あり |

イヌシデ

Carpinus tschonoskii （カバノキ科）

互生　落葉高木

　本州の岩手県・新潟県以南、四国、九州に分布する落葉高木。山地にふつうに見られ、人里近くにも生える。高さ10〜15m。樹皮は灰褐色だが、灰白色の模様がある。老木では樹皮に浅い割れ目がある。葉は互生し、長さ8〜12mmの葉柄がある。葉身は長さ4〜8cm、幅2〜4cmの卵形〜狭卵形、あるいは卵状長楕円形。葉先は鋭頭で、基部は円形あるいは広いくさび形。葉縁は細かく鋭い重鋸歯がある。葉の表は緑色で光沢がなく伏毛があり、裏は淡緑色で脈上と脈腋に毛がある。側脈は12〜15対。雌雄同株。花期は4〜5月。

すらりとした樹形をして、樹皮は滑らかで灰褐色。縦に薄い割れ目が入る

葉の先は鋭頭

裏 原寸

葉の裏は淡緑色で、脈上と脈腋に毛がある

葉のような果苞に包まれた堅果は秋に熟す

表 原寸

葉縁には細かく鋭い重鋸歯がある

葉身は卵形〜狭卵形、または卵状長楕円形

葉は互生し、果穂の柄には毛が生える

枝 60%

葉の表は緑色で伏毛が生える

● TOPICS
このイヌシデとアカシデをあわせて、「ソロ」あるいは「ソロノキ」とよぶ場合がある。イヌシデには、アカシデに対してシロシデの別名がある。

単葉｜広葉｜切れ込みなし｜鋸歯あり

イヌブナ

Fagus japonica（ブナ科）

互生　落葉高木

　本州の岩手県以南、四国、九州の熊本県以北に分布する落葉高木。高さ25mほど、直径70cmに達する。樹皮には多数のいぼ状の皮目があり、色は灰黒色。葉は互生し、4〜10mmの葉柄がある。葉身は洋紙質で、長さ5〜10cm、幅3〜6cmの長楕円形または卵状楕円形、先は鋭尖頭、基部は広いくさび形かときとして円形。葉縁には波状の鈍鋸歯がある。葉の表は鮮やかな緑色、裏は淡白緑色。表の側脈間と裏の葉脈を中心に長い毛がある。側脈は10〜14対。雌雄同株。花期は4〜5月。新枝下部の葉腋に数個の雄花序がつき、新枝上部の葉腋に頭状の雌花序がつく。

ブナよりやや標高の低いところに生える。数本の幹が立ち、主幹が枯れると別の幹が生長し主幹となる

樹皮は黒っぽく、ブナと違いひこばえがよく出る

葉先は鋭尖頭

裏 原寸

葉身は長楕円形あるいは卵状楕円形で、左右不同。側脈は10〜14対

表 原寸

葉縁は波状の鈍鋸歯がある

葉の裏は淡白緑色

枝 30%

葉の表は鮮緑色

葉は互生して、ブナより大きな葉をつける

●TOPICS

材が割れやすく、材質もブナに比べて劣っているためイヌ（犬）ブナと名づけられたとされる。イヌブナの葉はブナの葉に似ているが、若葉にある長い白毛がブナの成葉では抜け落ちるのに対しイヌブナでは残る。とくに裏面の葉脈に沿って多く残ることで区別できる。

単葉｜広葉｜切れ込みなし｜鋸歯あり

ブナ

Fagus crenata（ブナ科）

互生　落葉高木

　北海道、本州、四国、九州に分布する落葉高木。高さ30m、直径1.5mに達するものもある。樹皮は滑らかで割れ目がなく、色は灰白色あるいは暗灰色。幹表面に地衣類が着生してさまざまな模様をつくる。葉には長さ5〜10mmの葉柄があり、褐色の当年枝に互生する。葉身は洋紙質で長さ4〜9cmの卵形またはひし状卵形で左右不同、先は鋭頭、基部は広いくさび形、葉縁には波状の鈍い鋸歯がある。葉の表は濃緑色で、裏は緑色。表裏ともにはじめ長い軟毛があるが、のちに葉脈以外は無毛となる。側脈は7〜11対。雌雄同株。花期は5月。新梢下部の葉腋に数個の雄花序がつき、上部の葉腋に頭状の雌花序がつく。実を干して乾かし、炒ると食べられる。

枝先は細かく分岐して、樹冠を広げる。雨が降ると、この枝から樹皮を伝って、ゆっくりと地面にしみこむ

樹皮は滑らかで、コケなどがついて斑紋をつくることが多い

葉先は鋭頭

裏 原寸

葉の裏は緑色

表 原寸

葉の表は濃緑色

葉縁は波状の鈍鋸歯となる

葉身は卵形あるいはひし状卵形で、左右不同。側脈は7〜11対

葉脚は広いくさび形

枝 50%

葉は互生し、実は食用になる

●TOPICS

ブナ林は、北海道南部と東北地方では平地に見られるが、関東以西では山の中腹に生える。宮城県金華山以南の太平洋側に分布するブナは葉が小さく、コハブナとよばれる。日本海側の多雪地域では葉が大きくなり、オオハブナとして区別されることもある。

日当たりなどの条件によって、樹冠を大きく広げた大樹になる

秋になると葉が美しく黄葉し、ブナ林全体が黄金色に染まる

| 単葉 | 広葉 | 切れ込みなし | 鋸歯あり |

ウバメガシ

Quercus phillyraeoides（ブナ科）

互生　常緑中高木・低木

　本州の神奈川県以西の太平洋側、四国、九州、沖縄に分布する常緑低木あるいは小高木〜中高木。よく分枝する。ふつう高さ3〜5mだが、大きなものは高さ10〜15m、直径40〜60cmに達するものもある。樹皮は黒褐色で、老木になると縦方向に浅裂する。葉は互生し、長さ5mmほどの葉柄をもち、枝の先端に集中する。葉身は長さ3〜6cm、幅1.5〜3cmの楕円形で厚くかたい。葉先は鈍形または円形で、基部は円形あるいはわずかに心形。葉の表裏ともにはじめ中脈に沿って毛があるがのちに無毛。葉縁は先半分にまばらな低い鋸歯がある。托葉は長さ1cmほどで長楕円形、すぐに落ちる。雌雄同株。花期は4〜5月。新枝下部に多数の雄花序が下垂し、新枝上部の葉腋に雌花が1〜2個つく。堅果は食用となる。

葉は枝先に集中してよく茂る。生け垣や庭木としても利用される

老木の樹皮は縦に浅く、割れ目が入る。材はとてもかたい

葉先は鈍形、あるいは円形

裏 原寸

葉の裏は緑色

表 原寸

葉縁の先半分に、まばらで低い鋸歯がある

葉の表は濃緑色

枝 60%

葉は互生してつき、楕円形の葉は厚くてかたい

● TOPICS

小形でつやのある常緑の葉を密につけることが好まれ、生け垣や庭木としてよく植えられ、とくに西南日本では珍重される。良質の炭として「炭焼き」などの調理に重用される備長炭（びんちょうたん）はウバメガシからつくられる。

単葉｜広葉｜切れ込みなし｜鋸歯あり

クヌギ

Quercus acutissima（ブナ科）

互生　落葉高木

本州の岩手県、山形県以南、四国、九州、沖縄に分布する落葉高木。高さ15m、直径60cmに達する。樹皮は縦に不規則に深く割れ、灰褐色。葉は互生し、ふつう1〜3cmの葉柄がある。葉身は洋紙質で、長さ8〜15cm、幅2〜4cmの長楕円形あるいは長楕円状披針形。葉の表は濃緑色で光沢があり、はじめは軟毛があるがのちに無毛、裏は淡緑色で葉脈上に毛がある。葉縁は波状鋸歯があり、先端は芒となる。側脈は13〜17対。雌雄同株。花期は4〜5月。新枝や新葉が伸びないうちに下垂し、雌花は新枝のなかほどから先の葉腋に1〜3個ずつつく。実は灰汁につけて渋を抜いてから利用する。

樹皮は不規則に割れ目が入る。関東の雑木林では目にする機会が多い

花期には新しい枝に黄色い雄花序がぶら下がる

枝 50%

葉は互生し、洋紙質

表 原寸

葉身は長楕円形あるいは長楕円状披針形

葉の表は濃緑色で、若い葉では軟毛を密生、のちに無毛

裏 原寸

葉縁は波状鋸歯があり、鋸歯の先端は淡黄褐色の芒となる

葉の裏は淡緑色で、脈上に毛がある

● TOPICS
クヌギの名は、全国で広く生育しているため「クニギ（国木）」に由来するといわれている。葉は同じコナラ属のアベマキときわめて似ているが、クヌギの葉の裏には葉脈を除き毛がないのに対し、アベマキでは毛が密生するため白っぽく見える点で区別される。

単葉｜広葉｜切れ込みなし｜鋸歯あり

アベマキ
Quercus variabilis（ブナ科）

互生　落葉高木

　本州の山形県、岩手県以南、四国、九州に分布するが西日本に多い落葉高木。高さ15m、直径40〜60cmになる。樹皮は縦に不規則な割れ目があり、灰褐色。コルク層が発達する。葉には長さ1.5〜3.5cmの葉柄があり互生する。葉身は洋紙質で、長さ12〜17cm、幅3〜6cmの披針形あるいは長楕円状披針形で、先は鋭形または鋭尖形。葉縁は低い鋸歯があり先端は長さ2〜3mmの芒となり突出する。葉の表は濃緑色で光沢があり、はじめ軟毛があるがのちに無毛。裏は粉白色で全体に毛が密生する。雌雄同株。花期は4〜5月。新枝の下部に長さ10cmほどの雄花序が下垂し、新枝の上部の葉腋に雌花序がふつう単生する。

樹皮や葉はクヌギにそっくりで、葉裏の毛が密生することで見分けられる

樹皮の割れ目は深く裂け、さわるとコルク層だとわかる

葉身は披針形または長楕円状披針形。葉質は洋紙質

葉の先端は鋭形あるいは鋭尖形

表 原寸

裏 原寸

葉の縁は低い鋸歯があり、先端が芒となって縁から出る

枝 40%

葉は互生して、葉柄は短い

葉の裏は全体に毛が密生し、粉白色

葉の表は光沢があって濃緑色

● TOPICS

和名アベマキのアベとは岡山県の方言で、あばたを意味する。コルク層が厚く発達し、樹皮がごつごつしていることからそうよばれる。コルク層は樹齢15年以上のものから、15年ごとに2cmの厚さで採取でき、コルクの代用とされる。

単葉 | 広葉 | 切れ込みなし | 鋸歯あり

カシワ
Quercus dentata （ブナ科）

互生　落葉高木

北海道、本州、四国、九州に分布する落葉高木。丘陵帯〜山地帯のやせ地に生える。高さ15m、直径60cmになるものもある。樹皮は不規則に割れ、色は灰褐色〜黒褐色。葉には短い柄があるか無柄で互生し、枝先に集まる。葉身は洋紙質で、長さ10〜30cm、幅6〜18cmの倒卵状長楕円形で鈍頭、基部はくさび形でやや耳状となる。葉の表は濃緑色で、若い葉では短毛や星状毛を散生させるが、のちに主脈以外無毛となる。裏は灰緑白色で、短毛と星状毛が密生する。葉縁は大きな欠刻状の鈍鋸歯がある。側脈は8〜12対。雌雄同株。花期は5〜6月。新枝下部に多数の雄花序が下垂し、新枝上部の葉腋に雌花が5〜6個つく。

樹皮が厚く火と乾燥に強い。枝が横に大きく広がり、粗い樹形となる。カシワの葉はブナ科のなかでももっとも大きな葉をつける

黄葉しはじめた葉。このあと枯れた葉が春先まで枝に残るものもある

原寸
葉身は倒卵状長楕円形。側脈は8〜12対

葉縁は大きな欠刻状鋸歯

表 50%

裏 50%

葉の表は濃緑色

葉脚は耳状のくさび形

紅葉 40%
葉はあまりきれいに色づかない

● TOPICS
柏餅を包んでいるのが、このカシワの葉。カシワは〈炊（かし）ぐ葉〉の意味で、かつて食物を蒸すときに大形の葉が使われたことによる。モクレン科のホオノキなども同様に用いられた。

| 単葉 | 広葉 | 切れ込みなし | 鋸歯あり |

ミズナラ
Quercus crispula（ブナ科）

互生　落葉高木

　北海道、本州、四国、九州に分布する落葉高木。高さ30m、直径1.5mに達する。樹皮は縦に不規則な割れ目があり、色は淡い灰褐色。葉に葉柄はほとんどなく、互生して枝の先端に集まる。葉身は洋紙質で、長さ5〜15cm、幅5〜8cmの倒卵状長楕円形〜倒卵形で、先端は短い鋭形あるいは鈍形、側脈は13〜17対。基部は耳状のくさび形。葉の表は濃緑色で、はじめ軟毛があるがのちに無毛。葉の裏は淡緑色で絹毛や微毛がある。葉縁は粗大な鋭頭または鈍頭の鋸歯がある。雌雄同株。花期は5月。新枝下部から数個の雄花序が下垂し、新枝上部の葉腋に雌花序が出る。

太い枝を広げて大きく生長する。薪炭材として伐採されたが、現在は新しい幹が伸びた二次林が多く残る

樹皮は淡い灰褐色で縦に割れ目が入る

葉身は倒卵形あるいは倒卵状長楕円形。側脈は13〜17対

裏 原寸

表 原寸

葉の表は若い葉以外は無毛

枝 30%

葉柄はわずか2〜3mmときわめて短い

堅果（どんぐり）は開花した年の秋には熟し、殻斗の外側に小鱗片が密生する。高さ2〜3cm

● TOPICS
ミズナラ（水楢）の名は、材に水分が多く含まれているためだといわれる。材はかたく、やや紅色を帯びた淡褐色で、磨くと美しい模様が現れつやが出る。一般にナラ材として総称されるコナラ属の材のうち、もっとも優れた材であるとされる。

| 単葉 | 広葉 | 切れ込みなし | 鋸歯あり |

コナラ

Quercus serrata（ブナ科）

互生　落葉高木

　北海道、本州、四国、九州に分布する落葉高木。温帯下部から暖帯にかけて生育する。高さ15m、直径60cmに達する。樹皮は縦に不規則な割れ目が入り、灰白色。葉には長さ1～1.2cmの葉柄があり互生し、枝の先端に集まる。葉身は長さ7.5～14cm、幅4～6cmの長楕円形、洋紙質で先は尖り、基部はくさび形。葉の表は濃緑色で光沢があり、若い葉には絹毛があってのちに無毛。葉の裏は短い星状毛と絹毛があり灰白色。葉縁にはやや丸みを帯びて先の尖った粗鋸歯がある。側脈は12～14対。雌雄同株。花期は4～5月。新枝基部から多数の雄花序が下垂し、新枝上部の葉腋から雌花序が出る。実は灰汁につけて渋を抜いてから食用とする。

樹皮は縦に不規則な割れ目が入り、老木になると割れ目が大きくなる

赤く色づいた葉は秋の雑木林を彩り、落ち葉は燃料や堆肥に利用される

葉の先端は尖る

葉の裏は灰白色

裏 原寸

表 原寸

枝 50%

葉縁にはやや丸みを帯びて先の尖った粗鋸歯がある

葉の表は濃緑色

葉身は長楕円形。葉は単葉で枝の先に集まり互生する

●TOPICS

コナラとは「小さな葉のナラ」という意味だという。ナラの由来は、「鳴る」であるとされ、吹く風に揺られる葉がふれあい、音を出すことに基づくとされる。クヌギとともに、関東地方の雑木林を代表する樹木である。

| 単葉 | 広葉 | 切れ込みなし | 鋸歯なし（あり）|

アカガシ

Quercus acuta （ブナ科）

互生　常緑高木

　本州の宮城県、新潟県以南、四国、九州に分布する常緑高木。高さ20m、直径80cmになる。若木の樹皮は平滑だが、老木では鱗片状となり、はがれ、色はふつう緑灰黒色。葉は互生し、2～4cmの葉柄がある。葉身はややかたい革質で長さ8～20cm、幅3～5cmの長楕円形あるいは楕円形、先端は尾状に細くなる。葉の基部は広いくさび形。葉縁は全縁で、まれに先に近い部分だけ波状の鋸歯がある。葉の表は光沢がある濃緑色、裏は淡緑色。側脈は8～15対。雌雄同株。花期は5～6月。新梢の下部から数個の雄花序が下垂し、上部の葉腋に雌花序が直立する。実は灰汁抜きしたのちに砕いて餅などにする。

主幹は分岐して枝を伸ばすが、樹冠では細かく枝分かれしない

太い大木になると樹皮がはがれやすい

葉身は楕円形あるいは長楕円形で、長さ8～20cmと大形

裏 原寸

表 原寸

葉縁は全縁

葉の裏は淡緑色

葉の表は濃緑色で光沢がある

基部は広いくさび形

●TOPICS

アカガシの名は、材が淡紅褐色で赤みが強いことによる。柾目には虎斑、板目には顕著な樫目模様が現れて美しいため、床材、柱、器具材などとして用いられる。葉が大形であるため、オオガシ、あるいはオオバガシなどともよばれる。

単葉｜広葉｜切れ込みなし｜鋸歯あり

イチイガシ

Quercus gilva（ブナ科）

互生　常緑高木

　本州の南関東以西の太平洋側、四国、九州に分布する常緑高木。高さ30m、直径1.5mになる。樹皮は皮目が多く、大小不揃いな薄片となってはがれ落ちて波状の模様となり、色は灰黒褐色。葉は互生し、長さ1～1.5cmの葉柄がある。葉身は革質で、長さ6～14cm、幅2～3cmの倒披針形あるいは広倒披針。葉先は鋭尖頭で、基部は広いくさび形。葉の表は濃緑色で光沢があり、はじめ黄褐色の星状毛が密生するがのちに無毛。裏は黄褐色の星状毛を密生する。葉縁は先半分に鋭い鋸歯がある。雌雄同株。花期は4～5月。新梢の下部に数個の雄花序がついて下垂し、上部の葉腋に雌花序が直立する。

幹は直立して大木となるものが多い。九州に多く見られる

樹皮は皮目が多くはがれやすい

枝 40%

葉は互生し、枝には黄褐色の星状毛が密生する

葉身は革質で、倒披針形、または広倒披針形

葉縁には鋭い鋸歯がある

表 原寸　裏 原寸

葉の表は濃緑色で光沢がある

葉の裏に黄褐色の星状毛が密生する

● TOPICS

イチイガシは、カシの仲間のなかでとりわけ大きく生長するといわれる。その風格ある樹形もあって、古くから神社の境内などに植栽され、御神木として祀られている巨木も多い。

| 単葉 | 広葉 | 切れ込みなし | 鋸歯あり |

アラカシ

Quercus glauca（ブナ科）

互生　常緑高木

　本州の福島県以南、四国、九州に分布する常緑高木。丘陵地帯〜山麓に生える。高さ15〜20m、直径60cmになる。樹皮は凹凸と小さな浅い割れ目があり、色はふつう緑灰黒色。葉には長さ1.5〜2cmの葉柄があり枝先に集中して互生する。葉身は革質で長さ5〜13cm、幅3〜6cmの倒卵状長楕円形、または長楕円形で先は尖り、基部は広いくさび形となる。葉縁の先半分にやや鋭く低い鋸歯がある。葉の表は濃緑色で、はじめ軟毛があるがのちに無毛となり光沢がある。裏は灰白色で絹毛が密生する。側脈は8〜11対。雌雄同株。花期は4〜5月。新枝下部に雄花序が数個下垂し、新枝上部の葉腋に雌花序が直立する。

主幹がまっすぐ生長し、よく枝分かれして葉を茂らす

樹皮は凹凸があり、あまり深く割れない

葉身は倒卵状長楕円形あるいは長楕円形

表 原寸　　裏 原寸

葉縁の先半分に低い鋸歯がある

葉の表は濃緑色で光沢がある

葉の裏は絹毛が密生し、灰白色

● TOPICS

西日本で単にカシというとこのアラカシをさすことが多い。スダジイやツブラジイなどと混生することも多く、庭園や人家にも多く植栽される。アラカシとアカガシとの中間的形態をもつイズアカガシは、両種の雑種と考えられている。

単葉｜広葉｜切れ込みなし｜鋸歯あり

ウラジロガシ

Quercus salicina（ブナ科）

互生　常緑高木

　本州の宮城県、新潟県以西、四国、九州、沖縄に分布する常緑高木。高さ20m、直径80cmになる。樹皮は円形で白色の皮目を散生し、色はふつう灰黒色。葉には長さ1～2cmの葉柄があり、互生する。葉身は長さ9～15cm、幅2.5～4cmの長楕円状披針形あるいは披針形で、先は鋭く尖り、基部は広いくさび形。葉縁は少々波打ち、先3分の2の部分にやや鋭く低い鋸歯がある。葉の表ははじめ伏した軟毛が散生するがのちに無毛となり、濃緑色で光沢がある。裏ははじめ黄褐色の絹毛が密生するが、のちに蝋質を分泌し、灰白色。葉の表の中脈は窪む。側脈は10～15対。雌雄同株。花期は5月。新枝下部に数個の雄花序が下垂し、新枝上部の葉腋に雌花序が直立する。

幹は直立して伸びる。枝は上部で分かれ小さな円形の皮目がある

樹皮はふつう灰黒色

葉縁はやや波打ち、先3分の2に鋭い鋸歯がある

葉身は披針形あるいは長楕円状披針形

表 原寸

裏 原寸

葉の表は濃緑色で光沢があり無毛

葉の裏は蝋質で灰白色。葉脈に沿って毛が散生する

●TOPICS

岡山県苫田郡鏡野町には「七色樫」とよばれる岡山県指定の天然記念物のウラジロガシがある。常緑樹でありながら1年の間に葉色が多様に変化することからこうよばれたもので、「虹の木」ともよばれる。

単葉｜広葉｜切れ込みなし｜鋸歯あり

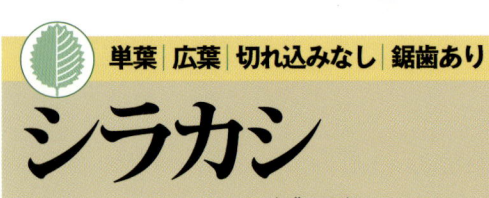

シラカシ

Quercus myrsinaefolia（ブナ科）

互生　常緑高木

　本州の福島県、新潟県以西、四国、九州に分布する常緑高木。高さ20m、直径80cmになる。樹皮は縦に並ぶ皮目があり、色は灰黒色。葉は互生し、長さ1～2cmの葉柄がある。葉身は革質で、長さ5～12cm、幅2～3cmの狭長楕円形、あるいは狭長楕円状披針形で、先は鋭く尖り、基部はくさび形または広いくさび形。葉縁の先半分に粗い鋸歯がある。葉の表は緑色で光沢があり無毛、裏ははじめ絹毛が生えるがのちにほとんど無毛となり、灰緑色。側脈は11～15対。雌雄同株。花期は5月。新枝下部および前年枝の葉腋から生じる短枝に雄花序が数個下垂し、新枝上部の葉腋に雌花序が直立する。

葉は互生する。果実はその年の秋に熟す

樹皮は灰黒色で、材は白っぽい

葉身は狭長楕円形、または狭長楕円状披針形

表 原寸　　裏 原寸

葉縁の先半分に粗い鋸歯がある

葉の表は緑色で光沢があり無毛

葉の裏は灰緑色

● TOPICS

材の色がアカガシに比べて淡いのでシラカシとよばれる。ウラジロガシの葉に似ているが、シラカシの葉裏はウラジロガシの葉裏より白くない、ウラジロガシは葉縁が波打つがシラカシは波打たない点などで区別できる。

単葉｜広葉｜切れ込みなし｜鋸歯あり

クリ
Castanea crenata（ブナ科）

互生　落葉高木・中高木

　北海道の石狩・日高地方以南、本州、四国、九州に分布する落葉高木または中高木。高さ17m、直径1m以上になるものもある。樹皮は縦に浅く長く割れ、色は灰黒色あるいは灰色。葉は互生し、長さ5〜15mmの葉柄がある。葉身は薄い革質で、長さ10〜20cm、幅4〜7cmの長楕円形あるいは長楕円状披針形で、先は尖り、基部は円形または心形。葉の表は濃緑色でやや光沢があり、裏は淡緑白色で、葉脈上に星状毛がある。葉縁は鋭い鋸歯があり、鋸歯の先端は緑色の短い芒状となる。側脈は16〜23対。雌雄同株。花期は6〜7月。新枝の葉腋から花序が出る。大部分は雄花で、下方に1〜2個の雌花序がつく。実はゆでたり焼いて食用となる。

花は独特の香りがあり、雄花の花序が垂れ下がる

果実は棘のある殻斗に包まれる

枝 30%

葉は互生し、秋には美しく色づく

葉身は長楕円形あるいは長楕円状披針形

表 原寸

葉縁には鋭い鋸歯があり、その先は緑色の短い芒となる

裏 原寸

葉の裏は淡緑白色

葉の表はやや光沢があり濃緑色

●TOPICS
縄文時代の遺跡からも炭化したクリが出土し、古代から貴重な食料とされてきたことがわかる。日本のクリの栽培は山野に自生するシバグリを中心に発展し、奈良〜平安時代には実の大きなものが現れたとされる。栽培の歴史は丹波地方（京都府）がもっとも古いとされ、現在でも有数の産地である。

単葉 | 広葉 | 切れ込みなし | 鋸歯あり(なし)

スダジイ

Castanopsis sieboldii （ブナ科）

互生　常緑高木

本州の福島県、新潟県以西、四国、九州に分布する常緑高木。高さ20m、直径1mになる。幹は上方でよく分枝する。樹皮は縦方向に深く裂け、色は黒褐色。葉は互生し、長さ1cmほどの葉柄があり、2列に並んでやや下方に開出する。葉身は革質でやや厚く、長さ5〜15cm、幅1.5〜2.5cmの披針形あるいは楕円状卵形、先は細長く尖る。葉の基部は広いくさび形あるいは円形。葉の縁は全縁、あるいはわずかに波状の鋸歯がある。葉の表は深緑色あるいは緑色で、はじめ淡褐色の毛を散生するが、のちに無毛となり光沢がある。裏は濃灰褐色で、灰褐色の細かい鱗状の毛を密生する。側脈は8〜11対。雌雄同株。花期は5〜6月。新枝下部の葉腋について斜上し、新枝上部の葉腋に雌花序が上向きにつく。実はわずかに甘みがあり、生食、あるいは炒って食用にする。

主幹を分けることが多く、小枝を出して葉をよく茂らせる

大木の樹皮は縦に深い割れ目が入る

葉身は楕円状卵形あるいは披針形

葉の裏は濃灰褐色で、灰褐色の細かな毛が密生する

裏 原寸

表 原寸

葉縁は全縁あるいは先半分に鋸歯がある

枝 60%

葉は互生してつき、革質でやや厚い

葉の表は深緑色で光沢がある

● TOPICS

堅果（どんぐり）は突起のある殻斗に覆われる。秋には殻斗が3つに割れて、熟した堅果が現れる。また、シイの仲間はこのスダジイとコジイ（ツブラジイ）に分けられるが、コジイは葉の長さが4〜10cmと小さく、樹皮が滑らかなことからも区別がつく。

単葉 | 広葉 | 切れ込みなし | 鋸歯なし

マテバシイ

Lithocarpus edulis（ブナ科）

互生　常緑高木

　本州、四国、九州、沖縄に分布する常緑高木。高さ15m、直径60cmになる。樹皮は縦に細く白い筋があり、色はふつう灰黒色。葉には長さ1〜2.5cmの葉柄があり、枝先に集まって互生する。葉身は厚い角質で、長さ9〜26cm、幅3〜8cmの倒披針状長楕円形。先は短い鋭尖形あるいは鈍形になり、基部はくさび形。葉の表にははじめ褐色で鱗状の細かな毛があるが、のちに無毛となり、深緑色で光沢がある。裏は淡褐色を帯びた緑色。葉縁は全縁。側脈は10〜13対。雌雄同株。花期は6月。新枝の葉腋に数個の雄花序がついて斜上し、新枝上部の葉腋から雌花序が出て斜上する。実は生食、あるいは炒って食用にする。

葉は枝先に集まってつき、葉が密に茂る。公園や街路樹としても植栽される

樹皮は滑らかで、縦に細く白い筋が入る

葉縁は全縁

葉の表は深緑色で光沢がある

葉身は長さ9〜26cmの倒披針状長楕円形だが、形、大きさには変異が多い

表 原寸

裏 原寸

葉の裏は淡褐色を帯びた緑色

● TOPICS

学名の小種名edulisは、「食べられる」という意味で、古くから食料とされてきたからである。マテバシイのどんぐりは大きく、またタンニンの含有量が少ないために渋みがない。幹の太さが50cmほどのマテバシイの木には、4000〜5000個ほどのどんぐりがなるという。

| 単葉 | 広葉 | 切れ込みなし | 鋸歯なし（あり）|

シリブカガシ

Lithocarpus glabra（ブナ科）

互生　常緑高木

　本州の近畿地方以西、四国、九州、沖縄に分布する常緑高木。高さ15m、直径50cmになる。樹皮に割れ目はなく、皮目の列が縦方向にあり、色は灰黒色。葉は互生し、長さ1〜1.5mmの葉柄がある。葉身は厚い革質で、長さ8〜12cm、幅3〜5cmの倒披針状長楕円形で、先端は短い鋭尖頭で鈍頭になり、基部は広いくさび形。葉の表ははじめ黄褐色の細かな毛が生えるがのちに無毛、深緑色で光沢がある。裏ははじめ葉脈に沿って黄褐色の短毛が密生するがのちに無毛となり、緑灰色。葉縁は全縁あるいは先端近くにわずかに鋸歯がある。雌雄同株。花期は9〜10月。新枝の葉腋に数個の雄花序がついて斜上し、新枝上部の葉腋から雌花序が出て斜上する。実は食用となる。

幹はまっすぐ伸び、葉は枝先に互生する

樹皮は滑らかで割れ目はない

表 原寸　　裏 原寸

葉身は厚い革質で、倒披針状長楕円形

葉縁は全縁、あるいは先端近くにわずかに鋸歯がある

●TOPICS

シリブカガシは尻深樫で、堅果、いわゆるどんぐりの基部が窪んでいることが名の由来だとされるが、これは同属のマテバシイのどんぐりにも共通した特徴である。堅果は2年目に成熟するため、秋の花の時期に実を一緒に見ることができる。

葉の表の色は深緑色で光沢がある

葉の裏は緑灰色

| 単葉 | 広葉 | 切れ込みなし | 鋸歯あり |

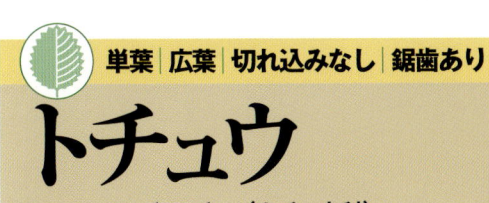

トチュウ

Eucommia ulomides （トチュウ科）

互生　落葉高木

中国原産の落葉高木。日本では薬用・健康茶の原材料として栽培される。高さ15〜20m、直径30〜40cmになる。葉は互生し、長さ1.5〜2.5cmの葉柄がある。葉身は長さ8〜15cm、幅3〜7cmの楕円形あるいは長楕円形で、先は鋭頭となり尾状に尖る。基部は円形またはくさび形。葉の表は濃緑色で光沢がある。裏は淡緑色。表裏ともに葉脈沿いに毛がある。葉縁の上半分に細かな鋸歯がある。雌雄異株。花期は4月。若枝の基部に散形状に多数生じる。花被はなく、雄花は4〜10本の雄しべ、雌花は1本の雌しべからなる。

葉は大きめで、やや透けた樹冠をつくる。樹皮や葉にはゴム質の樹液がある

樹皮は灰褐色で、乾燥させたものを漢方薬として利用する

葉は楕円形あるいは長楕円形

葉縁に細かな鋸歯がある

裏 原寸

枝 60%

葉の先端は尖り、互生する

表 原寸

葉の裏は淡緑色

葉の表の色は濃緑色で光沢がある

●TOPICS

樹皮をはがしたり枝や葉を折って引くと、グッタペルカという白銀色のゴム質の樹液が糸を引く。古くは接着剤やゴムを得る目的に利用されたというが、現在は使われない。乾燥させた樹皮は漢方で杜仲として利用され、葉は民間で杜仲茶として飲用される。

| 単葉 | 広葉 | 切れ込みなし | 鋸歯あり |

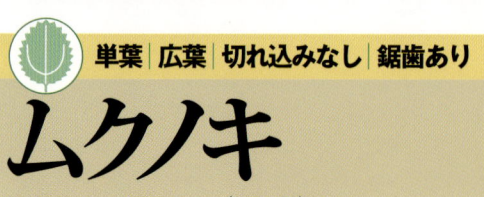

ムクノキ
Aphananthe aspera（ニレ科）

互生　落葉高木

　本州の関東地方以西、四国、九州、沖縄に分布する落葉高木。高さ15～20m、直径50～60cm、ときに直径1mになる。樹皮はほぼ平滑で灰褐色、老木では鱗片状となり、はがれる。葉は2列に互生し、長さ6～10mmの葉柄がある。葉身は長さ4～10cm、幅3～6cmの卵状披針形。葉縁は基部を除いて鋸歯がある。葉の表は濃緑色で、短い剛毛がありざらざらする。葉の先は尾状に尖り、基部は広いくさび形。雌雄同株。花期は4～5月。若葉と同時に淡緑色の小さな花が咲き、雄花は新しい枝の下部に集散花序をつくり、雌花は上部の葉腋につく。

ほうき状の樹形になり、人里近くに自生、または植栽されることも多い

果実は秋になると黒く熟し食べられる

葉身は卵状披針形

葉縁には基部を除いて整った鋸歯がある

裏 原寸

葉先は尾状に尖る

表 原寸

枝 40%

葉は2列に互生する

基部は広いくさび型で、3つに分かれる葉脈が目立つ

● TOPICS
10月頃には直径1cmほどの卵状形の核果が紫黒色に熟す。かつては人里近くにもムクノキが多く、秋に熟す甘い果実を子どもたちが好んで食べたという。また、葉にある剛毛を利用し、葉はヤスリ代わりに木地やべっこうなどの研磨に用いられた。

単葉 | 広葉 | 切れ込みなし | 鋸歯あり

エノキ
Celtis sinensis（ニレ科）

互生　落葉大高木

　本州、四国、九州に分布する落葉大高木。高さ20m、直径1mに達する。樹皮は粒紋状で灰黒色。枝はよく分枝して広がる。葉には5〜9mmの短い葉柄があり互生する。葉身は長さ4〜10、幅2.5〜6cmの広楕円形または広卵状楕円形で、先は鋭尖形、基部は広いくさび形で左右非対称。葉の表は緑色で無毛かわずかに葉脈沿いに毛が残る。裏は淡緑色で葉脈沿いに毛がある。葉縁は基部を除き低い鈍鋸歯があるが、ときに先端だけに細かな鋸歯がある場合や全縁となる。側脈は3〜4対。雌雄雑居性。花期は4〜5月。新葉とともに開き、雄花は新枝の下部に集散花序をつくる。両性花は新枝上部の葉腋に単生、または2〜3個束生する。

幹の低い位置から枝が横に広がり整った樹形になる

樹皮は割れ目がなく、灰黒色

枝 60%

葉縁にはふつう基部を除き小さな波状の鈍鋸歯がある

葉身は広楕円形あるいは広卵状楕円形

葉の裏は淡緑色で葉脈に沿って毛が生える

裏 原寸

表 原寸

葉の表は緑色

基部は広いくさび形で左右非対称

枝はよく広がり互生する

● TOPICS

大木でしかも常緑のヤドリギをよくつけるので人目を引く。これを神の木としてさまざまな境界に祀るようになったためか、古くエノキは一里塚として植えられて道標とされたり、橋のたもとや村境に植えられた。

91

単葉｜広葉｜切れ込みなし｜鋸歯あり

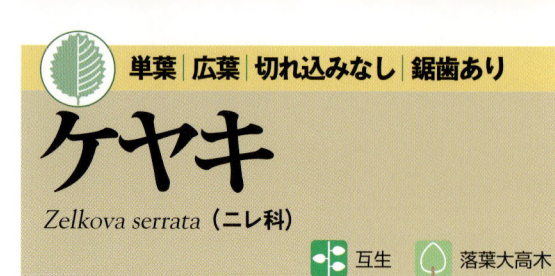

ケヤキ
Zelkova serrata（ニレ科）

互生　落葉大高木

　本州、四国、九州に分布する落葉大高木。高さ20〜30m、直径80〜100cmに達する。樹皮はほぼ平滑で色は灰白色、老木では鱗片状となり、はがれる。葉は2列に互生し、長さ3㎜前後の短い葉柄がある。葉身は長さ3〜7cm（大きなものでは12cm）、幅1〜2.5cm（大きなものでは5cm）の狭卵形あるいは卵状楕円形で、先は長く鋭く尖り、基部は浅い心形または円形で左右不対称。葉縁には鋸歯がある。葉の表は濃緑色ではじめ微毛があるがのちに無毛、ややざらつく。裏は灰緑色で毛が葉脈沿いに残る。側脈は8〜12対。雌雄同株。花期は4月。新葉とともに開く。雄花は新枝下部の葉腋に束生または単生する。

20m以上の高木になり、枝を扇状に美しく広げる。各地で天然記念物に指定される巨木・古木も多い

樹皮は灰白色で老木では鱗片状となり、はがれる

表 原寸　先は鋭尖頭

葉は狭卵形あるいは卵状楕円形

裏 原寸　葉縁には鋸歯がある

葉の表は濃緑色で、さわるとざらざらする

葉の裏は灰緑色

枝 原寸

葉は2列で互生する

● TOPICS

樹姿もさることながら、材の木目も美しく、際だった木という意味の「けやけき木」からケヤキになったとされる。「けやけし」には、尊い、秀でたなどの意味もある。

単葉 | 広葉 | 切れ込みなし | 鋸歯あり

ハルニレ

Ulmus davidiana var. *japonica*（ニレ科）

互生　落葉高木

北海道、本州、四国、九州に分布する落葉高木。とくに北の地域に多い。山麓部の沢沿いに多く、公園・街路樹などとして植栽される。高さ30m、直径1mに達する。樹皮は縦にやや深い割れ目が生じ、不規則な鱗片状となり、はがれる。色は灰色〜灰褐色。葉は互生し、4〜12mmの葉柄がある。葉身はやや厚く、長さ3〜15cm、幅2〜8cmの倒卵形あるいは倒卵状楕円形または楕円形で、先は急鋭尖頭、基部はくさび形で左右不対称。葉縁は重鋸歯がある。葉の表は緑色でざらつき、微毛が散生する。裏は淡緑色で、葉脈沿いに短毛が密生する。側脈は10〜20対。花期は3〜5月。葉に先立って褐紫色またはわずかに帯紅色がかった花をつける。

幹を直立させて枝を広げ、大きな樹冠になる

樹皮は縦にやや深く割れ目が入る

葉の先は尖る

裏 原寸

葉縁には重鋸歯がある

葉は倒卵状楕円形、あるいは楕円形

表は緑色でざらつく

表 原寸

基部はくさび形で左右不対称

葉は互生する

枝 30%

●TOPICS

単にニレともいい、北海道ではエルムの名で知られ、街路樹として多く植えられるなど、北海道を代表する樹木といえる。アイヌの神話では、祖神アイヌラックルは、ハルニレの女神と雷神との間の子であるとされる。

単葉 | 広葉 | 切れ込みあり | 鋸歯あり

オヒョウ

Ulmus laciniata（ニレ科）

互生　落葉高木

　北海道、本州、四国、九州に分布する落葉高木。とくに北海道に多い。高さ25m、直径1mになる。樹皮は縦に浅く裂け、色は灰褐色。葉は2列に互生し、3〜10mmの葉柄がある。葉身は洋紙質で、長さ7〜15cm、幅5〜7cmの倒広卵形あるいは長楕円形で、先端が特徴的に3〜5裂するか、裂けずに急鋭尖頭、基部は浅い心形で、左右非対称。葉の表は濃緑色でざらつき、毛が散生する。裏は淡緑色で葉脈沿いに毛がある。葉縁には重鋸歯がある。側脈は10〜17対。花期は4〜6月。葉に先立って前年枝の葉腋にわずかに紅色がかった花が多数束生して咲く。

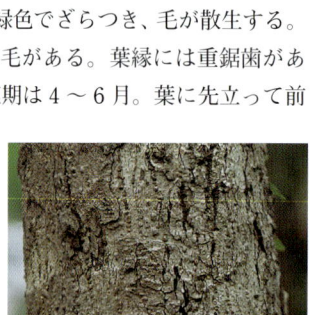

枝先は細かく分岐して、葉をつける

樹皮は灰褐色で、縦に浅く裂ける

葉身は倒広卵形、あるいは長楕円形。先端は特徴的に3〜5裂する

葉縁には重鋸歯がある

裏 原寸

表 原寸

葉の表は濃緑色で、ざらざらして毛が生える

基部は左右非対称

枝 40%

葉は2列で互生する。先端は3〜5裂するが、全縁のものもある

● TOPICS

樹皮の繊維がとても強く、アイヌの人びとは水にさらした樹皮を細かく裂き、糸に紡いで厚い布地を織ったという。アイヌのことばで本種の樹皮やその繊維をオピウといい、そこから和名のオヒョウとなったとされる。

単葉｜広葉｜切れ込みなし｜鋸歯あり

アキニレ

Ulmus parvifolia（ニレ科）

互生　落葉高木

　本州の中部地方以西、四国、九州、沖縄に分布する落葉高木。高さ15m、直径60cmになる。樹皮は灰緑色〜灰褐色で、小さな褐色の皮目があり、鱗片状となり、はがれて斑紋が残る。葉は2列に互生し、長さ3〜6mmの葉柄がある。葉身は革質で、長さ2.5〜5cm、幅1〜2cmの長楕円形で、先は鈍く尖り、基部は広いくさび形で、左右非対称。葉縁には鈍鋸歯がある。葉の表は濃緑色で光沢があり、裏は黄緑色で葉脈に沿ってわずかに毛がある。側脈は8〜14対。花期は9月。その年伸びた枝の葉腋に淡黄緑色の花を4〜6個ずつつける。

ニレ科でもっとも小さな葉を茂らせる

樹皮は鱗片状となり、はがれて、斑紋がよく目立つ

葉縁には鈍鋸歯がある
葉身は革質で小さく、長楕円形
表 原寸
裏 原寸
葉の表は光沢があり濃緑色
基部は左右非対称
葉の裏は黄緑色で、葉脈沿いに毛がわずかにある

枝 原寸
葉は2列に互生する

● TOPICS
春に花が咲くハルニレ（春楡）に対して、秋（9月ごろ）に花をつけるためにアキニレ（秋楡）とよばれる。葉は日本に分布するニレ科の樹木のなかでもっとも小さい。

単葉｜広葉｜切れ込みあり｜鋸歯あり

マグワ

Morus alba（クワ科）

互生　落葉高木

　中国原産の落葉高木。養蚕のために広く栽培された。高さ6〜10m、大きなものでは高さ15mにも達する。葉は互生し、長さ2〜4cmの葉柄がある。葉身は長さ8〜15cm、幅4〜8cmの卵形あるいは広卵形で、ときに3裂し、葉先は短く尖るか丸くなる。基部は浅心形あるいは切形。葉縁には広三角形の尖った鋸歯がある。葉の表は毛がなく、裏は葉脈上に粗毛が散生する。雌雄異株。花期は4〜5月。若枝の下部の鱗片葉や葉の腋から円筒形の花序を1個ずつ出す。雄花序は長さ2〜2.5cm、雌花序は長さ5〜10mm。

養蚕のために広く栽培されたが、野生化しているものも多い

黒紫色に熟した果実は、食べると手や口も色づいてしまう

葉先は短く尖るか丸くなる

表 原寸

葉縁には尖った広三角形の鋸歯がある

裏 70%

葉身は卵形または広卵形で、ときに3裂する

葉の表は無毛

枝 30%

葉の裏は葉脈上に粗い毛が生える

葉は互生して、切れ込みのある葉をつけるが、切れ込みのない葉もある

● TOPICS

中国から12世紀ごろにヨーロッパに持ち込まれ、並木や果樹用として植栽されている。果実は紫黒色に熟し甘くておいしい。未熟なときには白いことが多い。

| 単葉 | 広葉 | 切れ込みあり | 鋸歯あり |

ヤマグワ

Morus australis（クワ科）

互生　落葉低木・高木

　北海道、本州、四国、九州に分布する落葉低木または高木。低山地の林内に生える。高さ3～10m、直径20～30cm、ときに直径60cmとなる。樹皮は縦に短い割れ目が多数あり、色は灰褐色。葉は互生し、長さ2～3.5cmの葉柄がある。葉身は長さ6～14cm、幅4～7cm、卵状広楕円形で、しばしば深く3～5裂して、各裂片の縁には大小の鋸歯があり、先端は尾状尖頭。葉の基部は切形または浅い心形で、3本の主脈が出る。葉の表は緑色で短毛を散生する。葉裏は灰淡緑色。雌雄異株、まれに同株で、花期は4～5月。若枝下部の葉の腋から尾状花序を伸ばす。若芽や若葉を食用にできる。初夏に熟した果実は生食やジャム、果実酒などにできる。

マグワと同様に養蚕用に栽培され、材も家具などに利用される

樹皮は縦に短い割れ目がある

葉の先端は尾状尖頭

裏 原寸

葉の裏は灰淡緑色で、葉脈状に毛がある

葉は卵状広楕円形で、深く3～5裂するものもあり、また形の変化が大きい。

葉縁には大小の鋸歯がある

表 原寸

葉の表は緑色で短毛が生える

葉は互生してつき、切れ込みのあるものが多いが、ないものもある。果実は花柱が残る

枝 40%

●TOPICS

カイコのえさとされるのはマグワだが、このヤマグワも養蚕用に栽培された。マグワは葉の表に毛がなく先端はあまり長く尖らないが、ヤマグワは葉の表に毛があり先端は尾状に尖る。また、ヤマグワの実は小さく、長い花柱が残る。

| 単葉 | 広葉 | 切れ込みあり | 鋸歯あり |

カジノキ

Broussonetia papyrifera（クワ科）

互生　落葉高木

　人家付近で栽培される落葉高木。高さ5〜10m、直径25〜40cmになる。若枝にビロード状の軟毛が密生する。葉には長さ2〜7cmの葉柄があり、互生する。葉身は厚く、長さ10〜20cm、幅7〜14cmのゆがんだ卵円形で、先が尖り、しばしば3〜5片に深裂する。基部は円形または鋭形で左右非対称。葉縁には先がやや鈍い鋸歯が数多くある。葉の表は灰緑色でかたい短毛が散生し、ざらざらする。葉の裏は灰白緑色で、ビロード状の軟毛が密生する。葉の基部から主脈が3本分岐する。雌雄異株。花期は5〜6月。若枝の葉腋にそれぞれ1個ずつの花序をつける。果実をつぶしてジュースにしたり、ジャムにして食用とする。

樹皮が和紙の原料となるため各地で栽培された

果実は糸状の花柱が目立つ

裏 原寸

葉の裏にはビロード状の軟毛が密生し、色は灰白緑色

表 原寸

葉縁には多くの鈍い鋸歯がある

葉はゆがんだ卵円形だが、しばしば深く3〜5裂する

葉の表は灰緑色で、短毛が生え、ざらざらする

葉は互生してつき、葉の形はさまざま

枝 40%

●TOPICS

カジノキは、同じクワ科のヤマグワやコウゾなどと同じように、まったく切れ込みのない葉形から複雑に切れ込んだものまで、とても多彩な形の葉をつける。ほかのクワ科の樹木との区別点は、若枝や葉柄、葉裏にビロード状の軟毛が密生することである。

単葉｜広葉｜切れ込みなし｜鋸歯あり

コウゾ

Broussonetia kazinoki × *B. papyrifera*（クワ科）

互生　落葉低木

　本州の岩手県以南、四国、九州に分布する落葉低木。人里近くの荒れ地や山地の道ばたに多く見られる。高さ2〜5m、直径10〜20cmになる。葉は互生し、長さ1.3〜3cmの葉柄がある。葉身は長さ4〜13cm、幅4〜11cmのゆがんだ卵形で、葉縁は分裂しないか深く2〜3裂し、各裂片の縁にはやや不整な鋸歯がある。葉の基部は切形あるいは浅い心形、左右非対称で基部から主脈が3本に分岐する。葉の表は濃緑色で短毛を散生し、さわるとざらざらする。葉の裏は緑色で葉脈上に短毛がある。雌雄同株。花期は5月。新枝の基部にほぼ球形の雄花序がつく。

葉は互生する。実は橙色で甘く、食用になる

樹皮は褐色で、皮目が目立つ

各裂片の縁には不揃いの鈍い鋸歯がある

葉の裏は緑色で葉脈上に短毛がある

裏 70%

葉身はゆがんだ卵形で、葉縁は分裂しないか2〜3裂する。葉先は尾状急鋭尖頭

葉の表は濃緑色で短毛がある

表 原寸

葉脚は切形または浅心形で、左右非対称

●TOPICS

コウゾは、ガンピ、ミツマタなどとともに、樹皮の繊維を和紙に利用する。それらの樹皮の繊維のなかで、コウゾの繊維は1〜2cmと長く、和紙を漉く際に絡みやすい。コウゾの繊維を使った和紙はもっとも強く、薄くて丈夫に仕上がる。

| 単葉 | 広葉 | 切れ込みなし | 鋸歯なし |

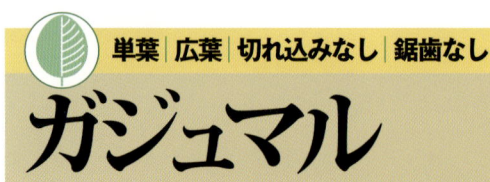

ガジュマル
Ficus microcarpa（クワ科）

互生　常緑高木

　九州の屋久島以南、沖縄に分布する常緑高木。高さ8〜10m、大きなものは高さ20mに達する。伸ばした枝から多数の気根を下垂し、その一部は地面に達して支柱根となって枝を支える。葉は互生し、長さ1〜1.5cmの葉柄がある。葉身は革質でやや厚く、長さ3〜10cm、幅2〜4cmの倒卵形ないし長楕円形で、葉先は短く突き出すように尖り、先端は鈍い。葉の基部は鋭形ないし鈍形。葉縁は全縁。葉の表は濃緑色で光沢があり、裏は淡緑色。表裏ともに無毛。雌雄同株。葉腋に花嚢をつけ、一つの花嚢に雄花、雌花、虫えい花を含む。

枝から気根を垂らし、絡み合いながら生長して大きな樹冠をつくる

枝 50%
葉は互生する

先は短く尖り、先端は鈍い
裏 原寸

葉身は倒卵形あるいは長楕円形

表 原寸

葉の裏は淡緑色

葉の縁は全縁

葉の表は光沢があり濃緑色

● TOPICS
和名は、この植物をさす沖縄でのよび名であるが、その由来については不明。枝を横に大きく張ることから、屋久島や沖縄では強い日差しを遮る「緑陰樹」として植えられ、なじみが深い。

| 単葉 | 広葉 | 切れ込みあり | 鋸歯あり |

イチジク

Ficus carica（クワ科）

互生　落葉小高木

小アジア原産で広く栽培される落葉小高木。高さ2～8mになる。葉は単葉で互生する。葉身は長さ20～30cm、幅15～25cmの卵円形で、3～5片に浅くまたは深く裂ける。各裂片の縁には波状の鋸歯がある。葉脚は心形で、基部から主脈が5～9本出る。葉の表は緑色で、かたい毛が生えさわるとざらざらする。葉の裏は淡緑色で、葉脈に沿って多くの毛が生える。雌雄異株。栽培されているのは雌株で種子はできないが、品種によっては雄株と交配しないと果実が熟さないものもある。

庭木としても栽培され、特徴ある葉を互生してつける

さまざまな品種があるが、果実は秋に甘く熟す

葉身は卵円形で、縁が浅くまたは深く3～5裂する

裏 50%　原寸

葉の裏は淡緑色

葉の表にはかたい毛があり、さわるとざらざらする。色は緑色

表 50%

各裂片の縁には波状の鋸歯がある

葉の裏に毛が生えるが、とくに葉脈沿いに多い

● TOPICS

漢字では無花果と書く。花が花托の内部に閉じこめられており、花を咲かすことなく実が熟すため。葉や枝、果実の切り口から出る樹液には、フィシンというタンパク質分解酵素がある。

| 単葉 | 広葉 | 切れ込みなし | 鋸歯なし |

イヌビワ

Ficus erecta（クワ科）

互生　落葉低木

　本州の関東地方以西、四国、九州、沖縄に分布する落葉低木。高さ3〜5mになる。葉は互生し、長さ2〜5cmの葉柄がある。葉身は長さ8〜20cm、幅3.5〜8cmの卵状楕円形で、先は尖り、基部は切形または浅い心形。葉の表は濃緑色で光沢があり無毛。葉の裏は灰白緑色で無毛。葉縁は全縁。側脈は6〜8対。雌雄異株。花期は4〜5月。海岸沿いの山野にふつうに生える。葉や枝を折ると、切り口から白い樹液が出る。

葉は大きさに幅があり、丸い花嚢を葉腋につける

果実は秋に黒紫色に熟す

表 原寸

裏 原寸

葉身は先の尖った卵状楕円形

葉縁は全縁

葉の表は光沢があり濃緑色

葉は互生する

葉の裏は灰白緑色

枝 40%

● TOPICS

果実は秋に黒紫色に熟す。果実は熟すとイチジクのように甘く、食用となる。鳥なども好んで食べる。和名は、実がビワに似ているが、小さくて食用にするほどのものではないということから名づけられたとされる。

単葉｜広葉｜切れ込みなし｜鋸歯なし

ツクバネ

Buckleya lanceolata（ビャクダン科）

対生　落葉低木

　本州の東北地方南部、関東地方以西、四国、九州に分布する落葉低木。低山地の日当たりのよい林縁部に多い。高さ1〜2mになる。モミなどの根に半寄生して生長し、枝はよく分枝して茂り、水平またはやや垂れぎみになる。葉柄はごく短く、葉は対生する。葉身は革質で長さ3〜10cm、幅1〜4cmの広披針形、あるいは長卵形。葉縁は全縁、まれに浅い鋸歯があり、先端は尾状となる。葉脚はくさび形。葉の表、裏ともに淡緑色で、葉脈に沿って粗毛が生える。雌雄異株。花期は5〜6月。雄花は淡緑色で直径5mmほど。雌花は葉のような長い苞が4枚つく。

日当たりのよい林縁に多く、ほかの樹木の根に半寄生する

果実は4枚の長い苞が目立つ

葉身は広披針形あるいは長卵形で革質、先は尾状に尖る

葉脈に沿って毛がある

裏 原寸

葉縁はふつう全縁

葉の裏は淡緑色

先端に果実をつけた枝。葉は対生する

枝 70%

●TOPICS

ツクバネは、披針形をした4枚の翼をもつ楕円形の果実の形が、羽子板遊びの衝羽根に似ていることから名づけられた。この果実の若いものは塩漬けにして料理のつけ合わせとする。

単葉｜広葉｜切れ込みなし｜鋸歯なし

オガタマノキ

Michelia compressa（モクレン科）

互生　常緑高木

　本州の東海地方以西の太平洋側、四国、九州、沖縄に分布する常緑高木。丘陵地帯から低山地に自生し、神社などに植栽される。高さ15m、直径80cmに達するものもある。葉は互生し、長さ2〜3cmの葉柄がある。葉身は革質で長さ5〜12cm、幅2〜4cmの長楕円形、あるいは長楕円状倒卵形または長楕円状長披針形。葉端は鈍頭、基部はくさび形。葉の表は深緑色で無毛、裏は帯白緑色で、主脈沿いと葉縁部に短毛がある。葉縁は全縁で、全体に少し波打つ。両性花で、花期は2〜4月。葉腋に強い芳香のある花をつける。

葉は革質で互生する

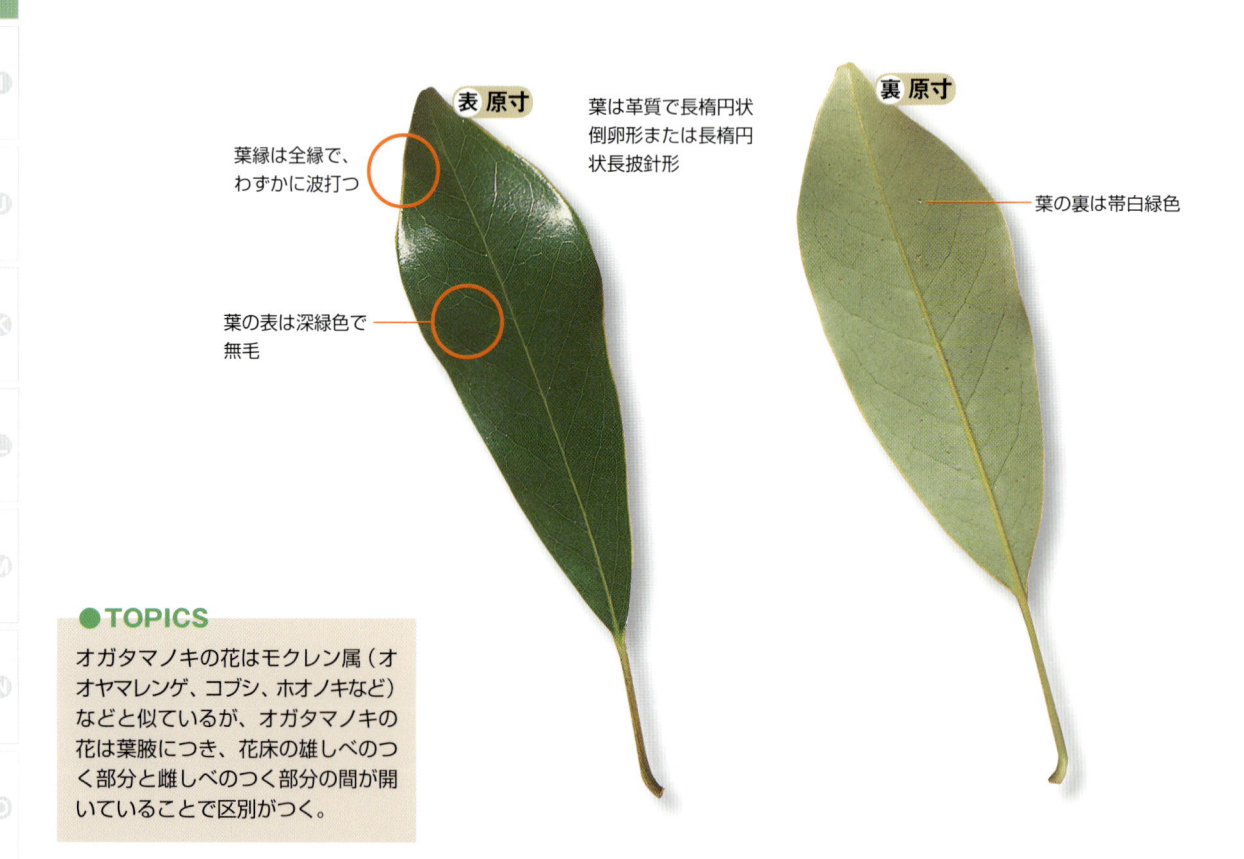

幹はまっすぐ伸びて、葉を茂らす

表 原寸

葉縁は全縁で、わずかに波打つ

葉は革質で長楕円状倒卵形または長楕円状長披針形

葉の表は深緑色で無毛

裏 原寸

葉の裏は帯白緑色

● TOPICS

オガタマノキの花はモクレン属（オオヤマレンゲ、コブシ、ホオノキなど）などと似ているが、オガタマノキの花は葉腋につき、花床の雄しべのつく部分と雌しべのつく部分の間が開いていることで区別がつく。

単葉｜広葉｜切れ込みなし｜鋸歯なし

ホオノキ

Magnolia obovata（モクレン科）

互生　落葉高木

北海道、本州、四国、九州に分布する落葉高木。丘陵地から低山地の適潤で肥沃な林を好む。高さ30m、直径1m以上になるものもある。葉には長さ2〜4cmの葉柄があり、枝の先に集まって輪生状に互生する。葉身は大形で長さ20〜40cm、幅10〜25cmの倒卵形または倒卵状長楕円形。葉の表は緑色で無毛、裏は灰白緑色で粗毛が散生する。葉縁は全縁で大きく波打ち、鈍頭で、基部はくさび形または鈍形、円形。側脈は18〜25対。両性花で花期は5〜6月。枝端に直径15cmほどで芳香のある白い花を上向きに開く。

葉は枝の先に集まってつき、白い花を上向きにつける

樹皮は滑らかで、皮目が多い

原寸

葉は大形で、倒卵形または倒卵状楕円形

表40%

（写真は小さいタイプの葉）

裏20%

葉の裏は粗毛が散生し、灰白緑色

葉縁は全縁で、大きく波打つ

葉の表は無毛で緑色

● TOPICS

葉は大きく、また芳香をもつため、古くから食物を盛るために用いられた。乾燥させたホオノキの葉で味噌を焼いた朴葉味噌は、飛騨高山の郷土料理。飛騨地方の山林にはホオノキが多く、葉が大形で、また比較的火に強いため用いられる。

105

単葉 | 広葉 | 切れ込みなし | 鋸歯なし

オオヤマレンゲ

Magnolia sieboldii subsp. japonica （モクレン科）

互生　落葉小高木・低木

　本州の関東地方以西、四国、九州に分布する落葉小高木または低木。山地帯上部のやや湿潤地に生える。高さ4〜5mで、しばしば幹は屈曲しながら斜上する。葉は互生し、長さ2〜4cmの葉柄がある。葉身は長さ6〜18cm、幅5〜12cmの倒卵形で、先は鋭尖頭となり、基部は鈍形あるいは円形。葉縁は全縁でやや波状となる。葉の表は緑色で光沢があり、ほとんど無毛。裏は葉脈上にやや毛が多く、白緑色。側脈は5〜10対。花期は5〜7月。枝の先に直径5〜10cmの白い花がやや下向き、あるいは横向きに開く。

幹は曲がりながら伸びて、葉は互生する

花は白く、下向きか横向きにつける

葉身は倒卵形

原寸

先端は鋭尖頭

裏 60%

葉の裏は白緑色で、葉脈に沿って毛が生える

表 60%

葉の表は光沢があり緑色。ほとんど無毛

葉縁は全縁で、やや波状となる

基部は鈍形または円形

● TOPICS

欧米や日本でオオヤマレンゲとして栽培されているものは、朝鮮・中国原産のオオバオオヤマレンゲで、全体にオオヤマレンゲよりも大柄で、オオヤマレンゲの雄しべが淡紅色であるのに対し、オオバオオヤマレンゲは深紅色である。

| 単葉 | 広葉 | 切れ込みなし | 鋸歯なし |

ハクモクレン

Magnolia heptapeta（モクレン科）

互生　落葉高木

　庭園や公園などに植えられる落葉高木。中国原産とされるが、古くから栽培されていたため渡来年は不詳。高さ5m以上、大きなものでは高さ20mに達するものもある。葉は互生し、長さ1～1.5cmの葉柄がある。葉身は長さ8～15cm、幅6～10cmの倒卵形あるいは楕円状卵形で、先は鈍形で急鋭尖頭になり、基部はくさび形。葉の表は緑色でやや光沢があり、粗毛が生える。裏は淡緑色で、葉脈上に毛が多い。葉縁は全縁で、やや波状となる。側脈は7～10対。両性花。花期は3～4月。葉より先に乳白色の大きな花が開花する。

葉の展開前に乳白色の花をつけ、よく目立つ

秋に葉は黄色く色づく

原寸

先は鈍形で先端が短く急に凸形になる

裏60%

葉身は倒卵形あるいは楕円状卵形

表60%

葉の表は緑色でやや光沢がある

枝40%

葉の裏は淡緑色で葉脈に毛がある

葉は互生する

● TOPICS

モクレンとともに古くから栽培され、世界でもっともポピュラーな花木のひとつとされる。とくに欧米で改良が盛んに行われ、ハクモクレンは40種以上の園芸品種がつくり出されている。

単葉｜広葉｜切れ込みなし｜鋸歯なし

モクレン

Magnolia quinquepeta（モクレン科）
別名：シモクレン　互生　落葉低木

　中国原産の落葉低木。花木として各地で庭などに植栽される。高さ2～4m。葉には長さ1～1.5cmの葉柄があり、互生。葉身はやや厚く、長さ8～18cm、幅4～10cmの倒卵形、広倒卵形で、先端は鈍頭で先端が急に突出する。基部はくさび形。葉縁は全縁でやや波状になる。葉の表は緑色。裏は帯白緑色で、とくに主脈上に毛がある。側脈は8～10対。花期は4月。紅紫色の花弁をもつ大形の花を葉の展開に先立って開く。

葉の展開前に紅紫色の花を咲かせる。写真は園芸品種

葉先は鈍頭で急に細くなり、先端が突出する

葉身は倒卵形、あるいは広倒卵形

表 原寸

葉縁はやや波状になり、全縁

裏 原寸

葉の裏は主脈上に毛が生え帯白緑色

葉の表は緑色

基部はくさび形

● TOPICS

日本に渡来したのは古く、すでに10世紀の『和名類聚抄』にその記載がある。和名は漢名「木蓮」の音読みの転。漢名木蓮は、花の形が蓮に似ているためだとされる。葉はハクモクレンよりやや薄い。

| 単葉 | 広葉 | 切れ込みなし | 鋸歯なし |

コブシ

Magnolia praecocissima（モクレン科）

互生　落葉高木

　本州、四国、九州に分布する落葉高木。山地、ときに低地にも自生し、公園や庭園に植栽される。高さ15m以上、直径50cm以上になる。葉は互生し、長さ1～1.5cmの葉柄がある。葉身は長さ6～15cm、幅3～6cmの倒卵形または広倒卵形で、先はしだいに細くなり突出し、基部は広いくさび形。葉縁は全縁でやや波状となる。葉の表は緑色で無毛、裏は淡緑色で、葉脈上にわずかに長い毛がある。側脈は8～10対。花期は3～4月。葉に先立って白色で直径7～10cmの花を開く。

葉の展開前に、香りのよい白色の花をつける

開花すると同時に小さな葉を1枚つける

裏 原寸

葉身は倒卵形あるいは広倒卵形

表 原寸

葉の表は緑色で無毛

まだ未成熟な果実はしばらくすると赤く色づく

枝 50%

葉の裏は葉脈上に長い毛があり、色は淡緑色

葉縁は全縁で、やや波状となる

●TOPICS

花と葉が大きな変種キタコブシが北海道と本州中部以北の日本海側に分布する。近縁のタムシバと混同されるが、タムシバは萼の長さが花弁の約半分で、花は純白、枝がまっすぐに斜上することから区別される。

単葉｜広葉｜切れ込みなし｜鋸歯なし

タムシバ

Magnolia salicifolia（モクレン科）

互生　落葉小高木・高木

　本州、四国、九州に分布する落葉小高木〜高木。山地にふつうに生え、ときに低地にも生える。高さ5〜10m、直径10cm以上になる。葉は互生し、長さ1〜1.5cmの葉柄がある。葉身は長さ6〜12cm、幅2〜5cmの披針形あるいは卵状披針形。葉先は細く尖り、基部は鋭いくさび形。葉縁は全縁。葉の表は灰緑色で、裏は帯白緑色、表裏ともに主脈沿いにわずかに毛があるかまたは無毛。側脈は10〜13対。花期は4〜5月。葉に先立って白色で直径10cmほどの花を咲かせる。

花はコブシより強い香りがあり、山地でふつうに目にする

コブシと違い、開花と同時に葉はつかない

葉身は披針形あるいは卵状披針形

表 原寸　　裏 原寸

葉縁は全縁

葉の表は灰緑色

葉の裏は表より白みがかった緑色

枝 40%

花の開花後に葉が展開しはじめる

●TOPICS

山にふつうに見られ、遠くから点々と白く咲く花を見て「コブシ」といわれるのは、実際にはタムシバであることが多い。枝や葉をもむとよい香りがあり、その香りはコブシよりも強い。

ホソバタイサンボク

Magnolia grandiflora var. *lanceolata* (モクレン科)

互生　常緑高木

単葉｜広葉｜切れ込みなし｜鋸歯なし

　北アメリカ原産で、庭園や公園に植栽される常緑高木。高さ20m以上、直径30～40cmになる。葉には長さ2～3cmの葉柄があり、枝先に集まり互生する。葉身は革質で厚く、長さ10～23cm、幅4～10cmの長楕円形。葉の表は濃緑色で光沢があり無毛、縁が裏側に反り返る。裏は淡褐色の細毛が密生する。葉縁は全縁。先端は鈍頭で、基部はくさび形。花期は5～6月、枝の先に直径15～25cmの大形で白色の花を上向きに開く。関東でタイサンボクとして植えられているものは、ホソバタイサンボクであるものが多い。

公園や庭園などによく植栽され、高木が多い

樹皮は暗褐色で皮目が目立つ

裏 70%

表 原寸

葉の縁が裏側に反り返る

葉身は長楕円形で全縁

葉の表は濃緑色で光沢があり無毛

葉の裏は淡褐色の毛が密生する

● TOPICS

北アメリカ東部原産で、洋種であるのにも関わらずハクモクレンと同様に寺院にも植えられる。繁殖は実生あるいは接ぎ木による。実生から育てたものにはさまざまな葉の形が現れ、それぞれに園芸品種名がつけられている。

単葉｜広葉｜切れ込みあり｜鋸歯なし

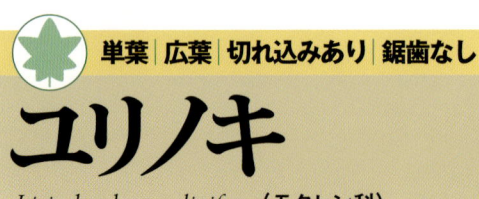

ユリノキ

Liriodendron tulipifera（モクレン科）

互生　落葉高木

　北アメリカ原産の落葉高木。日本では公園樹や街路樹として植栽される。高さ20～30m、直径50～100cmになる。樹皮は暗灰白色で、老木では縦に細かい割れ目を生じる。葉は互生し、8～18cmの長い葉柄がある。葉身は長さ幅ともに6～18cmで、4ないし6裂し、各裂片の先は鋭く尖り、葉先は凹頭、葉脚は切形となる。葉の表は緑色で光沢があり無毛。裏は灰白緑色で、葉脈上に毛がある。花期は5～6月。枝先にチューリップのような緑色でオレンジ色の帯がある花をつける。

幹がまっすぐ伸びて、高木となる。街路樹などに利用される

花はチューリップによく似ている

葉身は4ないし6裂し、先は鋭く尖る

原寸

表 70%

裏 70%

葉の表は光沢があり緑色。毛はない

葉の裏は灰白緑色で、葉脈上に毛がある

葉柄は8～18cmと長い

●TOPICS

独特な葉の形を半纏（はんてん）に見立て、ハンテンボクという別名もある。また、花の形からチューリップ・ツリーともよばれる。幼い葉は二つ折りにたたまれている。

単葉｜広葉｜切れ込みなし｜鋸歯なし

シキミ
Illicium anisatum（シキミ科）

互生　常緑小高木・低木

　本州の宮城県以南、四国、九州、沖縄に分布する常緑小高木または低木。高さ2〜5m、大きなものでは高さ10m以上のものもある。樹皮はやや平滑で帯黒灰褐色。葉には長さ7〜20mmの葉柄があり、枝の上方に集まって互生する。葉身は革質で肉厚、長さ4〜12cm、幅1.5〜4cmの倒卵状長楕円形あるいは倒披針形で、先は急尖頭、基部は広いくさび形。葉の表は濃緑色で光沢があり、裏は灰緑色。表裏ともに無毛で、透かすと油点がある。葉縁は全縁。中脈以外の葉脈は不明瞭。花期は3〜4月。直径2〜3cmの黄白色の花をつける。

高さ2〜5mになり、神社や墓地によく植えられている

樹皮はやや平滑で縦に薄く筋が入る

裏 原寸
葉の縁は全縁
葉の裏は灰緑色

表 原寸
葉身は肉厚の革質で、倒卵状長楕円形または倒披針形
葉の表は濃緑色で光沢がある
基部は広いくさび形

枝 80%
葉は互生し、若い葉は明緑色。果実は袋果で毒性が強い

● TOPICS
サカキが神事に用いられるのに対し、シキミは仏事や葬儀に使われる。とくに墓などに植えられる。また葉や樹皮からは抹香や線香がつくられる。全草有毒で、とくに果実は殺虫剤にするほど毒性が強く、誤食すると死亡することもある。

単葉｜広葉｜切れ込みなし｜鋸歯なし

クスノキ

Cinnamomum camphora（クスノキ科）

互生　常緑高木

　本州、四国、九州の暖地に見られる常緑高木。高さはふつう25m、直径30〜40cmほどであるが、ときに高さ40m、直径2m以上のものもある。樹皮は縦に細かく割れ、色は灰褐色〜暗黄褐色。葉は互生し、長さ15〜25mmの葉柄がある。葉身はやや革質で長さ6〜10cm、幅3〜6cmの卵形あるいは楕円形、葉先も基部も尖る。葉の表は緑色で光沢があり、裏は黄緑色または灰緑色。表裏ともに無毛。葉脈は基部近くで分かれた三行脈で、脈腋にダニ部屋がある。葉縁は全縁で、わずかに波状となる。花期は5〜6月。淡い黄緑色の花をまばらにつける。落葉時は紅葉する。

古くから植えられているものは高さ25m以上になり、巨樹も多い

樹皮は縦に細かく割れるので、見分けやすい

表　原寸

葉の縁は全縁で、わずかに波状になる

葉の表は緑色で光沢がある

裏　原寸

葉の裏は黄緑色または灰緑色

葉身はやや革質。葉身は卵形あるいは楕円形で先は尖る

紅葉　原寸

脈腋にはダニ部屋がある

常緑樹の葉も落葉時には紅葉する

● TOPICS

葉をはじめ、樹体全体に樟脳成分を含み、芳香がある。材はこの成分を含むため、耐朽性や耐害虫性がきわめて高い。庭園や寺社などによく植栽され、各地に分布する。

単葉 | 広葉 | 切れ込みなし | 鋸歯なし

ヤブニッケイ

Cinnamomum japonicum （クスノキ科）

互生　常緑高木

　本州の関東・北陸以西、四国、九州、沖縄に分布する常緑高木。高さ5〜15m、直径20〜30cm、ときに直径50cm以上になる。葉は互生し、長さ8〜18mmの葉柄がある。葉身は革質で長さ6〜12cm、幅2〜5cmの卵状楕円形で先は短く尖り鈍頭となる。葉脚はくさび形。葉の表は緑色で光沢があり、裏は黄緑色または灰青緑色。表裏ともに無毛。葉縁は全縁で少し波状になる。側脈は基部の少し上から左右に分かれる。花期は6月。散形花序を新枝に腋生し、黄緑色の花をつける。葉や茎に芳香がある。

西日本ではよく見られる常緑樹で高さは5〜15mになる

樹皮はやや平滑で灰黒色

葉縁は少し波状となり、全縁

表 原寸

葉の表は光沢があり緑色

葉の先は短く尖る

裏 原寸

葉身は革質で、卵状楕円形

葉の裏は黄緑色あるいは灰青緑色

● TOPICS

小笠原にはコヤブニッケイ（オガサワラニッケイ）が分布する。花序の形などヤブニッケイに似ているが、小花柄がヤブニッケイより長く花柄が短い点、花序が小形で繊細な点、葉が5〜6cmと小さい点などで区別される。

| 単葉 | 広葉 | 切れ込みなし | 鋸歯なし |

タブノキ

Machilus thunbergii（クスノキ科）

互生　常緑高木

　本州、四国、九州に分布する常緑高木。海岸沿いに多く見られる。高さ15〜20m、直径80〜100cm、ときに高さ25m、直径2mに達するものもある。樹皮はほぼ平滑で、灰白色〜灰褐色。葉には長さ1〜2.5cmの葉柄があり、枝先に集中して互生する。葉身は革質で長さ8〜15cm、幅3〜7cmの倒卵状長楕円形、先は細くなって鈍頭、基部はくさび形。葉の表は濃緑色で光沢があり、裏は白色を帯びた緑色。表裏ともに無毛、羽状脈がある。葉縁は全縁。花期は4〜5月。

枝振りは大きく広がり、葉が枝先につくので、厚みのある樹形になる

樹皮はほぼ平滑だが、古木では縦に割れ目がある

裏 原寸

葉の縁は全縁

表 原寸

葉身は革質で倒卵状長楕円形。葉脈は羽状

葉の裏は白色を帯びた緑色

葉は互生して、枝先に集まる

枝 30%

葉の表は光沢があり濃緑色

基部はくさび形

● TOPICS
葉の細いものをホソバタブ（別名ホソバイヌグス）として区別することがある。

単葉｜広葉｜切れ込みなし｜鋸歯なし

クロモジ

Lindera umbellata （クスノキ科）

互生　落葉低木

　本州の関東地方以西に分布する落葉低木。高さ2〜5m、直径5〜10cmになる。樹皮は灰褐色あるいは黒緑色。葉には長さ10〜15mmの葉柄があり、枝先に集まって互生する。葉身は長さ5〜10cm、幅1.5〜3.5cmの倒卵状長楕円形で、先は尖るか突出して鈍頭、基部はくさび形となる。葉の表は濃緑色で無毛、裏ははじめ絹毛に覆われるがのちに無毛で、帯白緑色。葉縁は全縁。側脈は4〜6対。雌雄異株。花期は4月。小花は淡黄緑色で、10個ほどの花が散形状の花序をつくり、新葉とともに開花する。

落葉樹林のなかによく見られ、樹皮はほぼ平滑。葉や枝には芳香がある

葉の展開とともに花が咲き淡黄緑色の花が目立つ

表 原寸　　葉縁は全縁

葉の表は無毛で濃緑色

裏 原寸

葉の裏は帯白緑色で、葉脈上に毛が少しある

葉身は倒卵状長楕円形

葉は互生して枝先に集まる

枝 70%

● TOPICS

枝の切り口には芳香があり、材は楊枝（ようじ）に用いる。枝葉からはクロモジ油が得られ、かつて香料の原料として採取されていたこともある。北海道渡島半島、東北地方、日本海側の山地には、大形の葉で長さが12cmほどになるオオバクロモジが分布する。

単葉｜広葉｜切れ込みなし｜鋸歯なし

オオバクロモジ

Lindera umbellata var. *membranacea* （クスノキ科）

互生　落葉低木

　北海道の渡島半島、本州の東北と日本海側の地域に分布する落葉低木。葉には1～1.5cmの葉柄があり枝先に集中して互生する。葉身は長さ8～12cm、幅3～6cmの倒卵状楕円形あるいは長楕円形。葉の表は濃緑色で、主脈上に毛がわずかに残る。裏は灰緑色で、葉脈上に毛が残る。葉縁は全縁で、葉先は尖り、基部は鋭いくさび形。葉を切断すると芳香がある。雌雄異株。花期は4～5月。花は淡黄色または淡黄緑色で、新葉と同時に散形になって垂れ下がる。

花が落ちたあと、緑色の実がつき、秋には黒く色づく

樹皮は縦に割れ目が入る

表 原寸

葉身は倒卵状楕円形または長楕円形

裏 原寸

葉の裏は灰緑色で、葉脈上に毛がある

葉の表は濃緑色で、主脈上にわずかに毛がある

葉縁は全縁

● TOPICS

山地や丘陵地の林内にふつうに見られ、とくにブナ林内に多く生育する。クロモジの変種で、クロモジより葉が大きく長さが8～12cmある。

| 単葉 | 広葉 | 切れ込みなし | 鋸歯なし |

アブラチャン
Lindera praecox（クスノキ科）

互生　落葉低木

本州、四国、九州に分布する落葉低木。山腹から沢筋の適潤地にふつうに見られる。高さ2〜5m、直径7〜15cm。幹は叢生する。樹皮は平滑で灰褐色。葉には長さ1〜2cmで細い葉柄があり、等間隔に互生する。葉身は長さ5〜8cm、幅2〜4cmの卵状楕円形で、急鋭尖頭、基部も急に狭まりくさび形。葉の表は深緑色で、裏は灰白緑色で、表裏ともに無毛。葉縁は全縁で、全体に大きく波打つ。側脈は4〜5対。雌雄異株。花期は3〜4月、葉に先立ち、淡黄色の花をつける。

ダンコウバイの花に似ているがアブラチャンの花序には柄があるので見分けられる

樹皮は平滑で、幹は根元からよく分かれる

裏 原寸

葉の裏は灰白緑色

表 原寸

葉身は卵状楕円形。葉縁は全縁で、全体に大きく波打つ

枝 80%

葉の表は深緑色

葉脚は急に細くなり、くさび形

枝葉には芳香があり、互生する

● TOPICS
枝葉には油を含み、生木でもよく燃えるため薪として使われた。種子からも油がとれ、かつては灯油として用いた地域もある。日本海側の山地には、葉裏の中脈と側脈上に、開出毛があるケアブラチャンが見られる。

単葉 | 広葉 | 切れ込みあり | 鋸歯なし

シロモジ

Lindera triloba（クスノキ科）

互生　落葉低木

本州の中部地方以西、四国、九州に分布する落葉低木。山地にふつうに見られる。幹は叢生し、高さ2〜5m、直径10〜15cmになる。葉には長さ1〜2cmの葉柄があり、等間隔に互生する。葉身は長さ7〜12cm、幅7〜10cmの三角状広倒卵形で、葉縁は3中裂し全縁、各裂片は卵形で先は鋭尖頭。葉の基部は円形または広いくさび形で、基部の少し上から主脈が3本に分かれる。葉の表は緑色で無毛、裏は淡緑色で葉脈または脈腋に毛がある以外は無毛。雌雄異株。花期は4月。葉に先立って黄色い花をつける。

幹は根元かよく分かれ、丸い樹形になる

樹皮は灰褐色でクロモジに比べて白っぽい

裏 原寸

葉身は三角状広倒卵形で葉縁は全縁で3裂する

表 原寸

葉の裏は淡緑色で、葉脈または脈腋に毛がある以外は無毛

枝 40%

葉の表は緑色で毛はない

葉の基部は円形または広いくさび形

葉は互生する。切れ込みのない葉もある

●TOPICS

同属のダンコウバイも葉が3裂してよく似ているが、葉の各裂片の先端が鈍頭であり、また三行脈が葉の基部で分岐している点で、シロモジと区別される。

単葉｜広葉｜切れ込みあり｜鋸歯なし

ダンコウバイ

Lindera obtusiloba（クスノキ科）

互生　落葉低木

　本州の関東地方・新潟県以西、四国、九州に分布する落葉低木。丘陵帯〜低山地にふつうに見られる。高さ2〜6m、直径10〜15cmになる。葉には長さ10〜30mmの葉柄があり、等間隔に互生する。葉身はやや厚く長さ5〜15cm、幅4〜13cmの広卵形あるいは扁卵円形で、葉縁は全縁で、ふつう2〜3裂し、各裂片の先は鈍頭となる。葉の基部は切形あるいは浅心形。葉の表は鮮緑色ではじめ帯黄褐色の軟毛があるがのちに無毛。裏は帯白緑色で、はじめ淡黄褐色の長い毛が密生するがのちに落ち、葉脈上と基部に残る。雌雄異株。花期は3〜4月。葉に先立って黄色い花をつける。

葉の展開前に黄色の花をつけ、幹は根元でよく分かれる

葉縁はふつう2〜3裂する

原寸

葉の裏は帯白緑色で、葉脈上と基部に毛が残る

裏 80%

葉身は広卵形あるいは扁卵円形

葉の表は鮮やかな緑色で無毛

表 70%

葉は等間隔に互生し、切れ込みのない葉もある

枝 30%

葉脚は切形または浅い心形

● TOPICS

葉が展開する前に密生してつける黄色い小さな花は鬱金（うこん）花ともいう。同じクロモジ属のシロモジも葉が3裂して似ているが、シロモジの葉の各裂片の先は鋭頭となり、また、三行脈の分岐が葉の基部より少し上であることで区別できる。

| 単葉 | 広葉 | 切れ込みなし | 鋸歯なし |

ゲッケイジュ

Laurus nobilis （クスノキ科）
別名：ローレル　　互生　　常緑中高木

　地中海沿岸の原産で日本では庭園樹として栽培される常緑中高木。高さ10〜18m、直径20〜30cmになる。枝がよく分岐し、葉が密生する。葉は互生し、長さ4〜10mmの葉柄がある。葉身は厚くてかたく、長さ7〜9cm、幅2〜5cmの狭長楕円形。葉を傷つけると特有の香りを放つ。葉の表は濃緑色で光沢があり、裏は淡緑色で、表裏ともに無毛。葉縁は全縁で大きな波状となり、葉の先は鋭尖頭、基部はくさび形。側脈は6〜10対。雌雄異株。花期は4月。淡黄色の花をつける。

枝は縦によく伸びて、葉は上を向いてつける。果実は秋に黒く熟す

樹皮は灰色でほぼ平滑

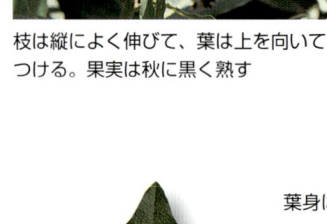

葉身は狭長楕円形
表 原寸
先は鋭く尖る
裏 原寸
葉の表は濃緑色で光沢があり無毛
葉の裏は淡緑色で無毛

枝はよく分岐して、葉は互生する
枝 70%

● TOPICS
別名ローレル、葉をベイリーフ bay leafという。乾燥させた葉を、料理のスパイスとして使う。また果実は月桂実といい、健胃薬とする。日本へは1905年ごろに、フランスから渡来した。

単葉｜広葉｜切れ込みなし｜鋸歯なし

シロダモ
Neolitsea sericea（クスノキ科）

互生　常緑中高木

本州、四国、九州、沖縄に分布する常緑中高木。高さ10〜15m、直径30〜50cmになる。葉には長さ2〜3cmの葉柄があり互生し、枝の先に輪生状に集まる。葉身は革質で長さ8〜18cm、幅4〜8cmの長楕円形あるいは卵状長楕円形。葉縁は全縁で三行脈状の葉脈が目立つ。葉の表は濃緑色で光沢があり、裏は灰白色。表裏ともに若い葉では黄褐色の絹毛に覆われるがのちに表は無毛、裏は多少毛が残る。葉脚はくさび形。雌雄異株。花期は10〜11月。葉腋に黄褐色の小花が群生して咲く。

適度な湿り気のある土壌に見られ、葉は互生し、枝先に輪生状につく

樹皮は丸い皮目があり暗褐色

表 原寸

葉身は革質で長楕円形または卵状長楕円形

裏 原寸

葉の縁は全縁

葉の表は濃緑色で光沢がある

葉裏は灰白色で、黄褐色の絹毛が残る

葉脚はくさび形

● TOPICS
シロダモの葉裏に残る毛はやや赤みのある黄褐色だが、葉裏の毛が銀灰色で赤みがまったくない変種ダイトウシロダモが、南大東島、北大東島に分布する。

単葉｜広葉｜切れ込みなし｜鋸歯なし

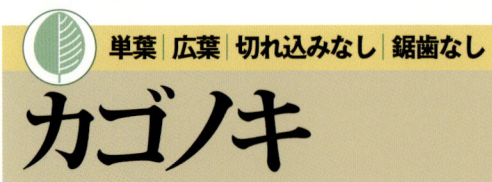

カゴノキ

Litsea coreana （クスノキ科）

互生　常緑高木

　本州の関東、福井県以西、四国、九州に分布する常緑高木。高さ10～15m、直径50～60cmになる。葉には長さ8～15mmの細い葉柄があり、枝先にやや輪生状に集まって互生する。葉身は薄い革質で、長さ5～9cm、幅1.5～4cmの倒披針形または倒卵状長楕円形、先はやや突出して鈍端となる。葉の表は暗緑色で鈍い光沢があり無毛、裏は灰白緑色ではじめ長い毛があるがのちに無毛。葉縁は全縁で大きな波状となり、基部は鋭いくさび形。雌雄異株。花期は8～9月。黄色の小花が葉腋に数個密集して咲く。

樹冠は大きく広がった円形になる。樹皮がはがれやすいのでつる性の植物がつきにくい

樹皮は黒褐色で、丸い薄片状にはがれたあとが淡黄白色になる

葉は互生し、枝先に輪生状に集まる

枝 60%

表 原寸
葉の縁は全縁
葉身は薄い革質で倒披針形あるいは倒卵状長楕円形

裏 原寸
葉の表は暗緑色で光沢がある
葉の裏は灰白緑色
基部は鋭いくさび形

● TOPICS

樹皮は丸い薄片状にはげ落ち、黒褐色の古い部分と、淡黄白色の新しい部分が鹿子（かのこ）まだらになる。そのようすから、カゴノキ（鹿子の木）の和名がある。

単葉 | 広葉 | 切れ込みなし | 鋸歯なし

バリバリノキ

Litsea acuminata （クスノキ科）

互生　常緑高木

　本州の千葉県以西、四国、九州、沖縄に分布する常緑高木。高さ15mほどになる。樹皮は平滑で灰褐色。葉には長さ10～30mmの葉柄があり、枝の上部に輪生状に集まり互生。葉身は薄い革質で長さ10～15cm、幅15～20mmの長披針形または倒披針形で、先は長く尖る。葉の表は深緑色で光沢があり、裏は灰白緑色で、細かな伏毛が多少生える。葉縁は全縁で、基部は狭いくさび形。雌雄異株。花期は8月。葉腋に帯白色の花をつける。

樹形は縦に伸びた楕円形になり、葉が垂れ下がる

樹皮は灰褐色で滑らか

原寸
表 70%
裏 70%

葉身は薄い革質で、長披針形または倒披針形

葉の縁は全縁

葉は枝先に輪生状に集まり互生する

枝 30%

葉の裏は灰白緑色で細かな伏毛がある

葉の表は深緑色で光沢がある

基部は狭いくさび形

● TOPICS

アオカゴノキ、アオガシともよばれる。互生であるが枝の先端部分に集まってつくため輪生のように見える。バリバリノキの名は、風にそよぐ葉がふれあうときの音に由来するとされる。

単葉｜広葉｜切れ込みなし｜鋸歯あり

フサザクラ

Euptelea polyandra（フサザクラ科）

互生・束生　落葉高木

　本州、四国、九州に分布する落葉高木。山地の沢筋に多く見られる。高さ3〜5m、なかには高さ20mに達するものもある。樹皮は横長の皮目が目立ち、褐色。葉は長さ3〜7cmの葉柄をもち、長枝では互生、短枝では束生する。葉身は長さ、幅ともに6〜12cmの広卵形あるいは扁円形で、葉縁には不揃いの粗い鋸歯がある。葉の先端は急に尾状になり、基部は切形または円形。葉脈は羽状で、側脈は明瞭で7〜8対。花期は3〜5月。萼や花弁のない小形で暗赤色の花を葉の展開に先立って開く。

よく枝分かれして、日光の当たる方向に伸びる

花は雄しべが垂れて、葯が赤く目立ち、カツラの花に似ている

葉身は広卵形、あるいは扁円形

表 原寸

裏 70%

葉縁には不揃いな粗い鋸歯がある

葉の表は緑色で無毛

葉の裏は粉白を帯びた緑色で無毛

● TOPICS

日本特産の樹木で、樹皮からは鳥もちがとれる。樹皮の皮目がサクラに似ていて、赤い花が房になって咲くためフサザクラの名がある。

| 単葉 | 広葉 | 切れ込みなし | 鋸歯あり |

カツラ

Cercidiphyllum japonicum（カツラ科）

対生　落葉高木

　北海道、本州、四国、九州に分布する落葉高木。山地帯の沢筋に生育する。高さ30m、直径2mになる。樹皮は縦に浅い割れ目ができ、黒褐色。葉には2〜2.5cmの葉柄があり、対生を基本とするが、徒長枝では互生となることがある。葉身は長さ3〜7cm、幅3〜8cmの円心形。葉縁は丸みのある波状の鈍鋸歯があり、先端は円頭あるいはわずかに尖り、基部は切形か浅い心形。葉の表は緑色で無毛、裏は粉白を帯びた緑色で無毛。葉脈は葉の基部から掌状脈となる。雌雄異株。花期は3〜5月で、葉に先立ち萼や花弁のない紅紫色の花をつける。

秋には美しく黄葉し、甘いカラメルのような香りの成分をつくる。葉が落ちるとその香りが漂う

樹皮は黒褐色で、縦に浅い割れ目が入る

葉の表は緑色で無毛

葉の先は円頭かわずかに尖る

葉身は円心形

表 原寸

裏 原寸

葉縁には丸みのある波状の鋸歯がある

葉の裏は粉白を帯びた緑色で無毛

枝 40%

葉は基本的に対生する

● TOPICS
葉は香りがよく、葉を乾燥させて粉末にし抹香がつくられる。そのため東北地方ではマッコノキ、マッコ、コーノキなどの別名がある。和名は、葉の香りから、香出（カヅ）ラ（ラは語尾の添詞）に由来するとの説もある。古くは香木としるしてカツラと訓じていた。

単葉｜広葉｜切れ込みなし｜鋸歯なし

メギ

Berberis thunbergii（メギ科）

互生　落葉低木

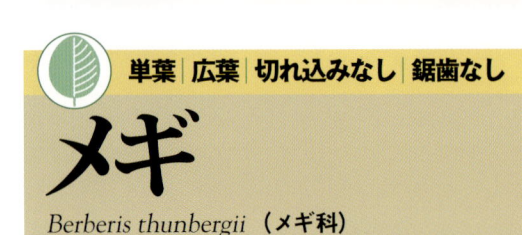

　本州の関東以西、四国、九州に分布する落葉低木。高さ2mほど。葉の葉柄は不明瞭で、長枝には互生、短枝には束生する。葉身は紙質で、長さ1〜5cm、幅0.5〜1.5cmの倒卵形あるいは楕円形、葉先は鈍頭ないし円頭、基部はくさび形となる。葉縁は全縁で大きな波状となる。葉の表は灰緑色または緑色で、裏は白緑色。表裏ともに無毛。花期は4月。短枝の先から総状、あるいは散形状の花序が下垂し、緑を帯びた黄色の花をつける。

低木で特徴のある葉を密につけるので、見分けやすい

メギには栽培品種も多く、写真は葉が赤紫色の品種

表 原寸
葉の先は鈍頭あるいは円頭
葉身は倒卵形、あるいは楕円形で、紙質
葉の表は緑色または灰緑色
葉の縁は全縁

裏 原寸
葉の裏は白緑色
葉の基部はくさび形

● TOPICS
和名は漢字で「目木」で、葉や樹皮の煎じ汁を、目の充血や炎症の洗眼薬としたことによる。別名コトリトマラズ。枝に鋭い棘をもつことからそうよばれるが、その棘は葉が変化したもの。

枝 原寸

葉は短枝に束生して、枝には鋭い棘がある

| 複葉 | 羽状複葉 | 3回羽状複葉 |

ナンテン

Nandina domestica（メギ科）

互生　常緑低木

本州の中部以西、四国、九州に分布する常緑低木。観賞用として庭園や庭などに植栽される。高さ1〜3mで株立ちになる。葉は大形で茎の先に集まり、3回羽状複葉で、互生する。小葉は長さ3〜8cm、幅1〜2.5cmの披針形。小葉の表は濃緑色でやや光沢があり、裏は淡黄緑色で、表裏とも主脈に毛がわずかにある。小葉の縁は全縁で、先端は鋭尖頭、基部はくさび形。春の芽吹きの時期や秋から冬にかけて葉が赤くなる傾向がある。花期は5〜6月。白色の花をつける。栽培していたものが逸出し、野生化して自生状態になっていることがある。

常緑樹ではあるが、春や秋から冬にかけて葉が赤く色づく

枝先に円錐花序を出し、白い花を多くつける

裏 40%

原寸

葉は3回三出複葉。小葉は披針形で、先端は鋭尖頭

表 40%

小葉の表は光沢があり、濃緑色で主脈上に少し毛がある

小葉の裏は淡黄緑色で主脈上に少し毛がある

小葉の基部はくさび形

● TOPICS

ナンテンは〈難転〉に通じるとして、縁起木として好んで栽培される。葉や果実の色の変化によって、シロミナンテン、キンシナンテン、フジナンテンなど多くの品種がある。小葉に大きく鋭い鋸歯があるヒイラギナンテンは、ヒマラヤから中国、台湾にかけて自生するメギ科の常緑低木で、庭園や公園にふつうに植栽される。

複葉｜掌状複葉

ムベ

Stauntonia hexaphylla （アケビ科）

互生　常緑つる

　本州の関東地方以西、四国、九州、沖縄に分布する常緑のつる性木本。葉は互生し、5～7枚の小葉からなる掌状複葉。若木では小葉が3枚のこともある。小葉は革質で長さ5～10cm、幅2～4cmの楕円形または長卵形ないし長倒卵形で、先端は短く突出し、基部は切形または広いくさび形。小葉柄は1～4cm。小葉の表は濃緑色で光沢があり、裏は淡緑色で細かい網状脈が目立つ。表裏ともに無毛。小葉の縁は全縁で大きな波状になる。雌雄同株。花期は4～5月、淡黄白色の花を総状花序に3～7個つける。よく熟した果実を生食にする。果皮は料理に利用できる。

葉腋から花序を出し、淡黄白色の花を下向きにつける

果実は熟しても口を開けないが、アケビと同様に食用できる

原寸　裏50%

表50%

葉は小葉が5～7枚の掌状複葉。葉は革質で楕円形、長卵形または長倒卵形

小葉の裏は淡緑色で網状脈が目立つ

小葉の表は光沢があり、濃緑色で無毛

小葉の葉縁は全縁

● TOPICS

アケビの落葉に対しムベは常緑であるため、トキワアケビの別名もある。果実はアケビに似て赤紫色に熟すが、アケビのように開くことはない。果実を食用とするほか、茎や根を強心剤、利尿剤として用いる。

複葉｜掌状複葉

アケビ

Akebia quinata（アケビ科）

互生　落葉つる

本州、四国、九州に分布する落葉つる性木本。葉は5枚の小葉からなる掌状複葉で、一年性のつるに互生し、短枝に束生する。葉柄は長さ3〜10cmと長い。小葉は革質で長さ3〜6cm、幅1〜2cmの長楕円形あるいは長楕円状倒卵形で、先端はわずかに窪み、中央に微突起がある。基部はくさび形ないしは円形。小葉柄は長さ1〜3cm。小葉の表は濃緑色、裏は淡緑色で、表裏ともに無毛。小葉の縁は全縁。雌雄同株。花期は4〜5月。散房状または総状の花序を下垂し、先に数個の雄花、基部に1〜2個の雌花をつける。雄花は淡紫色、雌花は紅紫色。よく熟した果実を生食にする。果皮は料理に利用できる。

熟して口を開けた果実。種子を包む果肉は生食か果実酒に、果皮（果壁）は詰めものなどして炒めて食用とする

長楕円形または倒卵形の5枚の小葉で、ミツバアケビやゴヨウアケビとかんたんに区別できる

葉は5枚の小葉からなる掌状複葉。小葉は革質で長楕円形あるいは長楕円状倒卵形

小葉の葉の先端はわずかに窪み、中央に微突起がある

表 原寸

裏 原寸

小葉の表は濃緑色

小葉の裏は淡緑色

● TOPICS
日本には同属の植物として、小葉が3枚のミツバアケビと、アケビとミツバアケビの中間的形質をもつゴヨウアケビが分布している。ゴヨウアケビは小葉がふつう5枚、葉の形、鋸歯はミツバアケビに似ている。

複葉｜三出複葉

ミツバアケビ

Akebia trifoliata（アケビ科）

互生　落葉つる

　本州、四国、九州に分布する落葉つる性木本。葉は3小葉からなる三出複葉で、一年性の枝には互生、短枝に束生する。小葉は長さ2〜6cm、幅1.5〜4cmの卵形あるいは広卵形で、先端は凹頭となる。小葉の基部は広いくさび形あるいは切形、または浅心形となる。小葉縁はふつう波状の大きな鋸歯がある。小葉の表は濃緑色、裏は淡緑色で、表裏ともに無毛。雌雄同株。花期は4〜5月。総状花序を下垂し、先のほうに小形の雄花を十数個密につけ、基部に1〜3個の大形の雌花をつける。

果実は紫色に熟し、アケビと同様に食べられる

花は小さく、濃い紫色あるいは暗赤色の渋い色合い

先端は凹頭で、先端に微突起がある

裏 原寸

小葉の裏は淡緑色で毛はない

表 原寸

小葉の縁には大きな波状の鋸歯がある

小葉は卵形ないし広卵形

葉の基部は広いくさび形か切形、あるいは浅心形

小葉の表は無毛で、濃緑色

● TOPICS

和名は葉が三枚のアケビの意味。アケビと同様に果肉は甘く食用となる。アケビの果実は大きく成熟し、裂開する。このことから、和名はアケミ（開実、開肉）の転とされる。

単葉｜広葉｜切れ込みなし｜鋸歯あり

マタタビ

Actinidia polygama（マタタビ科）

互生　落葉つる

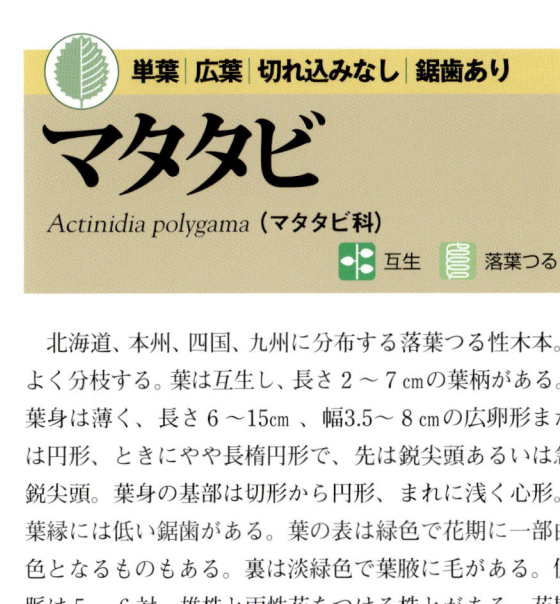

　北海道、本州、四国、九州に分布する落葉つる性木本。よく分枝する。葉は互生し、長さ2〜7cmの葉柄がある。葉身は薄く、長さ6〜15cm、幅3.5〜8cmの広卵形または円形、ときにやや長楕円形で、先は鋭尖頭あるいは急鋭尖頭。葉身の基部は切形から円形、まれに浅く心形。葉縁には低い鋸歯がある。葉の表は緑色で花期に一部白色となるものもある。裏は淡緑色で葉腋に毛がある。側脈は5〜6対。雄株と両性花をつける株とがある。花期は6〜7月。芳香のある白い花をつける。若いつるや若芽をおひたしなどとし、果実を塩漬けや果実酒にする。

山地の林縁に多く、とくに花期は枝先の葉が白く変わるので遠くからでも見つけやすい

葉腋につく直径約2cmの白い花は芳香を放つ

葉先は鋭尖頭、あるいは急鋭尖頭

裏　原寸

葉縁には低い鋸歯がある

葉身は広卵形または円形、ときにやや長楕円形

葉の表は緑色

表　原寸

梅雨のころ枝先の葉が白く変色する

枝 40%

● TOPICS

雄株では、花の咲く時期になると葉の上半部、あるいは全体が白色、あるいは淡いピンク色に変化する。葉を目立たせることで、花粉を運ぶ昆虫に花の存在を知らせ、花が終わるとまた元の緑色に戻る。

単葉 | 広葉 | 切れ込みなし | 鋸歯あり

ヤブツバキ

Camellia japonica （ツバキ科）

互生 　常緑高木

　本州、四国、九州、沖縄に分布する常緑高木。高さ6〜18m、直径30〜50cmになるが、ふつう高さは5〜6m。樹皮は平坦で灰白色。葉は互生し、長さ10〜20mmの葉柄がある。葉身は革質で長さ5〜12cm、幅3〜7cmの楕円形、長楕円形、卵状楕円形で、葉先は鋭尖頭、基部は鋭形または広いくさび形。葉縁は細かい鋸歯がある。葉の表は濃緑色で光沢があり無毛、裏は淡緑色。主脈は葉の表でやや凹入し、裏では著しく隆起している。花期は11〜12月、または2〜4月。直径5〜7cmで濃紅色、帯紫紅色、まれに淡紅色や白色の花をつける。種からツバキ油がつくられる。ヤマツバキともよばれる、ツバキの野生種。

山地にも生えるが、海岸近くの丘陵地に多く生育する。写真のように海岸の崖のような場所にも見られる

樹皮は白色を帯びた灰色で滑らか。材はかたく緻密で細工物などに利用され、また優良な木炭の材料となる

葉身は革質で、楕円形、長楕円形あるいは卵状楕円形

裏 原寸

表 原寸

葉縁には細かい鋸歯がある

葉の表は光沢があり濃緑色

葉の裏は淡緑色

葉柄に毛はない

主脈は葉の裏では著しく隆起する

● TOPICS

和名は藪に生えるツバキの意味。ツバキの名の由来は、葉が革質でつやがあることから「艶葉木（つやばき）」「厚葉木（あつばき）」、花が刀剣の鍔（つば）に似ることから「鍔木」とする説など諸説ある。

単葉｜広葉｜切れ込みなし｜鋸歯あり

ユキツバキ

Camellia japonica var. *decumbens*（ツバキ科）

互生　常緑低木

本州の日本海側の多雪地域に分布する常緑低木。丘陵～低山地に生える。ヤブツバキの変種。主幹は雪のため地面に這うようになることが多く、斜行して高さ1～2mになる。葉は互生し、長さ3～5mmの葉柄がある。葉身はやや薄い革質、長さ5～10cm、幅3～5cmの長楕円形、あるいは狭長楕円形。葉の表は濃緑色で光沢があり無毛、裏は淡緑色で無毛。葉縁は鋭く細かい鋸歯があり、葉の基部は鈍形あるいは広いくさび形。花期は4～6月。枝先に紅色の花を平らに開く。

多雪地に適応して背丈は低く、幹は叢生状になり地面を這うように斜上する

花はヤブツバキに似るが、花弁はより薄くて細く、水平に開く

葉は互生する

枝 80%

葉縁には鋭い細鋸歯がある

表 原寸

葉身は長楕円形あるいは狭長楕円形。革質だがヤブツバキよりやや薄く葉脈が目立つ

葉の裏は淡緑色で無毛

裏 原寸

ふつう葉柄に毛がある

葉の表は光沢があり濃緑色で無毛

● TOPICS
葉は表に光沢があり革質だが、ヤブツバキの葉よりも薄い。ヤブツバキの変種とされるが、亜種、または独立した種であるとする説もある。積雪に耐えうるように、地面を這うように斜上し、地面についた枝の部分から根を出して繁殖する。これを伏状更新という。

単葉｜広葉｜切れ込みなし｜鋸歯あり

チャノキ

Camellia sinensis（ツバキ科）

互生　常緑低木

中国原産で暖地の丘陵地帯で広く栽培される常緑低木。茶の生産のために各地で栽培されるが、九州の一部に野生化したものがある。高さ1～2m、野生化したものは高さ4～5mになる。葉は互生し、長さ3～7mmの葉柄がある。葉身は薄い革質で、長さ5～9cm、幅2～4cmの楕円形または長楕円形で、葉先は鈍頭または鋭頭、基部は広いくさび形。葉の表は濃緑色で光沢があり、裏は淡緑色、はじめ長い伏毛があるがのちに無毛。葉縁には細鋸歯があり、大きな波状となる。側脈は6～8対。花期は10～11月。白色の花を下向きに開く。

建久2年(1191)に僧栄西が中国から持ち帰ったと伝えられる。5弁の花には芳香がある

生け垣などにも利用されるが、緑茶用として、主に暖地で広く栽培される

葉身は薄い革質で、楕円形または長楕円形

葉先は鈍頭または鋭頭

裏 原寸

表 原寸

葉縁には細鋸歯がある

葉の裏は淡緑色で葉脈が凸出する

枝 70%

葉は互生する。枝は刈り込まないで放置すると数mの小高木となることもある

葉の表は光沢があり濃緑色で葉脈が凹入する

● TOPICS

若葉を摘んで蒸しあるいは発酵させて、乾燥させたものを緑茶、紅茶などとして飲用とする。日本へは遣隋使、遣唐使が茶を伝えたと考えられ、天平時代に行基が諸国に49の堂舎を建て、茶を植えたという記録がある。

単葉 | 広葉 | 切れ込みなし | 鋸歯あり

ナツツバキ

Stewartia Pseudo-camellia (ツバキ科)

互生　落葉高木

　本州の福島県、新潟県以西、四国、九州の高隈山までに分布する落葉高木。丘陵地に自生し、花が美しいため庭木として植栽される。高さ15mほどになる。樹皮はサルスベリに似て、古い樹皮がはがれてまだらになる。葉は互生し、長さ3〜15mmの葉柄がある。葉身はやや厚い膜質で長さ4〜10cm、幅2.5〜5cmの楕円形あるいは長楕円形。葉縁は低い鋸歯があり、葉先は急鋭尖頭、基部は鋭形となる。葉の表は緑色で、裏は淡緑色でまばらに長毛がある。花期は6〜7月。その年に伸びた枝の葉腋にやや上向きに白色の花を開く。

その年の枝に直径5〜6cmの白い花をつけ、5枚の花弁には細かい鋸歯がある

樹皮は薄くはがれて灰褐色や赤褐色のまだら模様になる

表 原寸

葉身は膜質で、楕円形あるいは長楕円形

葉縁には低い鋸歯がある

裏 原寸

葉の表は無毛で緑色

葉の裏はまばらに長毛が生え、淡緑色

● TOPICS
近縁種のヒメシャラとよく似るが、ヒメシャラは花が小さく、花梗が1cm以下で、葉裏には葉脈上にだけ毛があるなどの点で区別できる。

| 単葉 | 広葉 | 切れ込みなし | 鋸歯あり |

ヒメシャラ
Stewartia monadelpha（ツバキ科）

互生　落葉高木

　本州の神奈川県箱根山以西、四国、九州の屋久島までに分布する落葉高木。高さ15m、直径20〜30cmになる。葉は互生し、長さ7〜15mmの細い葉柄がある。葉身は長さ4〜8cm、幅2〜3cmの長楕円形または楕円形で、先は鋭尖頭で基部は広いくさび形。葉の表は緑色で主脈、側脈ともに窪み、毛が散生する。裏は灰緑色で脈腋から脈上に毛が生える。葉縁は低く丸い鋸歯がある。葉は老木になるほど小形になり、葉柄は短くなる。花期は5月。花は白色で、その年生えた枝の葉腋につく。

直径約2cmの小形の花をたくさんつける。花は花弁を散らさず5弁花の形のまま落ちる

樹皮は淡い赤褐色で薄くはがれる

表 原寸

葉の表は緑色で、毛が散生する

裏 原寸

葉縁には低く丸い鋸歯があり、やや波状

葉身は長楕円形あるいは楕円形

葉の裏は灰緑色で、脈腋から脈上に毛が生える

葉は互生、枝は細かく分枝する　枝 50%

●TOPICS
このヒメシャラと同属のナツツバキ属には、ナツツバキ とヒコサンヒメシャラ が日本に自生する。ヒコサンヒメシャラは本州の神奈川県丹沢以西、四国、九州に分布し ヒメシャラの花が直径1.5〜2cmであるのに対し、ヒコサンヒメシャラでは直径3.5〜4cmと大きい。

単葉｜広葉｜切れ込みなし｜鋸歯なし

モッコク

Ternstroemia gymnanthera（ツバキ科）

互生　常緑高木

　本州の南関東以西の主に太平洋側、四国、九州、沖縄に分布する常緑高木。葉は互生し、長さ3～6mmの葉柄がある。葉身は革質で、長さ4～6cm、幅1.5～2.5cmの楕円状卵形、楕円状披針形あるいは狭倒卵形で、葉先は鈍頭または鋭頭で、基部は鋭いくさび形。葉縁は全縁。葉の表は濃緑色で光沢があり、裏は淡緑色で無毛。側脈は不明瞭。花期は6～7月。白色でのちに帯黄白色になる直径2cmほどの花をやや下向きに開く。

モクセイ、モチノキとならんで「庭木の3M」などといわれるほど、よく庭植えされる

花弁5個の小さな白い花が下向きに開く

枝60%

葉は互生する

裏 原寸

葉の裏は無毛で淡緑色

葉身は革質で楕円状卵形または楕円状披針形あるいは狭倒卵形

表 原寸

葉の表は濃緑色で、光沢がある

葉縁は全縁

● TOPICS

葉に光沢があって美しく、とくに手入れをしなくても樹形を維持できるため、暖かい地域では庭木としてよく植栽される。八丈島や三宅島ではタンニンを含む樹皮を染料として用いる。

単葉｜広葉｜切れ込みなし｜鋸歯なし

サカキ

Cleyera japonica（ツバキ科）

互生　常緑小高木・高木

　本州の茨城県、石川県以西、四国、九州に分布する常緑小高木から高木。暖地の林地に見られ、神社や庭に植えられる。高さ8〜10m、直径20〜30cmになる。葉は互生し、長さ5〜10mmの葉柄がある。葉身は革質で、長さ7〜10cm、幅2〜4cmの長楕円状広披針形で、先は徐々に尖り先端は鈍頭あるいは円頭、基部は鋭形。葉の表は深緑色で光沢があり、裏は帯青緑色で、表裏ともに無毛。葉縁は全縁でまれに低い鋸歯がある。側脈は不明瞭。中脈は隆起してここを境にやや表側に折れ曲がり、先端はやや裏側に反り返るようになる。花期は6〜7月。白色のちに黄色みを帯びる花をつける。

よく枝分かれして葉が茂り、幹は直立する。神社や生け垣によく植えられる

樹皮は赤褐色で小さい皮目がつく

葉身は長楕円状広披針形

裏 原寸

葉の裏は帯青緑色で無毛、葉脈は不明瞭

表 原寸

葉の表は光沢があり深緑色で無毛

その年に生えた枝は緑色で、葉は互生する

枝 60%

中脈を軸にして表側にやや折れ曲がる

● TOPICS

葉の色や形が美しく、神事にふさわしいものとして神社の境内に多く植えられる。神の依代とされ、また玉串として神に奉納される。伊勢地方では門松にも用いられる。庭園樹や生け垣、また盆栽にも利用され、江戸末期には斑入り葉の品種もつくられた。

| 単葉 | 広葉 | 切れ込みなし | 鋸歯あり |

ヒサカキ

Eurya japonica （ツバキ科）

互生　常緑小高木

　本州の秋田県、岩手県以南、四国、九州、沖縄の西表島、小笠原に分布する常緑小高木。丘陵地帯の林にふつうに見られる。高さ10m、直径30cmになる。葉は互生し、長さ2〜4mmの葉柄がある。葉身は厚い革質で、長さ3〜7cm、幅1.5〜3cmの楕円形または倒披針形。葉の表は濃緑色で光沢があり、裏は淡緑色で、表裏ともに無毛。葉縁は細かい鋸歯があり、先は次第に尖って鈍頭、基部は広いくさび形。花期は3〜4月。葉腋に白色または淡黄色、まれに紅紫色の花を下向きにつけ、独特の臭気がある。

枝はよく分枝し、枝葉はよく茂る

樹皮は円滑で暗褐色〜黒みがかった灰色になる

葉身は厚い革質で楕円形、または倒披針形

葉の先は次第に尖って鈍頭

裏 原寸

葉の表は濃緑色、光沢がある

表 原寸

枝 70%

葉縁には細かい鋸歯がある

葉の裏は無毛で淡緑色

葉柄は短い

葉は互生する。その年に生えた枝は淡緑色

●TOPICS

サカキと同様に枝葉は神事に用いられる。庭木としても広く植栽され、また斑入り品種もあり、観葉植物として鉢植えにされる。同属のハマヒサカキは海岸に生え、ヒサカキより葉がやや薄く、光沢が強い。

| 単葉 | 広葉 | 切れ込みあり | 鋸歯あり |

スズカケノキ

Platanus orientalis（スズカケノキ科）

互生　落葉高木

　バルカン半島からヒマラヤにかけて分布する落葉高木。日本へは明治初期に渡来した。高さ30mに達する。樹皮は暗灰褐色で、はげあとが緑灰色となり独特なまだら模様となる。葉は互生し、長さ3〜8cmの葉柄がある。葉身は長さ、幅ともに20cmの広卵形で、掌状に5または7中裂し、基部は広いくさび形あるいは切形で、葉脚基部の少し上から三主脈が出る。各裂片は卵形で、先は鋭尖頭、縁に全縁あるいは少数の不揃いな粗い鋸歯がある。葉の表は光沢があり緑色、裏は淡緑色。表裏ともに葉脈上に多くの毛がある。花期は5月。雄花は小さな鱗片状の花弁をもち、雌花は花弁がなくこん棒状。

モミジバスズカケノキに比べ、日本では街路樹としてはあまり多く植えられていない。街路樹は年に数度枝が剪定されるので実がつきにくい

樹皮は独特のまだら模様で見分けやすい

葉身は広卵形で、掌状に5または7中裂する。裂片は先の尖った卵形

葉縁には不揃いな粗い鋸歯がある

表 40%

葉の裏は淡緑色で葉脈上に毛がある

裏 40%

原寸

基部は広いくさび形ないし切形

葉の表は光沢があり緑色で葉脈上に毛がある

葉の基部の少し上から三主脈が出る

● TOPICS

古く街路樹や庭園樹としてヨーロッパに持ち込まれ、日本には明治はじめに持ち込まれた。和名は、秋に多数の小堅果からなる直径3〜4cmの球形の集合果が、山伏が着る篠懸（すずかけ）の衣につく房の形に似ていることから。

| 単葉 | 広葉 | 切れ込みあり | 鋸歯あり |

アメリカスズカケノキ
Platanus occidentalis (スズカケノキ科)

互生　落葉大高木

北アメリカ原産の落葉性大高木。高さ40mに達する。幹の基部の樹皮には割れ目が入り、暗褐色。葉は互生。葉身は長さ、幅ともに10〜20cmの広卵形で、浅く3裂、まれに5裂する。葉の基部は切形あるいは心形。各裂片は扁三角形で、先は長い鋭尖頭。葉の表は光沢があり緑色、裏は淡緑色。表裏ともにはじめ灰白色の星状毛が密生するが、のちに無毛、葉の裏の脈腋に毛が叢生する。雌雄同株。花期は5月。葉腋に淡黄緑色の花をつける。

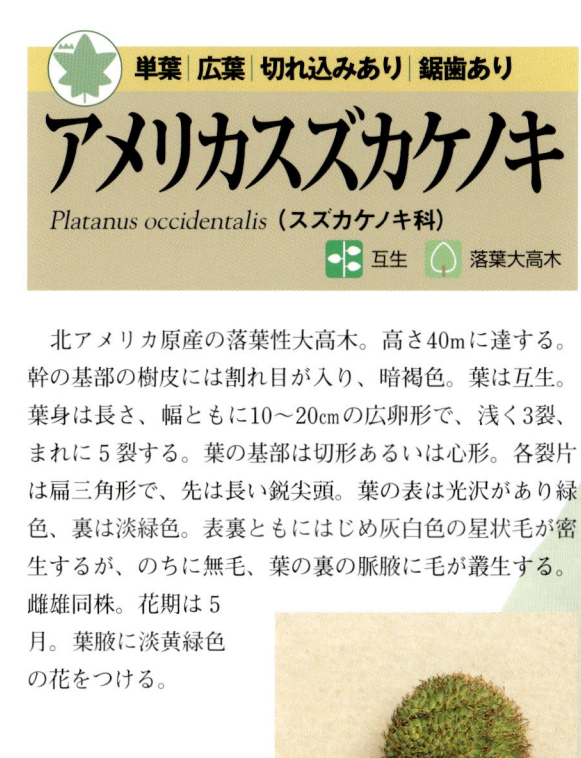

樹高も枝張りの広さも堂々として、大木の風格を備えた樹形を見せる

若い果実。そう果が球状に集合している

葉身は広卵形で、浅く3裂、まれに5裂する

原寸　裂変の先は長い鋭尖形

裏 50%

表 50%

葉の裏の脈腋には毛が叢生する

葉の表は光沢がある

● TOPICS

原産地の北アメリカから17世紀にヨーロッパに伝えられ、日本には明治の末に持ち込まれ、まれに公園樹、庭園樹として植栽されている。いわゆるプラタナスとよばれて庭園樹や街路樹として広く植栽されるのはスズカケノキと本種との交雑種であるモミジバスズカケノキ。

モミジバスズカケノキ

単葉 | 広葉 | 切れ込みあり | 鋸歯あり

Platanus × acerifolia（スズカケノキ科）

互生　落葉高木

　スズカケノキとアメリカスズカケノキとの交配種で、広く街路樹として植栽される落葉高木。高さ35m、直径1mに達する。樹皮は灰褐色で、まだらにはがれて鹿子（かのこ）まだらとなる。葉は互生し、2～4cmの葉柄がある。葉身は長さ10～18cm、幅12～22cmの広卵形で、浅く3または5裂して掌状となる。裂片は三角状卵形で、先は鋭尖頭で、縁に不揃いな粗く大きな鋸歯が少数ある。葉脚は切形または心形。葉の表は緑色、裏はやや黄色がかった緑色。表裏ともに、葉脈上に毛が多い。雌雄同株。花期は5月。雄花序は長さ2cmほどの柄があり直径1cm、雌花序は直径1.5～1.7cm。

日本で街路樹や公園樹として植えられるスズカケノキの仲間のなかでは、このモミジバスズカケノキがもっとも多い

集合果が果軸に2、3個、まれに4個つく

原寸

葉身は浅く3あるいは5裂して掌状となった広卵形

各裂片の先は鋭尖頭

葉の裏は黄色がかった緑色で葉脈上に毛が生える

裏 50%

葉の表は緑色で、葉脈上に毛が密生する

表 50%

裂片は三角状卵形で縁には少数の大きく粗い鋸歯がある

●TOPICS

日本でプラタナスとして植栽される街路樹の多くは、このモミジバスズカケノキである。葉の切れ込みはスズカケノキとアメリカスズカケノキの中間で、姿がカエデの葉に似るため、この名があり、別名カエデバスズカケノキ。

単葉｜広葉｜切れ込みなし｜鋸歯なし

マルバノキ

Disanthus cercidifolius（マンサク科）

互生　落葉低木

　本州の中部地方以西、四国に分布する落葉低木。丘陵地から低山地の谷筋など水分の多い岩石地に生育する。高さ2〜3m。葉は互生し、3〜6cmの長い葉柄がある。葉身は長さ5〜10cm、幅6〜11cmの円心形で、葉の先は短く尖り先端は鈍頭、基部は心形。葉の表は緑色で裏は白緑色。秋に美しく紅葉する。葉縁は全縁。基部から5〜7本の葉脈が掌状に出る。両性花。花期は10〜11月。落葉前後に、鱗片に包まれた花芽が開き、花柄の先に2個の紅紫色の花が背中合わせに開く。

秋になると葉は赤や黄色に美しく紅葉する

樹皮は灰褐色で、細い幹が叢生する

表 原寸

葉身は円心形

葉の表は緑色

裏 原寸

葉の先端は鈍頭

葉縁は全縁

葉の裏は白緑色

●TOPICS
和名マルバノキは〈円葉の木〉の意味で、木曾地方でのよび名に基づく。葉が紅色に紅葉した時期に、赤紫色の美しい花が咲き、花と紅葉とが同時に観賞できるため、別名ベニマンサク。ときに庭園に植栽される。

| 単葉 | 広葉 | 切れ込みなし | 鋸歯あり |

ヒュウガミズキ

Corylopsis pauciflora（マンサク科）

互生　落葉低木

　石川県から兵庫県にかけての日本海側を中心に分布する落葉低木。よく分枝して叢生し、高さ1～2mになる。葉は互生し、長さ0.5～1.5cmの葉柄がある。葉身は長さ2～6cm、幅1.5～2.5cmの卵円形で先は尖り、基部は切形または浅い心形。葉の表は濃緑色、裏は淡緑白色で、葉脈上に多くの毛が生える。葉縁は波状の歯牙状鋸歯がある。基部から掌状の5主脈に分かれる。花期は4月。葉に先立って長さ1～2cmの短い穂状花序を下垂し、2～3個の黄色い花をつける。

葉の展開前に小さな黄色い花をつける

枝は赤褐色で、卵円形の葉をつける。庭木や公園に植えられる

先端が尖る

裏 原寸

葉身は卵円形

表 原寸

葉縁は波状の歯牙状鋸歯

基部は切形あるいは浅心形

葉の裏は淡緑白色で葉脈上に毛が多くある

葉の表は濃緑色

枝 80%

葉は互生する

● TOPICS

別名イヨミズキ。和名や別名に〈日向〉や〈伊予〉といった地域名が入っているが、九州や四国には自生しないとされる。同属のコウヤミズキは本州の中部・近畿以西、四国に分布する落葉低木で、葉は広卵形、基部から5～7主脈出る。

単葉 | 広葉 | 切れ込みなし | 鋸歯あり

トサミズキ
Corylopsis spicata（マンサク科）

互生　落葉低木

高知県のみに自生する落葉低木。高知市付近の蛇紋岩や石灰岩地のみに自生している。高さ2〜3mになる。葉は互生し、長さ1〜2.5cmの葉柄がある。葉身は長さ5〜11cm、幅3〜8cmの卵円形または広卵形で、先は短く尖り、基部は心形となる。側脈は7〜8本。葉の表は濃緑色で無毛、裏は淡緑白色で葉脈上に多くの毛がある。葉縁は大きな波状の鋸歯がある。花期は3月下旬〜4月。短枝の先から総状花序を下げ、7〜12個の黄色い花をつける。

高知県のみ自生するが、庭木などで目にすることも多い

前年枝の葉腋から、黄色い総状花序を下げる

葉縁には大きな波状の鋸歯がある

裏 原寸

葉身は卵円形あるいは広卵形

表 原寸

葉の裏は毛があり、淡緑白色。葉脈上には長い毛がある

枝 50%

葉は互生する

葉の表は濃緑色で無毛

● TOPICS
江戸時代から観賞用に栽培され、現在も庭木として植栽される。ヒュウガミズキと花は似ているが、ヒュウガミズキは花序の長さが短く、花序の花数も少ない点で区別される。

147

単葉｜広葉｜切れ込みなし｜鋸歯あり

マンサク

Hamamelis japonica （マンサク科）

互生　落葉小高木

　本州の関東地方以西、四国、九州に分布する落葉小高木。丘陵帯から山地の林にふつうに見られる。高さ2〜5m、大きなものでは高さ10m以上のものもある。葉は互生し、長さ5〜15mmの葉柄がある。葉身は長さ5〜10cm、幅3.5〜7cmのひし状円形または倒卵円形あるいは倒卵状楕円形で葉身はゆがむ。葉の表は緑色で葉脈上にわずかに毛がある。裏は淡緑色で、葉脈上に毛がある。葉縁は波状の粗い鋸歯があり、葉の先は短く尖るか鈍頭で、基部はゆがんだ鈍形、あるいは広いくさび形。側脈は6〜7本でやや平行に斜上する。花期は3〜5月。葉に先立って黄色で線形の花弁をもった花を開く。

葉の展開前に小さな花をたくさんつけるので、よく目立つ

公園樹や庭木としてもよく利用される

葉の裏は淡緑色で葉脈上に毛がある

葉身はひし状円形、倒卵円形あるいは倒卵状楕円形

裏 70%

表 原寸

葉の表は緑色で、葉脈上にわずかに毛がある

枝 20%

基部はゆがんだ鈍形あるいは広いくさび形

葉には6〜7本の側脈があり、互生する

● TOPICS
関東地方中部から岩手県の太平洋側には、葉が大きな変種オオバマンサクが分布する。形態的にはマンサクとの間は連続的で、明瞭な区別はしにくい。葉が倒卵円形で先が丸いマルバマンサクは、北海道西南部から本州の日本海側、鳥取県まで分布する。

単葉｜広葉｜切れ込みなし｜鋸歯なし

イスノキ
Distylium racemosum（マンサク科）

互生　常緑高木

　本州の南関東以西、四国、九州、沖縄に分布する常緑高木。高さ8～10m、大きなものでは高さ25m、直径1mに達するものもある。葉は互生し、長さ2～10mmの葉柄がある。葉身は革質で長さ3～9cm、幅1.5～3cmの倒卵形で、先端は鈍頭または鋭頭、基部はくさび形。葉の表は濃緑色でやや光沢があり、裏は淡緑色。表裏とも無毛。葉縁は全縁。側脈は5～8対だが不明瞭。花期は4～5月。葉腋に長さ2.5～4cmの総状花序をつけ、ふつう上部に両性花、下部に雄花をつける。

幹がまっすぐ伸びる。葉にはふつう虫こぶがある

樹皮は暗灰色。材はそろばん、建築材などに利用される

葉は互生して、虫こぶが葉にできる

枝 50%

葉の表は光沢があり、濃緑色

葉身は革質で倒卵形

表 原寸

裏 原寸

葉縁は全縁

葉の裏は淡緑色で無毛

● TOPICS

別名ヒョンノキ。葉にできる虫こぶが大きく膨らみ、これを吹くとヒョゥと鳴るため、こうよばれるという。この虫こぶは5～10％のタンニンを含み、また樹皮もタンニンを含むため、染料として用いられる。

単葉 | 広葉 | 切れ込みあり | 鋸歯あり

フウ

Liquidambar formosana （マンサク科）

互生・束生　落葉高木

　中国西南部、台湾原産の落葉高木。日本では街路樹や公園樹として植栽される。幹は直立して高さ20〜25m、原産地では高さ40mにもなる。葉には長さ10cmほどの葉柄があり、長枝には互生、短枝は束生する。葉身は長さ幅ともに7〜15cmで、葉縁は3中裂し、各裂片は卵状三角形で長く尖る。裂片の縁には細かな鋸歯がある。葉身の基部は浅い円形あるいは切形。葉の表は濃緑色で無毛、裏は淡緑色で葉脈上にわずかに毛がある。花期は4月ごろ葉の展開と同時に開花する。雄花序は上向きにつき、枝先に花序が集まって総状となる。雌花序は垂れ下がる。

幹はまっすぐ伸びて、大木になる

樹皮は縦に割れ目が入る

原寸

裏 50%

表 50%

裂片の縁には細鋸歯がある

葉の表は濃緑色

葉身は3中裂し、各裂片は卵状三角形

葉の裏は葉脈上にわずかに毛があり、淡緑色

葉の基部は切形あるいは浅い円形

● TOPICS

フウは中国名「楓」の音読み。カエデ科カエデ属のトウカエデとよく似ているが、トウカエデは、成葉では葉縁に鋸歯がないこと、対生であること、浅い3裂であることなどで区別される。

| 単葉 | 広葉 | 切れ込みあり | 鋸歯あり |

モミジバフウ

Liquidambar styraciflua（マンサク科）

互生・束生　落葉高木

　北米中南部・中米原産の落葉高木。日本では公園樹や街路樹として植栽される。高さ20～25m、原産地では高さ45mに達する。葉には長さ4～12cmの葉柄があり長枝に互生、短枝は束生する。葉身は長さ14～22cm、幅9～15cmで、葉縁が5～7裂し、各裂片は卵状三角形で先が長く尖り、各裂片の縁に細かい鋸歯がある。葉の表は濃緑色で無毛、裏は緑色で基部に毛が多い。葉脚は浅い心形あるいは切形で、基部から5～7本の掌状脈が出る。花期は4月ごろ。雄花序は総状に集まり、雌花序は球形で下垂する。

幹がすらりと伸びて、街路樹としてよく目にする

葉は秋に黄葉して、カエデのような葉を落とす

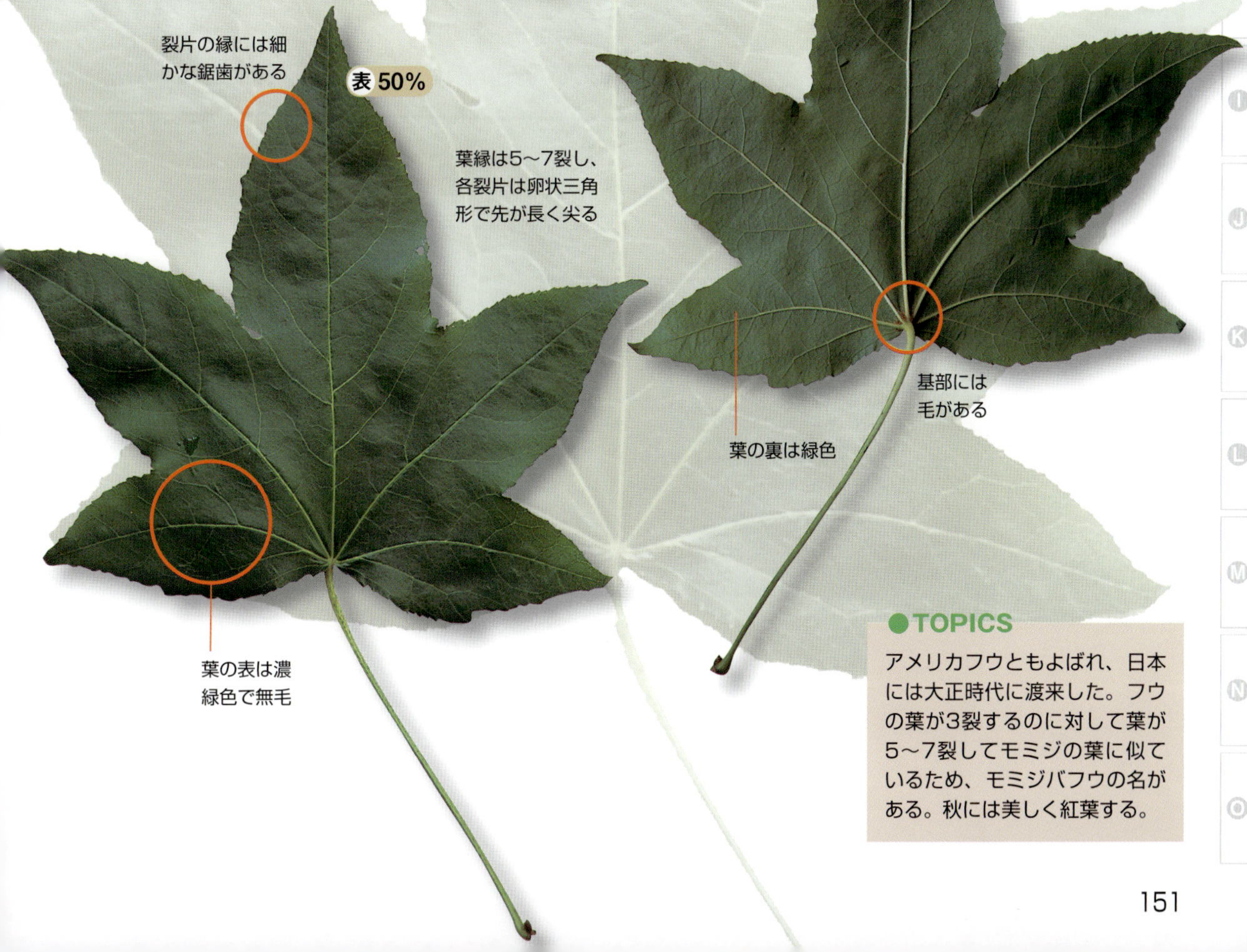

裂片の縁には細かな鋸歯がある

表 50%

原寸

裏 50%

葉縁は5～7裂し、各裂片は卵状三角形で先が長く尖る

葉の裏は緑色

基部には毛がある

葉の表は濃緑色で無毛

●TOPICS

アメリカフウともよばれ、日本には大正時代に渡来した。フウの葉が3裂するのに対して葉が5～7裂してモミジの葉に似ているため、モミジバフウの名がある。秋には美しく紅葉する。

単葉｜広葉｜切れ込みなし｜鋸歯あり

ノリウツギ

Hydrangea paniculata（ユキノシタ科）
別名：サビタ　　対生　　落葉低木・小高木

　北海道、本州、四国、九州の屋久島までに分布する落葉低木あるいは小高木。高さ5m、直径15cmになる。樹皮は不規則に裂けてはがれ、色はふつう灰白色。葉には長さ1～4cmの葉柄があり対生、まれに三輪生する。葉身は長さ5～15cm、幅3～8cmの楕円形ないし卵状楕円形で、先は急に鋭尖頭となり、基部は広いくさび形あるいは円形。葉縁は低い鋸歯がある。葉の表は濃緑色で毛が散生し、葉脈上にやや多い。裏は淡緑色で、毛は葉脈上と脈腋に多い。側脈は5～8対。花期は7～9月。花序は長さ8～30cmの円錐状で枝先に頂生し、花序の周辺には装飾花がある。花弁様萼片は白色。

日当たりのよい山地に見られ、庭植えは少ない

白い装飾花は秋まで残り赤く色づく

裏 原寸

葉の先は急に尖る

表 原寸

葉身は楕円形あるいは卵状楕円形

縁には低い鋭鋸歯がある

葉の表は毛が散生し、色は濃緑色

裏の脈腋には毛が多く淡緑色

● TOPICS
漢字では「糊空木」。ウツギと同じように幹が空洞になっているために「空木」とされ、幹の内皮で製紙用の糊をつくったことから名づけられた。サビタともよばれ、根でつくったパイプを「サビタパイプ」という。

単葉｜広葉｜切れ込みなし｜鋸歯あり

ガクアジサイ

Hydrangea macrophylla f. normalis （ユキノシタ科）

対生　落葉・半常緑低木

　本州の関東地方（房総・三浦半島）、静岡県の伊豆半島、伊豆諸島、小笠原に自生する落葉、または半常緑の低木。高さ2〜3m、直径3cmになる。葉は対生し、長さ1〜4cmの葉柄がある。葉身は長さ10〜15cm、幅5〜10cmの長楕円形〜卵状楕円形で、先端は鋭尖頭、基部はくさび形または円形。葉縁には三角状の鋸歯がある。葉の表は濃緑色でやや光沢があり、裏は淡緑色で、表裏ともに葉脈上にわずかに毛が散生するほかは無毛。側脈は5〜9対。花期は6〜7月。散房状集散花序のまわりだけに少数の青紫色、淡紅色、白色の装飾花をつける。

花の装飾花にはさまざまな色があり、栽培品種も多い

樹形は株立ちになり、葉は対生する

葉の先端は尖る

裏 70%

葉縁には三角状の鋸歯がある

表 原寸

葉身は長楕円形〜卵状楕円形

葉の裏は淡緑色で、葉脈に毛がある

葉の表はやや光沢があって濃緑色。葉脈は窪む

● TOPICS

アジサイは花序全体が装飾花になったひとつのタイプである。日本でつくり出された園芸植物で、その原種がガクアジサイ。アジサイはヨーロッパに持ち込まれ、セイヨウアジサイ（ハイドランジア）がつくられた。

単葉｜広葉｜切れ込みなし｜鋸歯あり

ヤマアジサイ

Hydrangea serrata（ユキノシタ科）

対生　落葉低木

　本州の福島県以南の主に太平洋側、四国、九州に分布する落葉低木。高さ1～2mになる。葉は対生し、長さ1～3cmの葉柄がある。葉身はやや革質で長さ10～15cm、幅5～10cmの長楕円形ないし卵状楕円形。葉先は尾状尖頭、基部はくさび形あるいは円形、葉縁は三角形状の鋸歯がある。葉の表は緑色で短毛が散生し、裏は淡白緑色で、長い毛が葉脈上にある。側脈は5～10対。花期は6～7月。直径4～10cmの集散状の花序を新枝に頂生する。

山地の沢沿いや湿った土地に生育する

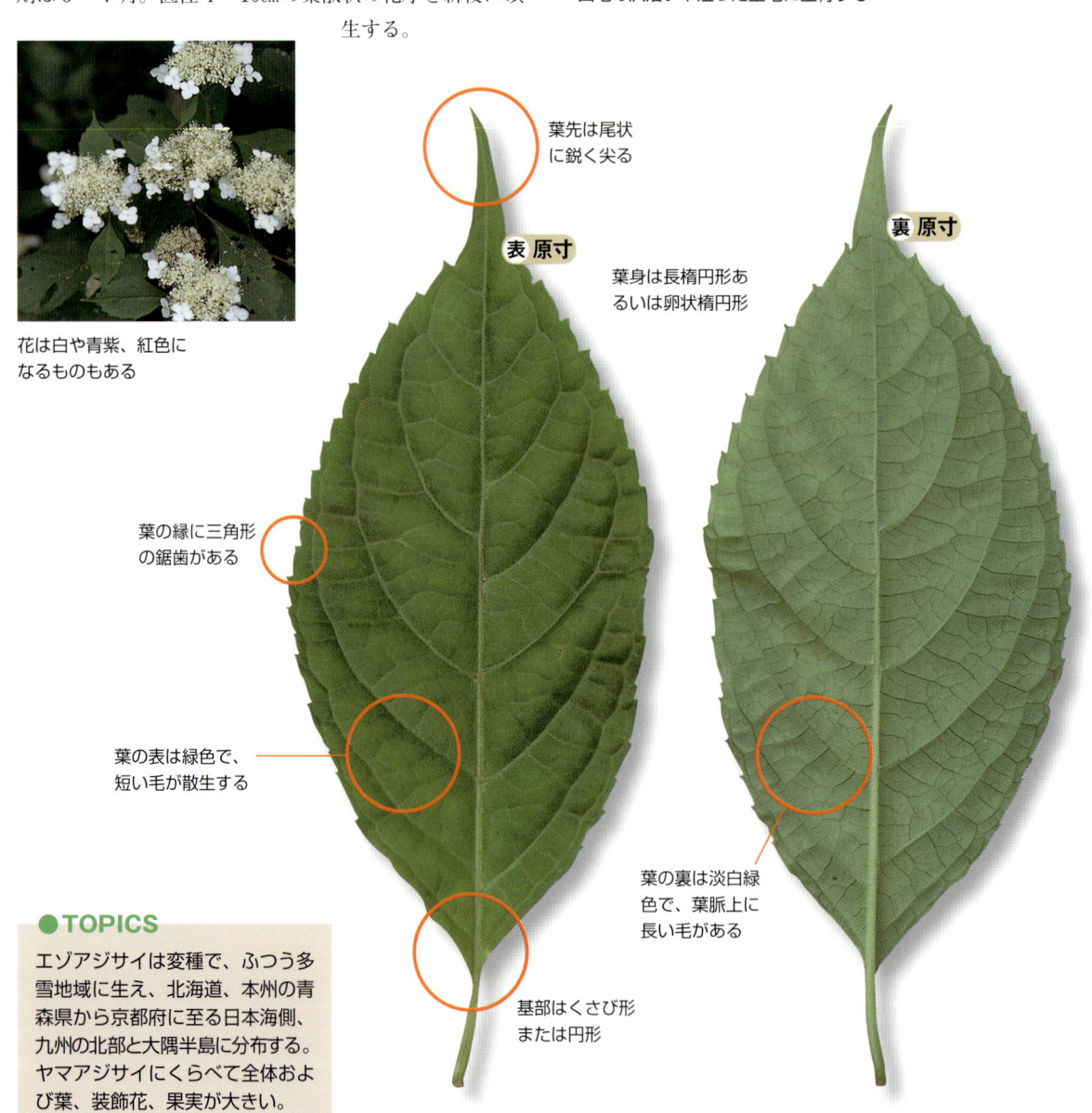

花は白や青紫、紅色になるものもある

葉先は尾状に鋭く尖る

表 原寸

葉身は長楕円形あるいは卵状楕円形

裏 原寸

葉の縁に三角形の鋸歯がある

葉の表は緑色で、短い毛が散生する

葉の裏は淡白緑色で、葉脈上に長い毛がある

基部はくさび形または円形

● TOPICS

エゾアジサイは変種で、ふつう多雪地域に生え、北海道、本州の青森県から京都府に至る日本海側、九州の北部と大隅半島に分布する。ヤマアジサイにくらべて全体および葉、装飾花、果実が大きい。

単葉 | 広葉 | 切れ込みなし | 鋸歯あり

ガクウツギ

Hydrangea scandens （ユキノシタ科）

対生　落葉小低木

　本州の関東南部・東海・近畿地方、四国、九州に分布する落葉小低木。高さ1〜1.5m。幹はよく分枝する。葉は対生し、長さ4〜10mmの葉柄がある。葉身は長さ4〜7cmの長楕円状披針形あるいは狭卵形で、先は鋭尖頭、基部はくさび形。葉縁には不整の低い鋸歯がある。葉の表は深緑色で特有の金属光沢があり、短毛が疎生する。裏は短毛があり側脈の腋に毛が密生する。花期は5〜6月。枝の先に直径8〜10cmの散房花序をつくる。

先は鋭尖頭

葉縁には低い不整の鋸歯がある

表 原寸

葉身は長楕円状披針形あるいは狭卵形

葉の表は深緑色で、独特な金属光沢がある

裏 原寸

幹は株立ちとなり、3枚の装飾花をつける。花色は白色、または淡い黄色

葉の裏は毛が生え脈腋に多い

枝 原寸

葉は対生する

● TOPICS

〈ウツギ〉の名がつくがユキノシタ科のアジサイの仲間。別名コンテリギ〈紺照木〉で、葉の表の独特な金属光沢に由来する。本州の伊豆半島および近畿以西、四国、九州の低山の斜面などには、葉身が3〜5cmとガクウツギよりやや小さいコガクウツギが自生する。

単葉 | 広葉 | 切れ込みなし | 鋸歯あり

ウツギ

Deutzia crenata（ユキノシタ科）

対生　落葉低木

　北海道南部、本州、四国、九州に分布する落葉低木。高さ2m、大きなものは高さ4mになる。樹皮は灰褐色、古くなるとはがれ落ちる。葉には長さ2〜5mmの葉柄があり、対生する。葉身は長さ4〜9cm、幅2.5〜3.5cm、ふつう卵形あるいは楕円形または卵状披針形だが、変化が多い。葉の先は鋭尖頭で、基部は円形あるいはくさび形。葉縁は波状の低い鋸歯がある。葉の表は緑色で、裏は淡白緑色、表裏ともに星状毛を散生し、さわるとざらざらする。葉の裏の葉脈上に目立つ長毛がある。花期は5〜7月。枝先に幅の狭い円錐花序をつくり、白色の鐘形の5弁花をつける。

幹は株立ちになり、日当たりのよい場所に生える

初夏に白色の花をたくさんつける。花は下向きに開く

葉の先は鋭尖頭

葉身は変化に富むが、ふつう卵形または楕円形ないし卵状披針形

表 原寸

裏 原寸

枝 原寸

葉は対生する

葉縁には低い鋸歯がある

葉の基部は円形またはくさび形で、緑色

葉の裏は星状毛が散生し、淡白緑色

● TOPICS
枝は中空で、和名ウツギ（空木）はそのことに由来する。一般的にはウノハナの名で親しまれるが、これはウツギの花の略、あるいは卯月（旧暦4月）に花が咲くためといわれる。

単葉｜広葉｜切れ込みなし｜鋸歯なし

トベラ

Pittosporum tobira（トベラ科）

互生　常緑低木・小高木

本州の岩手県以南の太平洋側、新潟県以南の日本海側、四国、九州、沖縄に分布する常緑低木または小高木。高さ2〜3m、ときに高さ10mに達する。葉には長さ5〜8mmの葉柄があり、枝先に集まって互生する。葉身は厚く革質で、長さ5〜8cm、幅1.5〜2.5cmの倒披針形または狭倒卵形で、先は円形、基部はくさび形。葉縁は全縁で、やや裏側に巻く。葉の表は濃緑色で光沢があり、裏は淡緑色。表裏ともに無毛あるいは葉脈上にやわらかい微毛が生える。雌雄異株。花期は4〜6月。今年伸びた枝の先に散状の集散花序をつくり、白色で芳香のある花を上向きにつける。

幹は低いところから分岐して、葉を茂らすので、庭木、防風林などに利用される

葉は裏側に巻き、葉や枝には臭気がある

枝 60%

葉身は倒披針形あるいは狭倒卵形

葉先は円形、まれに鈍形となる

表 原寸　　裏 原寸

葉の表は濃緑色で光沢がある

葉の裏は淡緑色で裏側に巻く

基部はくさび形で細くなり、葉柄に流れる

葉は枝先に集まり、互生する

● TOPICS

和名はトビラノキの転訛。葉や枝には悪臭があり、節分や除夜に枝葉を扉に挟んで鬼を除ける風習があり、トビラノキとよばれた。枝葉は燃やすと悪臭を放つため、かまどの神である三宝荒神がこれを嫌うとされ、オコウジンギライという別名もある。

単葉 | 広葉 | 切れ込みあり | 鋸歯あり

コゴメウツギ

Stephanandra incisa（バラ科）

互生　落葉低木

　北海道、本州、四国、九州に分布する落葉低木。軸は叢生してよく分枝し、高さ1〜2mになる。葉は互生し、長さ3〜7mmの葉柄がある。葉身は長さ2〜6cm、幅1.5〜3.5cmの三角状広卵形で、葉先は尾状に伸びて尖り、基部は切形あるいはわずかに心形で、基部からは主脈が三分岐する。葉縁は羽状に中裂あるいはやや深裂し、重鋸歯がある。葉の表は緑色で、裏は淡白緑色。表裏ともに毛があるがごくわずか。裏の脈上にはやや毛がまとまって生える。花期は5〜6月。円錐または散形花序をつくり、黄白色の花を多数つける。

よく枝分かれして、叢生する

初夏に小さな花を密につける

葉縁は羽状に裂け、重鋸歯がある

表 原寸

葉の表は緑色で、わずかに毛が生える

葉身は三角状広卵形

葉先は尾状にやや長く伸びて尖る

裏 原寸

葉の裏は淡白緑色で、脈上にやや毛がまとまって生える

基部はわずかに心形、あるいは切形で主脈が三分岐する

枝 80%

葉は互生して、托葉が残る

● TOPICS

和名は、ユキノシタ科のウツギに似ているが、花が小さいため、「小米空木」の意味。近縁にカナウツギがあり、本州中部地方に分布するが、コゴメウツギに比べて葉や花序が大形。

単葉｜広葉｜切れ込みなし｜鋸歯あり

シモツケ

Spiraea japonica（バラ科）

互生　落葉低木

本州、四国、九州に分布する落葉低木。高さ1.5mになる。葉は互生し、長さ1〜5mmの葉柄がある。葉身は膜質ないし革質で、長さ1〜8cm、幅0.8〜4cmの狭卵形ないし披針形で、先は鋭頭または鋭尖頭、基部はくさび形または広いくさび形となる。葉縁は不整の鋭鋸歯または欠刻状の鋸歯がまばらにある。葉の表は濃緑色で毛はない。裏は緑白色で、短毛が葉脈上に密生し、長毛がわずかに散生する。花期は5〜7月。淡紅色〜濃紅色の5弁花が散房状に群がってつく。

庭木や公園樹として植栽されるので、目にする機会も多い

花のない時期と比べて、紅色の花をつけるころはよく目立つ

シモツケに似た花をつける、シモツケソウは山地に群生する多年草。花はよく似ているので間違いやすいが、葉が掌状に5〜10裂しているので区別できる

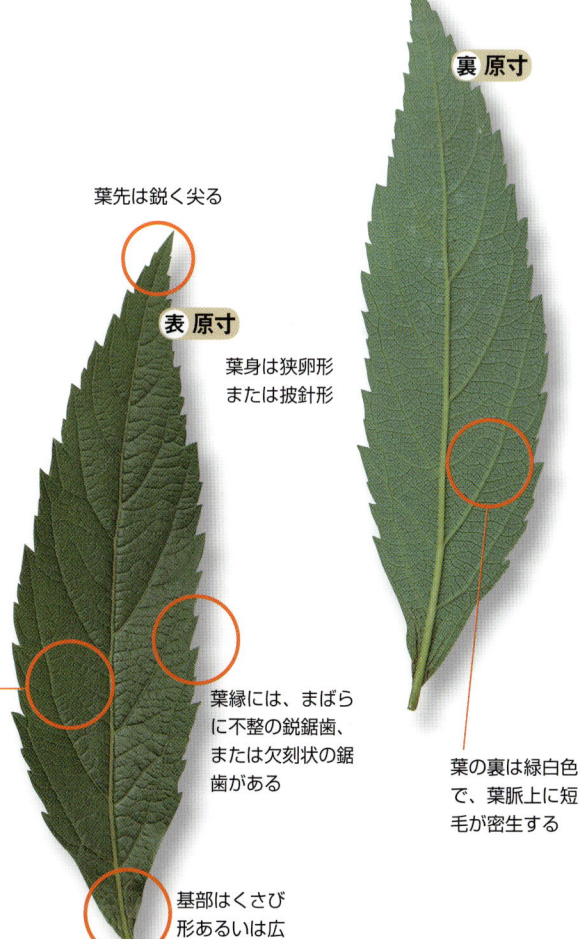

裏 原寸

葉先は鋭く尖る

表 原寸

葉身は狭卵形または披針形

葉の表は濃緑色で無毛

葉縁には、まばらに不整の鋭鋸歯、または欠刻状の鋸歯がある

葉の裏は緑白色で、葉脈上に短毛が密生する

基部はくさび形あるいは広いくさび形

● TOPICS

和名は「下野（シモツケ）」で、下野の国（栃木県）で最初に見つけられたためといわれる。北の地域では、若芽を食用とし、灰汁を抜いたものをおひたし、和え物、汁の具などにする。

単葉｜広葉｜切れ込みなし｜鋸歯あり

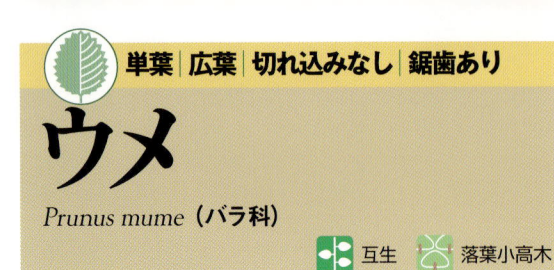

ウメ
Prunus mume（バラ科）

互生　落葉小高木

中国原産の落葉小高木。高さ5〜10m、直径60cmになる。樹皮は不規則な割れ目ができ、色は暗灰色で、地衣類が付着することも多い。葉は互生し、長さ1cmほどの葉柄がある。葉身は長さ4〜8cm、幅3〜5cmの倒卵形あるいは楕円形で、先はよれたように長く尖り尾状尖頭、基部は広いくさび形または円形。葉縁は不整な鈍鋸歯がある。葉の表は濃緑色で無毛、裏は淡緑色で葉脈に毛が多い。花期は2〜3月。前年枝の葉腋に紅色または白色で芳香のある花を1〜3個つける。果実を果実酒にしたり、梅干しとする。

樹皮には割れ目があり、新枝は緑色。園芸品種も多い

春先につく花からは、よい香りが漂う

表 原寸

葉身は倒卵形あるいは楕円形

葉縁は不整な鈍鋸歯がある

裏 原寸

葉の裏は淡緑色で、葉脈に多くの毛がある

枝 30%

葉の表は濃緑色で無毛

葉は互生する

● TOPICS

日本には奈良時代に渡来したとされ、現在では果樹として広く栽培される。葉はアンズと似るが、ウメの葉柄が長さ1cmほどなのに対し、アンズでは2〜3cmと葉柄が長いため、容易に区別できる。

単葉 | 広葉 | 切れ込みなし | 鋸歯あり

イヌザクラ

Prunus buergeriana（バラ科）

互生　落葉高木

　本州、四国、九州に分布する落葉高木。丘陵帯から山地帯の林に自生する。高さ15m、直径20～30cmになる。樹皮は皮目が点在し、光沢のある暗灰色。葉は互生し、長さ10～15mmの葉柄がある。葉身は長さ5～10cm、幅2.5～4cmの倒卵形～狭長楕円形または長楕円形で、先は鋭尖頭、基部はくさび形または円形で、葉脚に一対の蜜腺がある。葉縁には鋭く細い鋸歯があり、葉の表は濃緑色で無毛、裏は緑色で無毛あるいは葉脈上または脈腋に少し毛がある。側脈は8～10対。花期は5月。小さな花が多数集まって、細長い穂になって咲く。

日本各地の山野に生える。とくに日当たりのよい谷の斜面に多い。ウワミズザクラに似るが、樹皮の色や葉の鋸歯の形で区別する

ウワミズザクラに比べ花穂が小さく、小花も少ない

表 原寸

葉身は倒卵形～狭長楕円形または長楕円形

裏 原寸

葉の先は鋭尖頭

葉縁は細鋸歯がある

葉は互生する

枝 40%

葉脚はくさび形または円形で、基部に一対の蜜腺がある

葉の裏は緑色で葉脈上または脈腋に毛がある

● TOPICS

サクラの仲間ではあるが、花は穂状でサクラのようには見えない。ウワミズザクラと似ているが、イヌザクラは花の個数が少なく、2年枝の葉腋から花穂が出る。

| 単葉 | 広葉 | 切れ込みなし | 鋸歯あり |

ウワミズザクラ

Prunus grayana (バラ科)

互生 ／ 落葉高木

　北海道の石狩平野以南、本州、四国、九州の熊本県以北に分布する落葉高木。丘陵地帯から山地帯の林にふつうに見られる。高さ15m、直径50cmになる。樹皮は平滑で光沢があり、色は暗紫褐色で、横に長い皮目がある。葉は互生し、長さ7〜10mmの葉柄がある。葉身は長さ8〜11cm、幅3.5〜6cmの長楕円形で、葉先は長い鋭尖頭、基部は円形で、葉脚に一対の蜜腺がある。葉縁には細かく鋭い鋸歯がある。葉の表は緑色で無毛、裏は淡緑色で葉脈上に毛が生える。側脈は9〜12対。花期は4〜5月。新枝の先端に、多数の花をつけた総状花序をつくり、葉とともに開く。未熟な青い果実を塩漬けに、熟した実を果実酒にする。

日当たりのよい谷の斜面などに生えて高木となり、花の時期はよく目立つ

樹皮は暗紫褐色で横に皮目が入る。傷をつけるとクマリンの匂いがする

葉先は長い鋭尖頭

裏 原寸

葉の裏は淡緑色で、葉脈上に毛がある

葉身は長楕円形

表 原寸

葉の表は緑色で毛はない

葉縁は細かく鋭い鋸歯がある

枝 70%

葉は互生する

● TOPICS

樹皮は切ると強い臭気を出す。ウワミズザクラの雄しべは花弁より長く、北海道の山地に自生するエゾノウワミズザクラは、雄しべが花弁より短いという違いがある。

単葉｜広葉｜切れ込みなし｜鋸歯あり（なし）

リンボク
Prunus spinulosa （バラ科）

互生　常緑小高木

　本州の茨城県、福井県以西、四国、九州、沖縄に分布する常緑小高木。高さ7m、直径30cmになる。樹皮は横に長い皮目を生じ、黒褐色。老木では樹皮に粗い凹凸が現れる。葉は互生し、長さ8〜10mmの葉柄がある。葉身は革質で長さ7〜9cm、幅1.5〜3cmの倒披針状長楕円形あるいは狭長楕円形で、先は急に細くなって尖り、基部は広いくさび形。葉身の下部に一対の蜜腺がある。葉縁は波状で、若い葉には先半分にはまばらで芒状の鋸歯があるが、老葉では全縁となる。葉の表は光沢があり濃緑色、裏は灰緑色で、表裏ともに無毛。花期は9〜10月。その年伸びた枝上部の葉腋から、多くの花を密につけた穂状の花序を出す。

関東以西の山地の常緑林内に生える。湿り気の多い場所を好む

樹皮は紫がかった黒褐色。横に長い皮目がある

枝 50%

葉は互生。花は長さ5〜8cmの穂状花序で5弁花の白い小さな花が多数つく

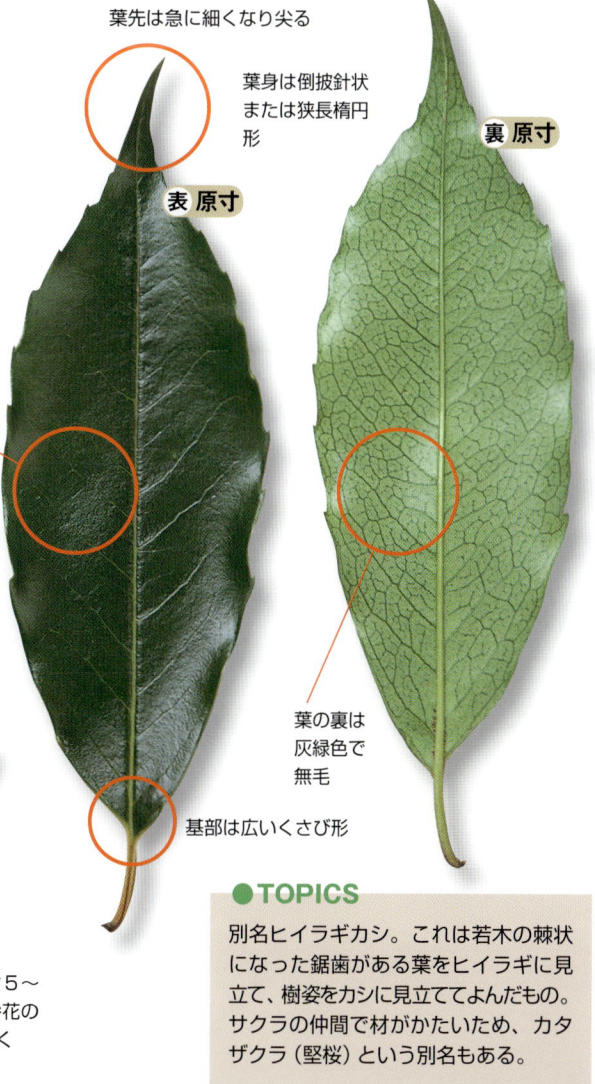

葉先は急に細くなり尖る

葉身は倒披針状または狭長楕円形

表 原寸

葉の表は濃緑色で光沢があり、無毛

裏 原寸

葉の裏は灰緑色で無毛

基部は広いくさび形

● TOPICS
別名ヒイラギカシ。これは若木の棘状になった鋸歯がある葉をヒイラギに見立て、樹姿をカシに見立ててよんだもの。サクラの仲間で材がかたいため、カタザクラ（堅桜）という別名もある。

単葉 | 広葉 | 切れ込みなし | 鋸歯あり

カンヒザクラ

Prunus cerasoides （バラ科）

互生　落葉小高木

　中国原産で、本州の南関東以西から沖縄にかけて広く栽培される落葉小高木。高さ8mになる。樹皮は横に浅く裂けて横に並んだ皮目があり、暗紫褐色。葉は互生し、長さ1cmほどの葉柄がある。葉柄の上部に蜜腺がある。葉身は長さ8～13cm、幅3～4.5cmの楕円形または長楕円形。葉縁には浅い細鋸歯、または重鋸歯があり、葉先は短い尾状鋭尖頭で、基部は円形または鈍形となる。葉の表は濃緑色で光沢があり、裏は緑色で、表裏ともに無毛。側脈は8～9対。花期は1～3月。葉に先立ち、前年枝に1～2個ずつ花弁が緋紅色の花を下向きにつける。

沖縄では各地に植栽され、1月の下旬には満開になる。石垣島の一部に生えるものは中国からの導入ではなく自生とする説もある

花は葉の展開前に開く。緋紅色のものが多く、サクラの仲間ではもっとも色が濃い

葉身は楕円形または長楕円形

裏 原寸

表 原寸

葉縁には浅い細鋸歯、あるいは重鋸歯がある

葉の裏は緑色で無毛

枝 50%

葉は互生する

葉の表は濃緑色で光沢があり、無毛

● TOPICS

寒緋桜と書き、早春に緋紅色の花を咲かせることに由来する。ヒカンザクラともいう。早春2月ごろ咲くサクラとしては、カンザクラが知られるが、花は淡紅色で葉身は6～10cmと小さい。これはカンヒザクラとオオシマザクラとの雑種である。

単葉｜広葉｜切れ込みなし｜鋸歯あり

エドヒガン

Prunus pendula f. *ascendens*（バラ科）

互生　落葉高木

　本州、四国、九州などの山地に自生する落葉高木。高さ20m、直径1m、ときに直径3m以上になる。樹皮は皮目が点在し、不揃いで浅い割れ目があり、色は暗灰褐色。葉は互生し、長さ1〜2cmの葉柄がある。葉身は長さ4〜9cm、幅2〜4cmの長楕円形あるいは広披針形。葉先は鋭尖頭で、基部は広いくさび形。葉の基部や葉柄の上部に蜜腺があるが、見えにくいものもある。葉縁には先が腺に終わる浅く粗い二重鋸歯または単鋸歯がある。葉の表は濃緑色で軟毛が散生、または無毛。裏は淡緑色で葉脈上に毛がある。花期は3〜4月。葉に先立ち淡紅色の花を開く。

サクラの名木巨木にはエドヒガンが多い。ソメイヨシノをはじめシダレザクラやベニシダレ、コヒガンなど、エドヒガンを交配親にもつ栽培品種も多い

樹皮は暗灰褐色で、縦に浅く裂け目が入る

葉先は鋭尖頭
裏 原寸
葉の裏は淡緑色で葉脈上に毛が生える
葉身は長楕円形あるいは広披針形
枝 80%

表 原寸
葉縁には主に浅く粗い二重鋸歯があり、鋸歯の先端は腺に終わる
葉の表は軟毛があるか無毛で濃緑色

葉は互生する

● TOPICS
寿命は数百年以上といわれ、サクラのなかでは長寿である。そのため各地に巨木や古木が知られ、天然記念物に指定されるものも各地に存在する。一方エドヒガンとオオシマザクラの雑種とされるソメイヨシノは寿命が短く、およそ70〜80年といわれている。

| 単葉 | 広葉 | 切れ込みなし | 鋸歯あり |

オオシマザクラ

Prunus speciosa （バラ科）

互生　落葉高木

　本州の房総半島、伊豆半島、伊豆七島に分布する落葉高木。高さ15m、直径1m、ときに直径2mに達するものもある。樹皮は紫黒色または灰紫色で、横長で濃褐色の皮目がある。葉は互生し、長さ1.5〜3cmの葉柄がある。葉柄の上部に蜜腺がある。葉身は長さ9〜12cm、幅6.5〜8cmの倒卵形あるいは倒卵状楕円形で、先は尾状尖頭、基部は円形。葉縁には芒状の鋸歯があり、一部二重鋸歯となる。葉の表は濃緑色で光沢があり無毛、裏は淡緑色でやや光沢があり、無毛。側脈は7〜9対。花期は3〜4月。葉よりわずかに早く、前年枝に散房花序を3〜4花つける。

庭木や公園樹として植栽される。かつては薪炭用として植えられた。伊豆大島には三原山の噴火を生き抜いた自生の古木が残る

種子をとって実生でふやし、園芸品種の台木などに利用する

葉身は倒卵形、あるいは倒卵状楕円形

裏 原寸

葉先は尾状尖頭

表 原寸

葉縁には芒状の鋸歯がある

基部は円形

枝 40%

葉は互生する

● TOPICS
和名の由来は伊豆大島で多く見られることによる。葉にサクラ独特の甘い香りがあり、桜餅を包む葉は、このオオシマザクラの若葉を塩漬けにしたもの。ソメイヨシノの葉には、香りはほとんどない。

葉柄に蜜腺がある

単葉｜広葉｜切れ込みなし｜鋸歯あり

オオヤマザクラ

Prunus sargentii（バラ科）

互生　落葉高木

北海道、本州、四国に分布する落葉高木。高さ20～25m、直径80～130cmになる。樹皮は平滑で横に長い皮目が目立ち、色は暗紫褐色。葉は互生し、長さ1.5～2.5cmの葉柄がある。葉柄の上部には一対の蜜腺がある。葉身は長さ8～15cm、幅4～8cmの卵形あるいは楕円形または倒卵状楕円形。葉先は鋭尖頭で、基部は切形あるいは円形。葉縁は一部不整な重鋸歯となる深く鋭い鋸歯があり、鋸歯の先端は腺に終わる。葉の表は濃緑色、裏は粉白緑色で、表裏ともに無毛。花期は5月。葉の展開に先立ち、あるいは同時に、側枝の葉腋に1～3個の淡紅色の花を散形状に咲かせる。

北海道や東北地方の山地の疎林内や林縁に生える。花色はヤマザクラやカスミザクラより濃い紅色または淡紅色

樹皮は暗紫褐色で横に皮目がある。材は緻密で家具や楽器、版木などに、また樹皮は樺細工などに利用される

葉身は卵形、楕円形あるいは倒卵状楕円形で、葉先は尖る

裏 原寸

葉縁は、深く鋭い鋸歯があり、一部不整の重鋸歯となる

表 原寸

枝 50%

葉の裏は粉白緑色で、無毛

葉の表は無毛で濃緑色

基部は円形、あるいは切形。葉柄には蜜腺がある

葉は互生する

● TOPICS

オオヤマザクラはヤマザクラより低い気温を好み、本州中部では標高800～1500mといった、ヤマザクラよりも高い場所に生える。九州には変種のキリタチヤマザクラが近年発見されている。

| 単葉 | 広葉 | 切れ込みなし | 鋸歯あり |

カスミザクラ

Prunus verecunda（バラ科）

互生　落葉高木

　北海道、本州に分布し、四国、九州にまれに分布する落葉高木。山地に生える。高さ20m、直径70cmになる。樹皮は平滑で横に並んだ皮目が目立ち、色は紫褐色。葉は互生し、長さ15～20mmの葉柄があり、ふつう上部に蜜腺がある。葉身は長さ8～12cm、幅5～7cmの倒卵形あるいは倒卵状楕円形。葉の先は尾状尖頭で、基部は円形、まれに心形。葉縁にはやや粗い二重鋸歯あるいは単鋸歯があり、鋸歯の先は芒状となる。葉の表は緑色で無毛あるいは毛を散生する。裏は淡緑色で光沢があり、葉脈上に若干の毛がある。花期は4～5月。葉と同時に白色または微紅色の花を開く。

春の花の時期だけでなく、秋の紅葉も美しい

樹皮は皮目が横に並んでいる

葉先は尾状に伸びて鋭尖頭

裏 原寸

葉身は倒卵形、あるいは倒卵状楕円形

葉の裏は光沢があり淡緑色

表 原寸

葉縁にはやや粗い二重鋸歯、あるいは鋸歯がある

葉の表は緑色

枝 60%

葉は互生して、葉柄にある蜜腺は葉の基部につくものもある

葉柄の上部に蜜腺がある

● TOPICS

和名は花の咲くようすを霞にたとえ名づけられたものといわれる。葉の表面や葉柄などに細かな毛が生えるため、無毛のヤマザクラに対して、このカスミザクラをケヤマザクラともよぶ。

| 単葉 | 広葉 | 切れ込みなし | 鋸歯あり |

ヤマザクラ

Prunus jamasakura（バラ科）

互生 ／ 落葉高木

本州の宮城県以西の太平洋側、新潟県以西の日本海側、四国、九州に分布する落葉高木。丘陵地〜低山地に生える。高さ20〜25m、直径80〜100cmになる。樹皮はほぼ平滑で横長の皮目が顕著、色は紫褐色または暗紫褐色。葉は互生し、長さ2〜2.5cmの葉柄があり、一対の蜜腺がある。葉身は長さ8〜12cm、幅3〜4.5cmの長楕円形あるいは倒卵状長楕円形、または倒卵形。葉縁は先が腺に終わる尖った単鋸歯または二重鋸歯があり、葉の先は尾状に伸びた鋭尖頭で、基部は円形あるいは広いくさび形。葉の表は濃緑色、裏は灰白緑色で、表裏とも無毛。側脈は8〜12対。花期は4月。葉と同時に淡紅白色の花を開く。

宮城県以西の本州、四国、九州の山野に自生するが、庭木や公園樹、街路樹として植栽もされる。20m以上の高木になり、寿命が長く数百年を経た古木老木も多い

花はわずかに紅を帯びた白。「シロヤマザクラ」とよぶ地方もある

葉身は長楕円形または倒卵状長楕円形、あるいは倒卵形

裏 原寸

葉先は尾状に伸び、鋭尖頭

葉の表は濃緑色で無毛

表 原寸

紅葉 60%

葉の裏は灰白緑色で無毛

基部は円形あるいは広いくさび形で柄には一対の蜜腺がある

葉は秋に紅葉する

● TOPICS

春に赤茶色の新芽を広げるのと同時に淡紅白色の花を開く。ソメイヨシノがつくられる江戸以前の観桜といえばヤマザクラが主役で、奈良の吉野山、京都の嵐山などは古くからのヤマザクラの名所である。

単葉 | 広葉 | 切れ込みなし | 鋸歯あり

ヤマブキ

Kerria japonica (バラ科)

互生　落葉低木

　北海道、本州、四国、九州に分布する落葉低木。低山地や丘陵地にふつうに自生し、公園や庭園に植栽される。幹は多数が叢生し、高さ1～2m。葉は互生し、長さ5～15mmの葉柄がある。葉身は薄く、長さ3～10cm、幅2～4cmの卵形または狭卵形。葉の先は尾状尖頭あるいは長鋭尖頭で、基部は円形またはやや心形。葉縁は浅裂し、不整な重鋸歯がある。葉の表は鮮やかな緑色で無毛、裏は淡緑色で毛がある。側脈は5～7対。花期は4～5月。黄色の5弁花を開く。

日本各地の山地の沢沿いなどに多い。細いしなやかな枝が風に揺れる

花は大判小判の異名となるほどの濃く鮮やかな黄色。英名で「ジャパニーズ・ローズ」とよばれる

葉先は尾状尖頭あるいは長鋭尖頭

裏 原寸

葉身は卵形または狭卵形

葉の裏は淡緑色で毛が生える

表 原寸

枝 50%

葉縁は浅く裂け、不整な重鋸歯がある

葉は互生する

葉の表は鮮やかな緑色で無毛

●TOPICS

ヤマブキは「山吹」と書くが、もともと山振（やまぶき）で、山で枝葉が風になびく姿に由来するという。ヤエヤマブキは重弁花、細い花弁が多数あるものがキクザキヤマブキ、別種のシロバナヤマブキはほとんど白花のものである。

| 複葉 | 羽状複葉 | 1回羽状複葉 | 鋸歯あり |

ノイバラ
Rosa multiflora (バラ科)

互生　落葉低木

　北海道の西南部、本州、四国、九州に分布する落葉低木または藤本。野原や川原、山すそ、さらに湿地などにも生える。高さ1〜1.5m。枝はよく分枝し、直立あるいは斜上して、ときとしてつる状になる。枝には鉤形の棘がある。葉は7〜9枚の小葉からなる奇数羽状複葉で互生する。小葉は薄くやわらかくしわがあり、長さ1.5〜5cm、幅1〜2cmの卵状楕円形で、先は鋭尖頭、基部はほぼ円形。小葉の表は緑色で光沢はなく無毛、裏は淡緑色で葉脈上に多数の毛がある。葉縁には鋭い鋸歯がある。花期は5〜6月。直径2〜2.5cmほどの白色の花を開く。

日本各地にふつうに見られる野生バラ。ヨーロッパに導入されてセイヨウバラの重要な園芸品種の作出に貢献した

果実は直径8mmほどの球形で、赤く熟す

裏 原寸

小葉の裏は淡緑色で葉脈上に毛がある

表 原寸

葉は7〜9枚の小葉からなる奇数羽状複葉

小葉の表に光沢はなく緑色

小葉は薄くてしわがあり、卵状楕円形

● TOPICS
日本の野生バラのなかでもっともふつうに見られるのがこのノイバラ。ノイバラについで多く見られるのがテリハノイバラ。葉がやや厚く光沢があり区別される。

複葉 | 羽状複葉 | 1回羽状複葉 | 鋸歯あり

テリハノイバラ

Rosa wichuraiana（バラ科）

互生　落葉低木

　本州、四国、九州、沖縄に分布する落葉低木または藤本。高さ0.5〜1m。枝は長く匍匐し、鉤形の棘がある。葉は7〜9枚の小葉からなる奇数羽状複葉で、頂小葉と側小葉はほぼ同じ大きさで長さ1.2〜2.5cm、幅0.7〜1.5cm、広倒卵形または倒卵状楕円形。小葉の表は光沢があり深緑色、裏は黄緑色で、表裏ともに無毛。葉縁には細かい鋸歯がある。花期は6〜7月。ノイバラに似るが白い花はやや大きく、直径3〜3.5cm。

日本各地の日当たりのよい河原や草地、海岸から標高1000mほどの山地まで広く分布する

芳香のある白い花が、枝先に数個集まって咲く

葉は7〜9枚の小葉からなる奇数羽状複葉

裏 原寸

表 原寸

小葉の裏は黄緑色で無毛

小葉の表は深緑色で光沢がある

葉縁には細かな鋸歯がある

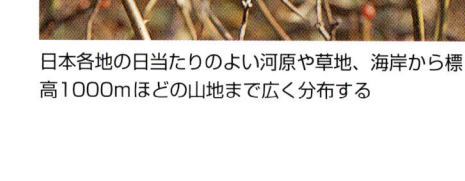

●TOPICS

葉に光沢があるためテリハノイバラとよばれる。日当たりのよい場所を好み、海岸や荒れ地、草原に多い。九州の南部や沖縄には、花序や萼に腺が多く見られるリュウキュウテリハノイバラが分布する。

複葉 | 羽状複葉 | 1回羽状複葉 | 鋸歯あり

ハマナス

Rosa rugosa（バラ科）
別名：ハマナシ

互生　落葉低木

　北海道から本州の太平洋側の茨城県、日本海側の鳥取県までの海岸に分布する落葉低木。高さ0.5〜1m。枝葉は太くてよく分枝し、扁平な太い棘と細い針状の棘を多く出す。葉は7〜9枚の小葉からなる奇数羽状複葉。側小葉は長さ3〜5cm、幅1.5〜2.5cmの倒卵状楕円形あるいは長楕円形で円頭。小葉の葉柄は長さ1〜2mm。小葉の表にはしわがあり濃緑色でやや光沢がある。裏は緑白色で全面に毛がある。小葉は主脈を軸に表側にやや折れている。花期は6〜7月。深紫紅色で直径6〜7cmの花をつける。熟した果実を生食やジャム、果実酒にする。

北海道や東北地方の海岸の砂地に生育する。地下茎を伸ばしてふえ、大群落をつくることが多い

果実は直径2〜3cmの扁平な球形で、ビタミンCが多く含まれ食用となる

葉は奇数羽状複葉で、小葉は7〜9枚。小葉は倒卵状楕円形あるいは長楕円形

表 原寸

裏 原寸

小葉の表は濃緑色でやや光沢があり、しわが多い

小葉の裏は緑白色で、全面に毛が生える

黄葉 30%

複葉の葉は黄葉する

●TOPICS

和名ハマナスは、「ハマナシ（浜梨）」の東北地方のなまりで、実をナシに見立ててよんだという説がある。学名rugosaは、「しわの多い」という意味で、葉にしわが多いことから。花の白いものがあり、シロバナハマナスという。

| 複葉 | 羽状複葉 | 1回羽状複葉 | 鋸歯あり |

カラフトイバラ

Rosa marretii（バラ科）
別名：ヤマハマナス

互生　落葉低木

　北海道と本州の一部に分布する落葉低木。徒長枝には棘が多く生える。葉は7〜9枚の小葉からなる奇数羽状複葉で、互生する。小葉は薄く、長さ3〜4.5cm、幅1.5〜2cmの長楕円形または倒卵状長楕円形で、鋭頭あるいは円頭。葉縁には鋸歯があり、各鋸歯は卵形で先が尖る。葉の表は鮮やかな緑色、裏は灰白色で主脈上に軟毛がある。花期は6〜7月。小枝の先に直径3〜4cmの淡紅色の花をつける。

北海道や本州中部高山の一部など寒冷地に生育する

花はハマナスに似るが、色は淡紅色でずっと淡い

小葉の裏は灰白色で、主脈上に毛がある

裏 原寸

表 原寸

小葉の表は鮮やかな緑色

葉は7〜9枚の小葉からなる奇数羽状複葉。小葉は長楕円形または倒卵状長楕円形

葉縁には先の尖った鋸歯がある

枝 原寸

葉は互生する。果実は直径1cmほどの球形または卵形で、黄赤色に熟す

● TOPICS
花はハマナスに似て、ヤマハマナスの別名もある。主な分布は北海道で、本州では群馬県と長野県の一部に分布するのみである。

複葉 | 羽状複葉 | 1回羽状複葉 | 鋸歯あり

サンショウバラ

Rosa hirtula（バラ科）
別名：ハコネバラ

互生　落葉小高木

　本州の静岡県、神奈川県、山梨県に分布する落葉小高木。高さ3〜5mになる。枝はよく分枝し、幹は太く、扁平な鋭い棘がある。樹皮は淡褐色。葉は9〜19枚の小葉からなる奇数羽状複葉で、小葉は長さ1〜2.5cm、幅0.5〜1.5cmの細長い長楕円形。小葉の先は尖り、葉縁には葉先に向かう細かい鋸歯が多数ある。基部はくさび形または広いくさび形。小葉の表は緑色で無毛、裏は淡緑色で葉脈上に毛がある。花期は6月。枝の先に直径5〜6cmの淡紅色の花を一つずつつける。

富士・箱根地方の限られた地域の山地に生える。樹形は単幹直立して5m以上の小高木となり、よく分枝する

花が大きく美しいので観賞用に庭木として植えられる

葉縁には葉先に向かう細鋸歯がある

小葉の表は無毛で緑色

表 原寸

葉は小葉が9〜19枚の奇数羽状複葉

小葉の裏は淡緑色で葉脈上に毛が生える

裏 原寸

● TOPICS
葉の姿がサンショウを思わせるためにこの名がある。神奈川県箱根周辺に多く分布することから別名ハコネバラともよばれる。近縁のロサ・ルクスブルギーは中国原産で、八重咲きの栽培品種をイザヨイバラとよび、古く中国から渡来した。

| 単葉 | 広葉 | 切れ込みあり | 鋸歯あり |

モミジイチゴ

Rubus palmatus var. *coptophyllus*（バラ科）

互生　落葉低木

　本州、四国、九州に分布する落葉低木。当年枝につける葉には長さ2〜5cmの葉柄があり互生する。葉柄には鉤状の棘がある。葉身は長さ6〜10cmの狭卵形あるいは広卵形、葉縁は5中・深裂し、裂片は鋭尖頭。中央の裂片が長く、各裂片の縁には粗い欠刻と鋸歯があり、鋸歯の先は尖る。葉の表は緑色で、裏は白緑色で、表裏ともに毛が生え、葉脈上には長い毛があるか無毛。裏の葉脈上には棘がある。花期は3〜5月。短い花枝に白色の花をつける。果実は球形で橙黄色に熟す。生食、ジャムなどにする。

中部地方以北の東日本各地の、日当たりのよい林縁などに生える。白い花を下向きにつける

果実は直径1〜1.5cmほどの球形で、集合果

葉身は狭卵形または広卵形で5中・深裂する

表 原寸

裂片の縁には粗い欠刻と鋸歯がある

葉の裏は白緑色で毛が生え、葉脈上に棘がある

裏 70%

葉の表は緑色で毛が生える

葉柄には鉤状の棘がある

葉は互生し、5裂するものが多い

枝 20%

●TOPICS

葉の形は変化が大きく、葉身が狭卵形または広卵形。分裂しないか、あるいは中部以下で3裂するナガバモミジイチゴが本州の中部以西、四国、九州に分布する。キソイチゴは葉が薄く、卵形または長卵形でほとんど分裂せずに基部は深心形で、長野県木曽地方の特産。

単葉｜広葉｜切れ込みあり｜鋸歯あり

サンザシ

Crataeguis cuneata（バラ科）

互生　落葉低木

中国原産の落葉低木。高さ2m。短枝は棘となり、長さ3～8mm。葉は互生し、葉身は長さ2～7cm、幅1～4cmの倒卵形あるいは広倒卵形で、先は急に尖り鋭頭、基部はくさび形。葉身の上部で浅くあるいは深く3～5裂して、縁には不整な歯牙または欠刻鋸歯があり、葉身の下部は全縁。葉の表はやや光沢があり緑色、裏は軟毛が散生する。花期は4～5月。2～6個の花が短枝に散房状に頂生し、白色の5弁花が開く。

小さく可憐な花は直径1.5cmくらい。4～5月ごろ、葉の展開とほぼ同じ時期につける

春は白い花、秋には赤く熟した果実が目を楽しませる

葉先は急に尖り鋭頭となる

葉身は倒卵形ないし広倒卵形

葉の縁は切れ込み、縁に鋸歯がある

表 原寸

裏 原寸

葉の表は緑色で光沢がある

基部はくさび形

葉の裏には軟毛が散生する

枝 110%

葉は互生して、およそ直径1.5cmの果実を枝先につける

●TOPICS

日本に渡来したのは江戸時代中ごろといわれ、薬用植物として持ち込まれた。秋に熟す直径約1.5cmで球形の果実の果肉を山査子、山樝子（さんざし）といい、健胃、消化促進、整腸などに用いる。

複葉｜羽状複葉｜1回羽状複葉｜鋸歯あり

ナナカマド

Sorbus commixta（バラ科）

互生　落葉高木

　北海道、本州、四国、九州に分布する落葉高木。樹皮には細長い皮目があり、灰暗褐色、老木では灰色となる。葉は9〜17枚の小葉からなる奇数羽状複葉。小葉は長さ4〜8cm、幅1.5〜3.5cmの狭長卵形で、先は鋭尖頭または鋭頭で、基部は鋭形で左右不同。小葉の表は緑色、裏は淡緑色で、表裏ともに無毛。小葉の縁は鋭い鋸歯があるがまれに重鋸歯になる。側脈は13〜17本。花期は5〜7月。直径7〜11mmの白色の花を密に複数散房花序につける。熟した果実を果実酒にする。苦味が強く生食には向かない。

ナナカマドは美しい紅葉と球形の赤い実が特徴。冷涼な地ではその特徴がより際立つ

気候が冷涼なら平地でも育ち、亜高山帯まで生育する

小葉の縁は鋭い鋸歯があり、まれに重鋸歯となる

裏 70%

葉は小葉が9〜17枚の奇数羽状複葉。小葉は狭長卵形で、先は鋭尖頭あるいは鋭頭

表 原寸

小葉の表は緑色で無毛

小葉の裏は淡緑色で無毛

● TOPICS

山地に生え、紅葉が美しいことで知られ、北の地方では公園樹や街路樹として植栽される。名は「七度かまどに入れてもなお燃えない」ほど材がかたい、ということに由来し、細工用に利用されることがある。本州中部以北と北海道の高山帯には、小葉の裏が粉白色のウラジロナナカマドや鋭い鋸歯があるタカネナナカマドが見られる。

果実が赤く色づいたあと葉もそれに続いて紅葉しはじめる

高山帯で見られるナナカマドの仲間

高山〜亜高山帯に生育するナナカマドの仲間は、高さ1〜2mくらいの低木になる。ウラジロナナカマドは葉の裏がナナカマドより白く、小さな白い花序が直立する。タカネナナカマドは花数は少なく、葉の縁には鋭い鋸歯がある。ナナカマド同様に美しく紅葉し、秋の高山帯を赤く染める。

ウラジロナナカマド　　　　　　　　　　　　タカネナナカマド

| 単葉 | 広葉 | 切れ込みなし | 鋸歯あり |

アズキナシ

Sorbus alnifolia（バラ科）

互生　落葉高木

　北海道、本州、四国、九州に分布する落葉高木。高さ10〜15m、直径20〜30cmになる。葉は互生し、1〜2cmの葉柄がある。葉身は長さ5〜10cm、幅3〜7cmの卵状楕円形あるいは楕円形または倒卵形。先は短く尖り、基部は円形〜切形。葉縁は重鋸歯となる。葉の表は緑色で、葉脈上に毛が散生する。裏は淡緑色で、葉脈上に伏毛がある。側脈は8〜10対で、裏に顕著に突出し、まっすぐ斜上して鋸歯の先端に達する。花期は5〜6月。直径13〜16mmで白色の花を房状につける。

バラ科の樹木としてはかなりの高木になる。材は建築や器具材に利用される

樹皮は灰黒褐色でざらつく。老木になると縦に裂け目が入る

葉身は卵状楕円形、楕円形あるいは倒卵形

裏 原寸

葉の裏は淡緑色で、葉脈上に伏毛がある

葉は互生。実は長さ8〜10mmの楕円形で、秋に赤く熟す

枝 70%

表 原寸

葉縁には重鋸歯がある

葉の表は緑色で葉脈上に毛が散生する

●TOPICS

秋に楕円形の果実が赤く熟す。果実の形がナシのようで、その果実も花も小さいためにアズキナシとよばれるが、ナシと同属ではない。近縁で似たものにウラジロノキがあるが、ウラジロノキは葉裏が著しく白く、アズキナシより標高のやや低い地域にある。また北海道には分布しないなどで区別される。

単葉｜広葉｜切れ込みなし｜鋸歯あり

ビワ

Eriobotrya japonica（バラ科）

互生　常緑高木

中国原産の常緑高木で、本州西部、四国、九州に野生化している。ふつう高さ5m、直径20〜30cmだが、ときに高さ10mに達するものもある。葉は互生し、長さ1cmほどの葉柄がある。短枝では葉は束生する。葉身は革質で、長さ15〜30cm、幅3〜9cmの狭倒卵形、あるいは広披針形。葉先は鋭頭で、基部は徐々に狭くなって耳たぶ状となる。葉縁の中間より先に粗い鋸歯がある。葉の表は濃緑色で、はじめ毛が多いがのちに無毛。裏は淡褐緑色で、全面に毛が密生する。

花期は11〜12月。白色で芳香のある花をつける。果実を食用とする。

中国原産だが、種小名は「ジャポニカ」。観賞用または食用として庭植えされたり畑栽培されたりする

花弁は5個で、芳香のある白い花を密につける

葉身は革質で狭倒卵形あるいは広披針形

表 原寸

葉縁には、葉の中間より先に粗い鋸歯がある

裏 70%

葉の裏は淡褐緑色の毛が密生する

葉の表は濃緑色で無毛

●TOPICS

ビワの葉にはサポニン、アミグダリン、ビタミンB₁、タンニンなどを含み、他の生薬と配合して鎮咳、去痰、健胃などに用いられる。民間でも葉から得た汁を湿布や入浴剤などとして、皮膚炎やあせもに適用する。

単葉｜広葉｜切れ込みなし｜鋸歯あり(なし)

シャリンバイ

Rhaphiolepis indica var. *umbellata*（バラ科）

互生　常緑低木

　本州の宮城県、山形県以西、四国、九州、沖縄、小笠原に分布する常緑低木。高さ2～4m。葉は互生し、長さ0.5～2cmの葉柄がある。葉身は革質で、長さ4～10cm、幅2～5cmの長楕円形～楕円形、ときに広楕円形あるいは卵形または倒卵形。葉先は鋭頭または鈍頭で、基部はくさび形～切形。葉の表は濃緑色でやや光沢があり、裏は淡黄緑色で、表裏ともにはじめは毛があるがのちに無毛。葉縁は全縁あるいは鈍鋸歯があり、やや外反する。花期は4～6月。直径1～1.5cmの白色の5弁花をつける。

果実は球形で黒紫色に熟し、白粉をかぶる

樹皮は黒褐色で縦に皮目が入る。大島紬の染料に利用される

葉身はふつう倒卵形または長楕円形だが、変異が大きい

葉の表は濃緑色でやや光沢があり、はじめ毛があるがのちに無毛

表 原寸

裏 原寸

枝 原寸

葉縁は全縁、あるいは鈍鋸歯があり、やや外反する

葉の裏は淡黄緑色で、はじめ毛があるがのちに無毛

葉は互生する。近縁のマルバシャリンバイは、葉が倒卵形で先端がより丸みを帯びる

● TOPICS
枝が車輪状に広がり、花がウメの花に似ているためこの名がある。葉の形に変異が多く、とくに葉の丸いものはマルバシャリンバイとして区別される。

単葉｜広葉｜切れ込みなし｜鋸歯あり

カナメモチ

Photinia glabra（バラ科）

互生　常緑高木

　本州の東海地方以西、四国、九州に分布する常緑高木。高さ5～10m、直径15～30cm。樹皮は暗褐色で、古くなると小さな鱗片状になってはがれ落ちる。葉は互生し、長さ1～1.5cmの葉柄がある。葉身は長さ7～12cm、幅2～4cmの長楕円形～狭卵形または狭倒卵形で、鋭頭または鋭尖頭、基部はくさび形。葉縁には鋭い細鋸歯がある。葉の表は濃緑色、裏は淡白緑色で、表裏ともに無毛。新葉は紅色をしている。花期は5～6月。直径7～8mmで白色でわずかに紅色を帯びた花を枝先に多数つける。

新葉が紅色をしているのが特徴で、アカメモチなどともよばれる

わずかに紅色を帯びた白色の五弁花を多数つける

先端は鋭頭または鋭尖頭

葉身は長楕円形～狭卵形または狭倒卵形

表 原寸

葉縁には鋭い細鋸歯がある

裏 原寸

葉の表は濃緑色で無毛

葉の裏は淡白緑色で無毛

● TOPICS
属名であるPhotiniaは「輝く」という意味。新葉が日光を赤く照り返すことから名づけられた。とくに新芽が鮮やかに赤いものをベニカナメモチとよび、生け垣としてよく利用される。

単葉｜広葉｜切れ込みなし｜鋸歯あり

カマツカ

Pourthiaea villosa var. *laevis*（バラ科）

互生　落葉小高木

　北海道、本州、四国、九州に分布する落葉小高木。高さ3〜6mになる。樹皮は黒みを帯びる。葉には長さ2〜10mmの葉柄があり、長枝の葉は互生し、短枝では束生する。葉身は紙質でややかたく、長さ4〜12cm、幅2〜6cmの広倒卵形〜狭倒卵形、まれに楕円形。葉縁には鋭く細かな鋸歯があり、葉先はやや尾状に伸びて鋭尖頭、基部はくさび形。葉の表は淡緑色で無毛、裏は灰白緑色で葉脈上に多くの毛がある。花期は4〜5月。直径10〜13mmで白色の花を枝先に散房状につける。

日本各地の山野にふつうに生え、材は古くから農業用具や薪炭、シイタケ栽培の原木に利用されている

樹皮は暗灰色でしわが寄る

葉身はややかたく、広倒卵形〜狭倒卵形、ときに楕円形となる

裏 原寸

枝 70%

葉は互生する

葉縁は細く鋭い鋸歯がある

表 原寸

葉の裏は灰白緑色で、多数の毛が葉脈の上に生える

葉の表は淡緑色で毛はない

● TOPICS

材はかたくて折れにくいため、ハンマーの柄などにされる。和名の由来も材を鎌の柄にすることによる。また、別名ウシノハナギ、またはウシコロシといい、牛の鼻に綱を通すための穴をあけるために用いられたり、鼻輪として使われたためである。

単葉｜広葉｜切れ込みなし｜鋸歯あり

カリン

Chaenomeles sinensis （バラ科）

互生・束生　落葉高木

　中国原産の落葉高木。高さ5〜10m、直径20〜35cmになる。日本では庭園に植栽されたり、果樹栽培用に植えられる。樹皮は帯緑褐色で、老樹では鱗状となり、はがれて不規則な斑紋ができる。葉には長さ1cmの葉柄があり、長枝の葉は互生し、短枝では束生する。葉身は長さ5〜10cm、幅3.5〜5.5cmの卵状楕円形、まれに倒卵形。葉先は鋭頭で、基部は広いくさび形。葉の表は緑色で光沢があり、葉脈上に毛が散生する。裏は淡緑色で、全面に毛が生える。葉縁には細鋸歯があり、鋸歯の先は腺状となる。花期は4〜5月。直径約3cmで淡紅色の花を短枝の先につける。果実は果実酒としたりシロップ漬けにする。

庭木や街路樹としてよく植栽される。材は緻密で美しい光沢があり、床柱や家具に利用される

マルメロとよく混同されるが、カリンの実の表面には毛がない。どちらも芳香がある

葉身は卵状楕円形または倒卵形で、葉先は尖る

葉縁には、先が腺状になった細かな鋸歯がある

表 原寸

裏 原寸

葉の表は緑色で光沢があり、葉脈上に毛が生える

葉の裏は淡緑色で、全体に毛が生える

葉は長枝に互生、短枝に束生する

枝 50%

●TOPICS

しばしばカリンと混同されるものにマルメロがある。マルメロは西アジア原産で、樹はカリンよりやや小形で、花は白色または淡黄紅色である。果実の形もカリンとマルメロは似るが、カリンの実の表面には毛がないのに対し、マルメロは一面に綿毛が生えることで区別できる。長野県諏訪地方でいうカリンはマルメロのことである。

単葉｜広葉｜切れ込みなし｜鋸歯あり

ズミ
Malus sieboldii（バラ科）

互生　落葉小高木

　北海道、本州、四国、九州に分布する落葉小高木。高さ5〜10m。葉は長さ1〜3cmの葉柄があり、長枝には互生、短枝には束生する。葉身は長さ3〜13cm、幅2〜7cmの狭卵形、あるいは楕円形ないし長楕円形、または狭倒卵形。葉先は鋭頭または急鋭頭、基部は円形。葉縁には細かい鋸歯があり、短枝につくものは切れ込みがなく、長枝につくものでは3〜5中裂する。葉の表は緑色で毛が散生する。裏は淡緑色で、葉脈上に毛が生える。花期は5〜6月。枝先に、直径2〜3cmで白色の5弁花をそれぞれ5〜7個ずつつける。

日当たりのよい、やや湿った山野に生える。リンゴに似た小さな実をつけるのでコリンゴともよばれる。よく似た近縁のエゾノコリンゴは北海道に多い

白または淡紅色の花は短枝の先に5〜7個が散形状に咲く

短枝の葉身は楕円形ないし長楕円形、あるいは狭卵形または狭倒卵形

葉先は尖る

表 原寸　　裏 原寸

葉の表は毛が散生し、緑色

裏は葉脈上に毛が密集し、淡緑色

枝 70%

葉は長枝に互生、短枝に束生する。果実は小球形で赤または黄色に熟し甘酸っぱい

短枝の葉は切れ込みがない

●TOPICS
初秋に紅色に熟す果実は直径0.5〜1cmの球形で、別名コリンゴともいう。リンゴの台木としても利用される。和名は、ソミ（染み）の転訛で、樹皮を黄色の染料として用いたためといわれる。

| 単葉 | 広葉 | 切れ込みなし | 鋸歯あり |

ヤマナシ

Pyrus pyrifolia （バラ科）

互生 ／ 落葉高木

　本州、四国、九州に分布する落葉高木。人家近くの山中に生える。高さ5〜10m、直径30〜40cmになる。葉には長さ3〜4.5cmの葉柄があり、長枝の葉は互生し、短枝では束生する。葉身は長さ7〜12cm、幅4〜6cmの卵形〜狭卵形で、葉先は長い鋭尖頭、基部は円形あるいは浅い心形。葉の表は濃緑色、裏は淡緑色で、表裏ともにはじめ綿毛が多く、のちに葉脈上だけに残り無毛となる。葉縁には細鋸歯があり、鋸歯の先は毛状。花期は4月。直径2.5〜3cmで白色の花をつける。

果樹として栽培されるナシはこのヤマナシが改良されたもの

樹皮は紫色を帯びた灰黒色。小さな枝で刺状になるものもある

葉身は卵形〜狭卵形で、葉先は長く尖る

表 原寸

裏 原寸

葉縁には細かな鋸歯があり、鋸歯の先は毛状になる

葉の表は濃緑色で、成葉では葉脈の上だけに毛がある

葉の裏は淡緑色で、成葉では表と同じように葉脈上だけに毛がある

枝 50%

短枝には葉が束生する

●TOPICS

日本でも自生しているという説もあるが、多くは人家近くの丘陵地や山地に分布が限られるので、古く中国から渡来し、栽培されていたものが野生化したのではないかとの推測もある。果実は酸味が強く、口当たりがジャリジャリとしているので食用に向くとはいえず、果実酒などにされる。

| 複葉 | 羽状複葉 | 2回羽状複葉 |

ネムノキ
Albizia julibrissin （マメ科）

互生　落葉高木

　本州、四国、九州、沖縄に分布する落葉高木。高さ5～10m、直径20～45cmになる。葉は2回偶数羽状複葉で互生し、葉は長さ5～15cmの楕円形で、3～13対の羽片がほぼ対生する。羽片には15～30対の小葉がある。小葉は無柄で、羽片中部のもので長さ10～17mm、幅4～6mmの狭卵状楕円形で鋭頭。小葉の表は濃緑色で光沢があり、裏は粉白緑色で、表裏ともに中肋上に毛がある。小葉縁は全縁。側脈は不明瞭で、片側に5～6対。花期は7～8月。10～20花が集まった頭状花序が、枝頂に複円錐花序をつくる。花糸が紅色で美しい。

東北地方以南の山地や原野、川岸などに生える。花は夕方に開き、淡紅色の長い花糸が特徴的

樹皮は灰褐色で褐色の皮目がある。樹皮はタンニンを含み漢方では合歓皮（ごうかんぴ）という

葉は2回偶数羽状複葉で小葉は狭卵状楕円形

表 原寸

葉の表は濃緑色

裏 70%

小葉は全縁

葉の裏は粉白緑色

●TOPICS
周囲が暗くなると、相対する小葉が合わさって閉じ、まるで木が眠ったように見えるためこの名がある。ネム、ネブともよばれる。英名はシルク・ツリーsilk tree。ピンク色の花糸を絹糸に見立てたもの。

| 単葉 | 広葉 | 切れ込みなし | 鋸歯なし |

ハナズオウ

Cercis chinensis （マメ科）

互生 ／ 落葉小高木

　中国原産の落葉小高木。広く観賞用として庭園に植栽される。高さ2〜3m。樹皮は灰色。葉は互生し、長さ3〜4cmの葉柄がある。葉身は革質で、ふつう長さ5〜10cm、幅4〜10cmの広楕円形あるいはほぼ円形。ときに長さ17cm、幅15cmというような大形の葉が徒長枝につくことがある。葉の表は濃緑色で光沢があり無毛。裏は緑白色。葉縁は全縁で、葉先は短く鋭尖頭となり、基部は深い心形で5〜7本の掌状脈が出る。花期は4〜5月。葉に先立ち紅紫色の花が、前年枝に4〜10個束になってつく。

紫紅色の花は美しく観賞用によく庭植えされる。葉はマメ科にめずらしく単葉

葉身は革質で広楕円形または円形

裏 60%　原寸

葉の裏は緑白色

枝は細く、丸い樹形になる

葉は互生する。実は4〜10個束になってつく

枝 30%

葉脚は深い心形で、基部からは5〜7本の掌状脈が出る

表 60%

葉の表は濃緑色で光沢があり、無毛

● TOPICS

和名は、花の色が蘇芳（すおう）染めの紫紅色に似ているため、もともとスオウバナとよばれていたものが変化し、ハナズオウになったといわれる。蘇芳はインド、マレー半島原産のマメ科の樹木の心材から得られる色素。

複葉｜羽状複葉｜1～2回羽状複葉｜鋸歯なし

サイカチ

Gleditsia japonica（マメ科）

互生・束生　落葉高木

　本州、四国、九州の水辺の原野などに分布する落葉高木。高さ20m、直径1mになる。葉は長枝に2回偶数羽状複葉で互生し、短枝には1回偶数羽状複葉で束生する。小葉は12～24枚で、長さ3.5～5cm、幅1.2～2cmの狭卵形または楕円形で、葉先は円頭から鈍頭。無柄で、小葉の表は緑色、無毛か葉脈上に短毛がわずかに残る。裏は淡緑色で無毛。葉縁は全縁。2回偶数羽状複葉には4～8対の羽片が互生する。各羽片には12～20枚の小葉が対生あるいは互生し、小葉は長さ1.5～2cm、幅2～7mmと、1回偶数羽状複葉の小葉より小形。花期は5～6月。長さ10～15cmの総状花序に、小形の雄花または雌花を密につける。

水辺の原野などに多く見られる。偶数羽状複葉の葉がよく目立つ

樹皮は皮目が多く、鋭い棘がある

裏 70%

小葉は狭卵形または楕円形。羽片には、12～24枚の小葉が互生または対生する。

表 原寸

小葉の表は緑色で無毛か葉脈上に毛がわずかに残る

葉の縁は全縁

小葉の裏は毛がなく淡緑色

● TOPICS

幹や枝には大形の棘があるが、これは枝が変化したもの。秋に濃紫色に熟す豆果のさやはサポニンを多く含み、古くは石けんとして、莢を浸しておいた液や煎じ液を、洗濯や入浴に用いた。

複葉｜羽状複葉｜1回羽状複葉｜鋸歯なし

エンジュ
Sophora japonica（マメ科）

互生　落葉高木

　中国原産の落葉高木。古くから庭木や街路樹として植栽される。高さ15〜20m、直径30〜50cmになる。葉は9〜15枚の小葉からなる、長さ15〜25cmの奇数羽状複葉で、互生する。小葉は長さ2.5〜5cm、幅1.5〜2.5cmの卵形〜倒卵形で、鋭頭またはやや鈍頭で、中央はやや尖る。小葉柄は2〜3mmで葉縁は全縁。小葉の表は濃緑色で、葉脈上に毛がある。裏は灰白緑色で、全面に毛が生え、葉脈上にやや多い。花期は7〜8月。淡黄色で長さ12〜15mmの蝶形花を大形の円錐花序につける。

庭木や街路樹として古くから植えられる。枝先に淡緑色の円錐花序をつける

果実は数珠のようなさやが垂れ下がる

表 原寸
小葉の表は濃緑色で、葉脈上に毛が生える

裏 70%
葉は奇数羽状複葉で、9〜15枚の小葉がつく。小葉は卵形〜倒卵形

葉の縁は全縁

小葉の裏は全面に毛が生え、灰白緑色

● TOPICS
かつては、若葉をゆでて食用とし、また茶の代用ともした。和名エンジュは、古名「えにす（槐）」が転訛したものとされるが、エニスとはもともと日本の山地に自生しているイヌエンジュであったと考えられている。

複葉 | 羽状複葉 | 1回羽状複葉 | 鋸歯なし

ハリエンジュ

Robinia pseudoacacia （マメ科）
別名：ニセアカシア

互生　落葉高木

　北アメリカ原産の落葉高木。高さ15～20m、直径30～40cm、大きなものでは高さ30m、直径1mほどになる。樹皮は網状にやや深く割れ、色は淡褐色。葉は奇数羽状複葉で互生する。小葉は11～21枚で、側小葉は薄く、長さ3～6cm、幅2～2.5cmの狭卵形または楕円形で、円頭または凹頭で中央は小さな針状となり、基部は円形。小葉の表は緑色、裏は淡緑色で、表裏ともに葉脈上にわずかに毛がある。小葉の縁は全縁。花期は5～6月。芳香があり白色の花を総状花序に密生する。

初夏に白い総状花序をつける。花には芳香がある

実は秋に裂開して種を出す

枝 50%

葉は互生する

表 原寸

小葉の表は緑色で、葉脈上に少し毛がある

葉は11～21枚の小葉からなる奇数羽状複葉。小葉は狭卵形または楕円形で先端が窪む

裏 70%

小葉の裏は淡緑色で、葉脈上にわずかに毛がある

● TOPICS
日本には明治のはじめに渡来し、アカシアの俗称で街路樹などとして各地に広く植えられ、ときに野生化している。和名は、葉柄の基部に、托葉が変化した1対の棘があることによる。種小名のpseudoacaciaを直訳したニセアカシアもよく使われる。

複葉｜羽状複葉｜1回羽状複葉｜鋸歯なし

フジ

Wisteria floribunda（マメ科）
別名：ノダフジ　互生　落葉つる

　本州、四国、九州に分布する落葉つる性木本。茎ははじめ草質だが生長が早く、右巻きに他物に巻きつきながら育ち、のちに茎は木質化して直径数十cmになるが、凹凸ができる。葉は長さ20〜30cmの奇数羽状複葉で、互生する。小葉は11〜19枚で、長さ4〜10cm、幅2〜4cmの狭卵形、薄い草質で、縁は全縁で大きな波状となり、葉先は鋭尖頭となり、基部はほぼ円形。小葉の表は濃緑色、裏は淡緑色で、表裏ともにはじめ毛があるがのちに無毛あるいはわずかに残る。花期は5月。花序は頂生し、下垂して長く伸び、藤色、または紫色あるいは淡紅色の花を多数つける。

枝先に紫色の花序が美しく垂れ下がる

つるは上から見て時計回りに上へと伸びる

原寸

葉先は鋭く尖る
葉は奇数羽状複葉で、狭卵形の小葉が11〜19枚つく
表40%　裏40%

小葉の表は濃緑色
小葉の裏は淡緑色
葉の縁は全縁で、大きな波状となる

● TOPICS
本州西部、四国、九州の山地には、フジに似たヤマフジが自生する。フジとヤマフジを区別するには、つるの巻き方を確かめるとよい。つるの巻き方を上から見て、時計方向に巻いているものがフジ、反時計方向に巻いているものがヤマフジである。

複葉｜三出複葉

ヤマハギ

Lespedeza bicolor var. *japonica*（マメ科）

互生　落葉低木

　北海道、本州、四国、九州に分布する落葉低木。高さ1〜3m。葉は三出複葉で互生する。頂小葉は長さ4〜6cm、幅2〜3cmの広倒卵形または広楕円形で、先は円頭あるいは鈍頭で、先端の中央は針状となる。基部はくさび形で、長さ0.2〜0.4cmの葉柄がある。葉の縁は全縁。小葉の表は緑色で、裏は淡緑色。表裏ともに毛がわずかに生える。花期は7〜9月。葉腋や枝先に長い総状花序を多数出し、紅紫色の蝶形花をつける。

秋風が立つころヤマハギの紅紫色の花が開く

表 原寸

小葉の表は緑色で、わずかに毛がある

小葉は広倒卵形または広楕円形

葉は三出複葉

小葉の基部はくさび形

裏 原寸

小葉の先は鈍頭あるいは円頭で、中央が針状となる

小葉の裏もわずかに毛があり、淡緑色

●TOPICS
一般にハギとよばれる植物は、マメ科ハギ属のなかのヤマハギ節に属するものをさし、ふつうハギというと、このヤマハギをいうことが多い。ハギは秋の花の代表として古くからもっとも親しまれた植物である。

枝 50%

葉は互生して、密に茂る

| 単葉 | 広葉 | 切れ込みなし | 鋸歯なし |

シラキ

Sapium japonicum （トウダイグサ科）

互生　落葉小高木

　本州の岩手県、山形県以南、四国、九州、沖縄に分布する落葉小高木。高さ4〜6mになる。樹皮には縦に浅い裂け目があり、灰黒色または灰白色。葉は互生し、長さ1〜2.5cmの葉柄がある。葉身は長さ7〜15cm、幅6〜11cmの卵状楕円形ないし倒卵状楕円形で、葉先は鋭尖頭または急鋭尖頭、基部は切形で1〜2対の腺体がある。葉の表は緑色でやや光沢があり無毛、裏は淡緑色で微細毛が生える。葉縁は全縁。花期は5〜7月。6〜8cmの総状あるいは穂状花序を頂生し、上部に多数の雄花を、下部に数個の雌花をつける。花は黄橙色。

整った樹形になり、渓谷沿いなどに見られる

樹皮は灰黒色または灰白色で、材は白い

葉身は卵状倒卵形または倒卵状楕円形

裏 原寸

葉の裏はきわめて細かな毛が生え、淡緑色

葉先は急に細くなり尖る

葉の表には光沢があって緑色、毛はない

表 原寸

葉は互生する

枝 70%

●TOPICS

樹形も整い、秋に美しく黄葉するため、庭木としてよく植栽される。和名は材が白いことにちなみ、重厚な肌合いと美しい木目をもった材は、家具や彫刻などに利用される。

| 単葉 | 広葉 | 切れ込みなし | 鋸歯なし |

ナンキンハゼ

Sapium sebiferum（トウダイグサ科）

互生　落葉高木

　中国原産の落葉高木。高さ15m、直径35cmになる。樹皮ははじめ平滑でのちに縦に不規則に裂け、灰褐色。本州から沖縄にかけて広く栽培され、九州の一部で野生化している。葉は互生し、長さ2〜8cmの葉柄がある。葉身は革質で、長さ4〜9cm、幅3.5〜7cmのひし形状卵形で、葉先は尾状になった鋭尖頭、基部は広いくさび形あるいは切形。葉縁は全縁。葉の表は灰緑色で微細な毛が生える。裏は淡白緑色で無毛。雌雄同株。花期は7月。枝先に長さ6〜18cmの総状花序をつくり、上部に多数の雄花を、下部に1〜3個の雌花をつける。

庭木や公園、街路樹として広く植栽される

ニシキギ、イロハモミジと並んで、美しく紅葉する樹木のひとつ

葉先は尾状に長く細くなった鋭尖頭

裏 原寸

葉は革質。葉身はひし形状卵形

葉の裏は無毛で淡白緑色

葉の縁に鋸歯はない

表 原寸

葉の表には微細な毛が生え、灰緑色

葉の基部は広いくさび形あるいは切形

枝先に総状花序をつけ、葉は互生する

枝 50%

● TOPICS
日本には江戸時代に渡来したといわれ、新緑や秋の紅葉が美しく、庭木や公園樹、街路樹として植栽される。和名は、南京（ここでは中国の意）から渡来したハゼノキの意。

単葉｜広葉｜切れ込みあり｜鋸歯なし

アカメガシワ

Mallotus japonicus（トウダイグサ科）

互生　落葉高木

　本州の宮城県、秋田県以南、四国、九州、沖縄に分布する落葉高木。高さ15m、直径50cm以上になる。樹皮は縦に浅い割れ目があり、灰褐色。葉は互生し、長さ10〜25cmの長い葉柄がある。葉身は長さ10〜20cm、幅7〜14cmの倒卵状円形〜広卵形、あるいは卵状披針形で、葉先は鋭尖頭、基部は切形または円形。葉縁は全縁で波状となり、ときに3浅裂する。葉の表は黄緑色、裏は淡黄緑色で、表裏ともに毛があり、とくに葉脈上に多い。雌雄異株。花期は7月。長い円錐花序をつけ、黄色い雌花あるいは雄花をつける。

林縁などの明るい場所に生える。材を床柱などに利用する

樹皮は縦に割れ目が入る（写真左）。新芽は毛が生え紅赤色（写真右）

原寸

表 60%

葉縁はときに浅く3裂することもある

裏 50%

葉身は倒卵状円形から広卵形、または卵状披針形

葉の裏は淡黄色で毛があり、とくに葉脈上に多い

葉の表は黄緑色で葉脈上に多くの毛がある

黄葉 40%

葉縁は全縁で波状になるものもあり、黄葉も美しい

● TOPICS

和名のアカメガシワ（赤芽柏）は新芽が紅赤色で、カシワと同様に食物をのせるために葉を利用したことによる。別名サイモリバ（菜盛葉）、ゴサイバ（五菜葉）。大きな葉に飯を盛ったことから名づけられたといわれる。

単葉｜広葉｜切れ込みなし｜鋸歯なし

ユズリハ

Daphniphyllum macropodum（ユズリハ科）

互生　常緑小高木

　本州の福島県以西、四国、九州、沖縄に分布する常緑小高木。高さ4〜10m、直径20〜30cm、ときに直径60cmになる。葉は互生し、長さ4〜6cmの葉柄がある。葉身は革質で、長さ15〜20cm、幅4〜6cmの長楕円形ないしは倒披針形で先は短い鋭頭、基部は広いくさび形または円形。葉縁は全縁。葉の表は濃緑色でやや光沢があり無毛、裏は粉白色で無毛。葉の寿命は約2年で、二年葉は春から夏にかけて落葉する。雌雄異株。花期は4〜5月。黄緑色の花が一年葉の葉腋に長さ5cmほどの総状花序をつける。

葉は枝先に叢生し、葉を正月のしめ飾り、鏡餅の飾りとして利用する

表 原寸

裏 70%

葉の先は短い鋭頭

樹皮は皮目が目立ち灰褐色

葉の裏は粉白色で毛がない

葉の表は毛がなく濃緑色

葉身は倒披針形あるいは長楕円形

基部は広いくさび形または円形

葉柄は長く、ふつう赤みを帯びる

● TOPICS

1枚の葉の寿命が約2年で、新しい葉が展開した後に、古い葉が落葉するため、「子が成長したのち、親が譲る」ことになぞらえて、ユズリハ（譲り葉）と名づけられた。縁起物とされ、正月の飾りに用いられる。

単葉 | 広葉 | 切れ込みなし | 鋸歯なし

コクサギ

Orixa japonica （ミカン科）

互生　落葉低木

　本州、四国、九州に分布する落葉低木。高さ1.5～3mになり、全体に強い臭気がある。葉には長さ2～7mmの葉柄があり、ふつう2枚ずつ交互に互生する。この葉のつき方をコクサギ型葉序という。葉身は薄い紙質で、長さ5～13cm、幅3～7cmの倒卵形で、葉先は短く鋭頭になり、基部は広いくさび形。葉縁は全縁、まれに低い鋸歯がある。葉の表は黄緑色で光沢があり、裏は淡白緑色で、表裏ともに葉脈上に毛がある。雌雄異株。花期は4～5月。葉腋に黄緑色の花をつける。雄花は長さ2～4cmの総状花序、雌花は単生する。

葉は指でもむと強いにおいがある。よく枝分かれして葉をつける

樹皮は小さな皮目があり、灰褐色

葉先は短く尖る

表 原寸

裏 原寸

葉身は倒卵形

葉の表は光沢があり黄緑色で、葉脈上に毛がある

葉の裏は淡白緑色で、葉脈上にやや多く毛がある

葉は2枚ずつ交互に互生する

枝 20%

基部は広いくさび形となる

●TOPICS

全体に強烈なにおいがあり、「小さな臭い木」でコクサギ。葉を指先でもめば、強いにおいがついてなかなか落ちない。茎葉には有毒なアルカロイドを含み、かつて煎じ汁を家畜についたシラミを殺すのに使った。

複葉｜羽状複葉｜1回羽状複葉｜鋸歯あり

サンショウ
Zanthoxylum piperitum（ミカン科）

互生　落葉低木

　北海道、本州、四国、九州に分布する落葉低木。高さ1.5〜3mになる。葉は11〜23枚の小葉からなる奇数羽状複葉で、長さ5〜18cm、互生する。小葉は長さ1〜5cm、幅0.5〜2cmの卵形あるいは卵状楕円形で、葉先は浅く2裂する鈍頭で、基部はくさび形で左右は不同。葉縁は低い鈍鋸歯があり、鋸歯の基部には腺点がある。小葉の表は濃緑色で、裏は帯白緑色、表裏ともに葉脈上に毛が散生する。葉柄はほとんどないか長さ1mm程度。雌雄異株。花期は4〜5月。葉のつけ根に長さ1〜3cmの円錐花序をつくり、黄緑色の小花を多数つける。

丘陵地などの林縁や林内に生える。新芽や若い葉を料理に利用する

樹皮はごつごつしていて、すりこぎなどにされる

葉は奇数羽状複葉。小葉は11〜23枚で、卵形あるいは卵状楕円形

葉先は浅く2つに裂け、尖らない

小葉の裏は葉脈上に毛があり、帯白緑色

裏 原寸

表 原寸

小葉の表は濃緑色で葉脈上に毛がある

枝70%

葉は互生して、実は秋に赤く熟す

● TOPICS
春先に出る新芽や若い葉を「木の芽」とよび、煮物の香りづけや汁ものの吸口に用いる。サンショウは「山椒」と書くが、椒とは果実に辛辣味をもつものをさし、山に生える辛い実という意味。薬用とされ、古くはショウガとともに「はじかみ」とよばれた。

複葉｜羽状複葉｜1回羽状複葉｜鋸歯あり

キハダ

Phellodendron amurense （ミカン科）

対生　落葉高木

　北海道、本州の東北地方、中部地方以北、近畿地方以西、四国、九州に分布する落葉高木。高さ10〜15m、直径30〜50cmになる。樹皮はコルク層がよく発達し、表面は深裂し灰褐色または灰色。葉は5〜11枚の小葉からなる奇数羽状複葉で長さ15〜35cm。小葉は長さ4〜12cm、幅1.5〜5cmの卵形あるいは卵状長楕円形で、葉先は鋭く尖り、基部はややゆがんで円形または鈍形となる。葉縁は細かな鈍鋸歯がある。小葉の表は緑色で葉脈上に毛が散生、裏は淡緑色で葉脈上に毛が多い。葉柄は長さ1〜4mm。雌雄異株。花期は6月。頂生の長さ7〜13cmの散房花序を伸ばし、多くの黄緑色の花をつける。

各地の山地などに生え、樹皮は縦に深く割れ目が入る

樹皮はコルク質で、内皮は鮮やかな黄色

原寸

葉は奇数羽状複葉。小葉は卵形あるいは卵状長楕円形で5〜11枚

裏 70%

表 70%

葉縁には細かな鈍い鋸歯がある

葉の先は尖る

小葉の表は葉脈上に毛が散生し、緑色

基部はゆがんだ円形または鈍形

小葉の裏は葉脈上に毛が多く淡緑色

● TOPICS

葉をもむと弱い芳香がある。コルク層を除いた樹皮の内皮が鮮やかな黄色をしていることが名の由来である。この樹皮の内皮は古代から染色に用いられ、また粉末は健胃薬としても使われる。

複葉｜三出複葉

カラタチ

Poncirus trifoliata（ミカン科）

互生　落葉低木

　中国原産で広く栽培される落葉低木。高さ2〜3mになる。枝には長さ1〜3.5cmの下部が扁平になった太い棘がある。葉は3小葉からなり長さ3〜5cm。側小葉は長さ1.5〜3.5cm、幅0.8〜2cmの卵形から楕円形、頂小葉は側小葉よりやや大きく長さ3〜6cm、幅1〜3cm。小葉の表は緑色で葉脈上に毛がある。裏は淡緑色で無毛。透かすと油点が見える。葉縁はまばらに低い鋸歯があり、葉先は円頭で頂端が少し凹み、基部はくさび形。花期は4〜5月。新葉に先立って芳香のある白い花を開く。

果実は秋に黄色く熟し、よい香りがあるが食用にはならない。生け垣などに利用される

樹皮にも棘があり、灰緑褐色

葉縁はまばらに低い鋸歯がある

裏 原寸

先端はやや凹む

表 原寸

葉は3小葉からなる三出複葉。小葉は卵形あるいは楕円形

ミカン科の多くと同様に、葉柄に翼がある

小葉の裏は毛がなく淡緑色

小葉の表は葉脈上に毛があり、緑色

葉は互生して、枝には太い棘がある

● TOPICS

和名はカラタチバナ（唐橘、韓橘）の略で、唐の国から渡来した橘という意味だともいわれる。中国から持ち込まれたのはかなり古く、各地で栽培されているが、九州や対馬では野生化したものも生える。

複葉 | 羽状複葉 | 2～3回羽状複葉

センダン

Melia azedarach（センダン科）

互生　落葉高木

　四国、九州、沖縄、小笠原に分布する落葉高木。海近くの林内に生える。高さ7～10m、直径40～50cm、大きなものでは直径1mに達する。葉は長さ25～90cmの2～3回奇数羽状複葉で、互生する。小葉は長さ3～6cm、幅1～2.5cmの卵状長楕円形、卵状楕円形または卵形。葉先は鋭く尖り、基部は左右不揃いのくさび形または円形。葉縁は粗く先がやや鈍い鋸歯がある。小葉の表は濃緑色で無毛、裏は淡緑色ではじめ毛があるがのちに無毛。花期は5～6月。葉腋から集散花序を伸ばして淡紫色の花を多数つける。分布範囲が広く、葉や果実などの形態的変異が大きい。

太い幹から枝を四方に広げ、整った樹形になる。生長が早くかなりの大木になる

集散花序を伸ばして淡紫色の花を多くつける

原寸

表 50%

裏 50%

小葉の表は濃緑色

小葉は卵状長楕円形あるいは卵状楕円形または卵形

葉先は鋭く尖る

基部は左右不揃いで、くさび形、あるいは円形

小葉の裏は淡緑色

葉は2回、まれに3回奇数羽状複葉

●TOPICS

和名は、「センダマ（千珠）」の意味で、実のつきかたが数珠を連ねたように見えることからという説がある。なお、「栴檀は双葉より芳し」の栴檀は本種ではなく、ビャクダン科のビャクダンのこと。

単葉｜広葉｜切れ込みなし｜鋸歯なし

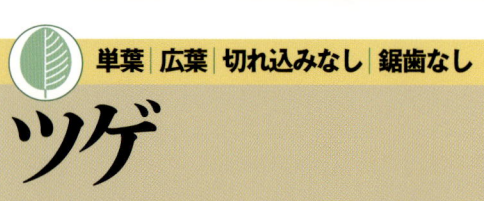

ツゲ

Buxus microphylla var. *japonica*（ツゲ科）

対生　常緑小高木

　本州の関東以西、四国、九州に分布する常緑小高木。高さ1〜5m、直径5〜10cmになり、太いものでは直径30cm以上になる。葉は対生し、長さ1〜2mmの葉柄がある。葉身は革質でやや厚く、長さ1.5〜3cm、幅0.6〜1.5cmの倒卵形あるいは楕円形または長楕円形。葉先は円頭または凹頭、基部は広いくさび形。葉縁は全縁。葉の表は黄緑色で光沢があり、主脈上に毛が散生する。裏は淡黄緑色で主脈上に毛が生える。花期は3〜4月。葉腋に束状となって淡黄色の小さな花が群生し、中央に1個の雌花、周囲に数個の雄花がつく。

石灰岩地に生え、庭木や盆栽として利用される

樹皮は灰白色または淡褐色で、材は黄色を帯びて美しい

● TOPICS
材は黄色を帯びて美しく、緻密でかたく狂いも少ないため、印材、定規、楽器、櫛などに用いられる。庭木や盆栽としても利用されるが、庭木でふつうツゲとよばれているのはモチノキ科のイヌツゲであることが少なくない。

表 原寸
葉先は円頭、あるいは凹頭
葉身は倒卵形ないしは楕円形、または長楕円形
葉の表は光沢があり、黄緑色で、主脈上に毛が散生する

裏 原寸
葉の裏は主脈上に毛が生え、淡黄緑色

枝 原寸 
葉は対生する

単葉｜広葉｜切れ込みなし｜鋸歯なし

ドクウツギ

Coriaria japonica（ドクウツギ科）

対生　落葉低木

　北海道、本州の近畿地方以東に分布する落葉低木。原野や山地、丘陵地の日当たりのよい斜面などに生える。高さ2〜1.5mになる。葉は羽状複葉のように見えるが単葉で、1本の枝に30〜36枚の葉が対生する。葉身は長さ6〜8cm、幅2〜3.5㎜の長卵形あるいは披針形でほぼ無柄。葉先は細長く鋭尖頭となり、基部は円形で三行脈状に脈が出る。葉縁は全縁。葉の表は緑色、裏は淡緑色で、表裏ともに無毛。花期は4〜5月。葉の展開に先立ち、前年枝の節から総状の雌性、雄性の別がある花序を出し、黄緑色の小さな花を多数つける。

整然と対生して密集する葉は一見シダ植物のように見える

果実は紅色から黒紫色に熟す。猛毒なので注意が必要

枝 60%

表 原寸　葉身は長卵形あるいは披針形　裏 原寸

葉縁は全縁

葉の表は緑色で無毛

葉の裏は淡緑色で無毛

葉脚は円形で、基部から三行脈状に脈が出る

葉は羽状複葉のように見えるが、単葉で対生する

● TOPICS

葉姿はウツギに似るが、和名のとおり有毒植物で、果実は紅色の多肉でやがて黒紫色に熟すが猛毒。葉や茎にも神経毒の一種が含まれる。実を誤食すると死亡することがある。

複葉｜三出複葉

ツタウルシ
Rhus ambigua（ウルシ科）

互生　落葉つる

　北海道、本州、四国、九州に分布する落葉つる性木本。茎から気根を出して、ほかの樹木の幹や岩をはい登る。葉は三出複葉で互生する。葉柄は長さ3〜10cm。側小葉には長さ2〜4mm、頂小葉には長さ10〜20mmの小葉柄がある。葉身は長さ5〜15cm、幅3〜9cmの卵状楕円形。葉縁は全縁で、先は短く尖り、基部は広いくさび形〜円形で、頂小葉は左右対称、側小葉は下部がゆがむ。小葉の表は緑色で無毛、裏は淡緑色で脈腋に毛がある。雌雄異株。花期は6〜7月。葉腋から総状花序を伸ばして多数の小さな黄緑色の花をつける。

クリの大木に絡みついたツタウルシ。ほとんどがツタウルシの葉

葉は互生し、若い葉では粗い鋸歯がある

● TOPICS
葉や幹を傷つけると白い樹液が出て、空気にふれると黒変する。この液には刺激作用の強いラッコールという揮発成分が含まれていて、過敏な人の場合近くを通るだけで皮膚に炎症を起こす。

葉は三出複葉で、葉身は卵状楕円形

小葉の先は短く尖る

葉縁は全縁

表 原寸

裏 70%

基部は広いくさび形〜円形で、側小葉はゆがむ

紅葉 40%

秋には葉が赤や黄に染まる

206

複葉｜羽状複葉｜1回羽状複葉｜鋸歯あり

ヌルデ

Rhus javanica var. *roxburghii*（ウルシ科）

互生　落葉小高木

　北海道、本州、四国、九州、沖縄に分布する落葉小高木。高さ2〜4m、直径5〜20cm、大きなものでは高さ13mになる。葉は長さ20〜40cm、7〜13枚の小葉からなる奇数羽状複葉で、互生する。側小葉は長さ5〜12cm、幅2〜8cmの楕円形で、先は短鋭尖頭で、基部は広いくさび形〜円形。葉縁はやや尖る粗い鋸歯がある。小葉柄は短く1mmほど。小葉の表は緑色で細毛が生える。裏は淡白緑色で、葉脈上に毛が生える。雌雄異株。花期は8〜9月。枝の先端に長さ20〜30cmの円錐花序をつけ、小さな白色の花を多数つける。秋には紅葉して美しい。

丘陵地などに生え、葉軸に翼がある特徴的な葉をつける

夏に小さな花を多数咲かせた円錐花序をつける

裏 50%

小葉の裏は淡白緑色で、葉脈の上に毛がある

原寸

小葉間の葉軸に翼がある

表 50%

葉縁はやや尖った粗い鋸歯がある

小葉の表は緑色で細かい毛が生える

葉は奇数羽状複葉で、小葉は7〜13枚。小葉は楕円形

● TOPICS

和名は、幹を傷つけると白い樹液が出て、その樹液を塗り物に利用するためといわれる。ヌルデシロアブラムシの仲間が寄生して葉に虫こぶをつくり、それを五倍子（ふし、「附子」とも）とよび、そのタンニンを薬用や染料などにする。そのため別名フシノキともいう。

207

複葉｜羽状複葉｜1回羽状複葉｜鋸歯あり

ヤマウルシ

Rhus trichocarpa（ウルシ科）

互生　落葉小高木

　北海道、本州、四国、九州に分布する落葉小高木。山地の林内に生える。葉は長さ25〜40cm、7〜15枚の小葉からなる奇数羽状複葉で、互生する。小葉は長さ4〜15cm、幅3〜6cmの卵形あるいは卵状広楕円形で、葉先は鋭く尖り、基部は広いくさび形〜円形で左右不同。葉縁には大きな不整の鋸歯がある。小葉の表は緑色で、裏は淡緑色、表裏ともに葉脈上に毛が生える。雌雄異株。花期は6〜7月。葉腋から長さ15〜25cmの円錐花序を出し、黄緑色の小さな花を多数つける。

山地の林内に生え、枝先に集まって互生する。葉は秋に真っ赤に色づく

果実は核果で、淡黄色の毛が生える

表 原寸

葉の縁は不整な鋸歯がある

裏 70%

葉は奇数羽状複葉で、小葉は7〜15枚。小葉は卵形または卵状広楕円形

小葉の表は緑色で葉脈上に毛がある

小葉の裏は淡緑色で、葉脈上の毛は表より多い

●TOPICS
ウルシときわめて似ているが、葉のもっとも下の小葉の一対がほかの小葉よりも小さいこと、果実がややゆがみ、表面に短い刺毛があることで区別できる。ウルシ同様に漆液を出すが量が少ないため利用されない。

複葉｜羽状複葉｜1回羽状複葉｜鋸歯なし

ハゼノキ

Rhus succedanea（ウルシ科）

互生　落葉高木

　四国、九州、沖縄、小笠原に分布する落葉高木。高さ6〜10m、直径5〜10cmになる。葉は長さ20〜40cm、9〜15枚の小葉からなる奇数羽状複葉で、枝の先に集まって互生する。小葉は革質で、長さ5〜12cm、幅1.8〜4cmの披針状長楕円形で、先は長く尾状鋭尖頭となり、基部はくさび形で、側小葉は左右不同。葉縁は全縁。小葉の表は濃緑色、裏は白緑色で、表裏ともに無毛。雌雄異株。花期は6月。葉腋から長さ5〜10cmの円錐花序を出し、黄緑色の小さな花を多数つける。

初夏に黄緑色の花をたくさんつけた円錐花序を出す

樹皮は灰褐色で滑らか

葉は9〜15枚の小葉からなる奇数羽状複葉。小葉は革質で、披針状長楕円形

原寸
裏 70%

小葉の裏にも毛はなく、色は白緑色

葉は全縁

表 70%

小葉の表は濃緑色で無毛

側小葉は左右の基部が不同

先端は尾状鋭尖頭

● TOPICS
果皮に蝋を含み、木蝋をとるために広く栽培された。木蝋は和ろうそくやポマード、織物につやを出すための光沢材料として利用される。本種から蝋を得る製法は室町時代に中国から伝えられたとされる。

複葉｜羽状複葉｜1回羽状複葉｜鋸歯なし

ヤマハゼ

Rhus sylvestris （ウルシ科）

互生　落葉小高木

本州の関東地方以西、四国、九州に分布する落葉小高木。山地の林縁部にふつうに生える。高さ5～6m、大きなものでは高さ10mに達する。葉は長さ20～40cm、5～11枚の小葉からなる奇数羽状複葉で、互生する。小葉は長さ4～13cm、幅2～5cmの卵状長楕円形で、葉先は鋭尖頭で、基部は広いくさび形または円形。葉縁は全縁。側小葉は基部が左右不同。小葉の表は濃緑色で、裏は淡緑色、表裏とも毛が散生し、葉脈上に粗毛がある。雌雄異株。花期は5～6月。葉腋またはその少し上から、長さ10～20cmの円錐花序を出し、黄緑色の小さな花を多数つける。

山地の林縁部に生え、葉の表裏には毛が生える

樹皮は縦に割れ目が入り、はがれる

原寸

裏 60%

小葉の裏は淡緑色。毛が散生し、葉脈上には粗毛が生える

表 60%

小葉の表は毛が散生し、濃緑色

葉縁は全縁

葉先は鋭尖頭

葉は奇数羽状複葉で、小葉は5～11枚。小葉は卵状長楕円形

● TOPICS

ハゼノキに似るが、ハゼノキが若枝や葉裏に毛がないのに対し、本種は若枝にも葉裏にも毛があり区別される。秋には紅葉し、とても美しい。ハゼノキと同様に果実から蝋をとる。

| 単葉 | 広葉 | 切れ込みあり | 鋸歯あり |

ハナノキ

Acer pycnanthum（カエデ科）

対生　落葉高木

　岐阜県、長野県、愛知県三県の県境一帯と長野県大町市に隔離分布する落葉高木。高さ30m、直径1mに達する。葉は対生し、長さ1.5〜8cmの葉柄がある。葉身は長さ2.5〜8cm、幅2〜10cmの広卵形で、葉縁は浅く3裂し、各裂片には欠刻状の重鋸歯があり、裂片の先は鋭頭となり、葉脚は円形または浅い心形。葉の表は濃緑色で無毛、裏は粉白色で葉脈にわずかに毛がある。葉の基部から脈が3本に分岐する。側脈は5〜7対。雌雄異株。花期は4月。葉に先立って多数の紅色の小花をつける。

山間の沢地など湿り気のある場所に生え、植栽されるものも多い

秋になると葉は、赤か黄色に美しく色づく

各裂片は鋭頭

裏 原寸

縁には欠刻状の重鋸歯がある

表 原寸

葉身は広卵形で、葉縁は浅く3裂する

葉の表は濃緑色で毛はない

葉の裏は粉白色で、葉脈上に少し毛がある

紅葉 60%

秋に葉は赤か黄色に色づく

●TOPICS

和名は、花が紅色で美しいため、あるいは新葉のころ、全体が桃色に染まったように見えることから名づけられたとされる。秋には美しく紅葉する。岐阜県中津川市にある坂本のハナノキの自生地は、大正9年（1920年）に、はじめて国の天然記念物に指定されたことでも知られる。

単葉 | 広葉 | 切れ込みあり | 鋸歯あり

イロハモミジ

Acer palmatum（カエデ科）

対生　落葉小高木・高木

　本州の福島県以南の太平洋側、四国、九州に分布する落葉小高木または高木。高さ10〜15m、直径50〜60cmになる。葉は対生し、長さ2〜4cmの葉柄がある。葉身は長さ3.5〜6cm、幅3〜7cmのほぼ円形で、5〜7深裂し、各裂片には不揃いの鋭い重鋸歯があり、葉の基部は浅心形あるいは切形で、5〜7本の掌状脈が出る。葉の表は緑色、裏は淡緑色で、表裏ともにはじめ毛があり、のちに無毛となるが、脈腋と掌状脈の基部には毛が残る。雄性同株。花期は4〜5月。黄緑色ときに紫色を帯びた花を複散房花序に10〜20個つける。紅葉が美しい。

山地にふつうに見られ、美しく紅葉するため各地に植栽される

「もみじ」というと本種をさし、紅葉する樹木の代表ともいえる

各裂片には鋭い重鋸歯がある

裏 原寸

葉身はほぼ円形で、深く5〜7深裂し、掌状

葉の裏は淡緑色で、基部に毛が残る

表 原寸

葉の表は緑色

枝 60%

葉は対生する

翼果はほぼ水平に開き、風に乗って運ばれる

果実 60%

● TOPICS

別名イロハカエデ。京都の紅葉の名所である高雄にちなみ、タカオモミジともよばれる。和名は、7裂する葉の裂片を、「いろはにほへと」と数えることに由来するといわれる。属名Acerは「裂ける」の意で、葉が切れ込んでいるようすから。

オオモミジ

Acer amoenum（カエデ科）

単葉｜広葉｜切れ込みあり｜鋸歯あり

対生　落葉小高木・高木

　北海道、本州の太平洋側、福井県以西の日本海側、四国、九州に分布する落葉小高木または高木。高さ10〜15m、直径50〜60cmになる。葉は対生し、長さ3〜5cmの葉柄がある。葉身は長さ4.5〜8cm、幅5.5〜8.5cmのほぼ円形で、5〜9中・深裂し、葉縁には揃った細かい単鋸歯あるいは重鋸歯がある。各裂片の先端は尖り、葉身の基部は浅心形あるいは切形で、7〜9本の掌状脈が出る。葉の表は緑色、裏は淡緑色で、表裏ともにはじめ毛があるがのちになくなり、掌状脈の基部と脈腋に毛が残る。雄性同株。花期は4〜5月。複散房花序に黄緑色ときに紫がかった花を15〜30個をつける。

山地の日当たりのよい場所に生え、枝を横に広げる

樹皮は滑らかで、縦に割れ目が入る

葉縁には揃った細かい単鋸歯あるいは重鋸歯がある

葉の裏は淡緑色で、葉脈に毛が残る

裏 原寸

葉身の基部は浅心形あるいは切形

表 原寸

葉の表は緑色で、若い葉を除き、葉脈に毛が残る

葉身はほぼ円形で5〜9の裂片に中・深裂する

枝 70%

葉は対生する

● TOPICS

オオモミジはイロハモミジとよく似ているが、比較するとオオモミジの葉のほうがやや大きく、また質がやや厚い、葉縁の鋸歯が大きさの揃った単鋸歯あるいは重鋸歯である（イロハモミジは不揃いの重鋸歯）などの違いがある。

単葉｜広葉｜切れ込みあり｜鋸歯あり

ヤマモミジ

Acer amoenum var. matsumurae （カエデ科）

対生　落葉小高木

　本州の青森県から石川県までの日本海側の山地に分布する落葉小高木。オオモミジの変種とされる。葉は対生し、長さ4〜6cmの葉柄がある。葉身は長さ6〜9cm、幅6〜8.5cmのほぼ円形で、葉縁はふつう9深裂する。各裂片にはやや大きめの不揃いの欠刻状重鋸歯があり、裂片の先端は尾状の鋭尖頭となる。葉の表は濃緑色で無毛、裏は緑色で、掌状脈の基部と脈腋に毛が生える。雄性同株。花期は5月。葉に先駆けて暗紅色の花を下向きにつける。

日光を受けやすくするために葉が重ならないように、枝を横に広げる

樹皮は滑らかで、縦に割れ目が入る

裏 原寸

葉の裏は緑色。葉脈に毛が生える

葉身はふつう9深裂し、掌状

裂片の縁には不揃いで大きめな欠刻状重鋸歯がある

表 原寸

掌状脈の基部にも毛がある

葉は対生する

枝 40%

葉の表は濃緑色で毛は生えない

● TOPICS

オオモミジやイロハモミジを俗にヤマモミジとよぶことがあるがこれは誤りで、ヤマモミジは青森県から石川県までの日本海側山地に分布するオオモミジの変種で、葉はふつう9深裂し、不揃いの欠刻状の重鋸歯がある。

単葉｜広葉｜切れ込みあり｜鋸歯あり

ハウチワカエデ

Acer japonicum（カエデ科）

対生　落葉高木

　北海道、本州に分布する落葉高木。高さ10～15m、直径30～40cmになる。葉は対生し、長さ2～4cmの葉柄がある。葉身は長さ4.5～9cm、幅5.5～11cmの円形で、葉縁は9～11浅・中裂する。基部は心形で、9～11本の掌状脈が出る。各裂片の先端は鋭尖頭で、縁には鋭い重鋸歯がある。葉の表は緑色で粗毛がある。裏は淡緑色で、全体に毛が生える。雄性同株。花期は5～6月。暗紅色の萼が目立つ淡黄色の花を複散房状につける。

枝を横に広げて光を受けやすくする。園芸品種も多数ある

樹皮は縦に浅く割れ目が入る

各裂片の先は鋭尖頭

葉縁には鋭い重鋸歯がある

表 原寸

裏 70%

葉身は円形で、掌状に9～11裂片に浅・中裂する

葉の裏は一面に毛が生え、淡緑色

葉の表は緑色で粗毛が生える

葉は対生する

枝 30%

● TOPICS
和名は、大形で掌状の葉を、天狗の羽団扇（はうちわ、羽でつくった団扇）に見立てたもの。北海道では多く庭園樹として植栽され、また葉に特徴のある園芸品種も多い。

単葉｜広葉｜切れ込みあり｜鋸歯あり

ウリハダカエデ

Acer rufinerve（カエデ科）

対生　落葉小高木

本州、四国、九州の屋久島以北に分布する落葉小高木。樹皮は濃緑色で縦縞の黒斑がある。葉は対生し、長さ2〜6cmの葉柄がある。葉身は長さ、幅ともに6〜15cmのほぼ五角形で、葉縁はふつう3浅裂する。各裂片の先端は尾状に尖り、縁には不整な重鋸歯がある。葉の基部は心形から切形で、3本の掌状脈が目立つ。葉の表は濃緑色で葉脈上にわずかに毛がある。裏は淡緑色で、脈腋と掌状脈の基部に多くの毛がある。雌雄異株。花期は5月。総状花序に淡黄色の小さな花をつける。

一本の幹がまっすぐに伸びて、縦長の樹形になる

樹皮は縦縞の黒斑がある

各裂片の先は尾状

葉身はほぼ五角形で、縁はふつう3浅裂する

葉縁は不揃いの重鋸歯がある

裏 70%

表 原寸

葉の表は濃緑色で、葉脈上に少し毛がある

紅葉 40%

葉の裏は淡緑色で脈腋に毛がある

掌状脈の基部にも毛が多くある

秋には葉が美しく色づく

● TOPICS

和名は、濃緑色に黒斑のある樹皮を、ウリの肌に見立てたもの。この樹皮は丈夫で、かつては荷縄、蓑（みの）に利用された。材は淡黄白色で、東北地方ではこけしづくりに使われる。

| 単葉 | 広葉 | 切れ込みあり | 鋸歯あり |

オオイタヤメイゲツ

Acer shirasawanum（カエデ科）

対生　落葉高木

本州の福島県以南、四国に分布する落葉高木。高さ10〜20m、直径30〜40cmになる。葉は対生し、長さ3〜7cmの葉柄がある。葉身は長さ4.5〜8cm、幅6〜12cmの円形で、葉縁は9〜13中裂して掌状。葉の基部は心形。各裂片は短く尖り、葉の縁には重鋸歯がある。葉の表は濃緑色でほぼ無毛、裏は緑色で光沢があり、掌状脈の基部と脈腋に毛があるほかは無毛。花期は5月。雄花と両性花が混生し、淡黄色の花が10〜20個集まって複散房花序をつくる。

枝葉は横に広がり、整った樹形になる

樹皮は縦に浅く割れ目が入る

裏 原寸

葉の裏は光沢があり緑色

葉の裏の基部と脈腋には毛が生える

表 原寸

各裂片の先は短く尖る

葉は全体がほぼきれいな円形で、掌状に9〜13中裂する

各裂片の縁には揃った鋭い重鋸歯がある

葉の表はほぼ無毛で、濃緑色

枝 70%

葉は対生する

● TOPICS

葉は洋紙質で、ほかのカエデにくらべて、ややかたい印象を受ける。よく似たハウチハカエデは葉柄に毛が生えていて、長さも2〜4cmと短いことで区別できる。

単葉｜広葉｜切れ込みなし｜鋸歯あり

ヒトツバカエデ
Acer distylum（カエデ科）

対生　落葉小高木

　本州の岩手県、秋田県以南から近畿地方東部に分布する落葉小高木。葉は対生し、長さ3〜5cmの葉柄がある。葉身は長さ7〜17cm、幅6〜12cmの卵状円形で、葉縁は分裂せず低い鈍鋸歯があり、葉先は尾状に尖る。基部からは4〜6本の側脈が出る。葉の表は緑色で、はじめ伏毛が密生するがのちに無毛。裏は淡緑色で、葉脈上に毛が生え、とくに脈腋に多い。雄性同株。花期は5〜6月。円柱形の花序をつくり、淡黄色の花を多数つける。

幹はまっすぐ伸びて、切れ込みのない大きな葉を茂らす

樹皮は暗灰色で、若い木では皮目が目立つ

葉の先端は尾状に尖る

裏 70%

葉身は卵状円形で、葉縁は分裂しない

表 原寸

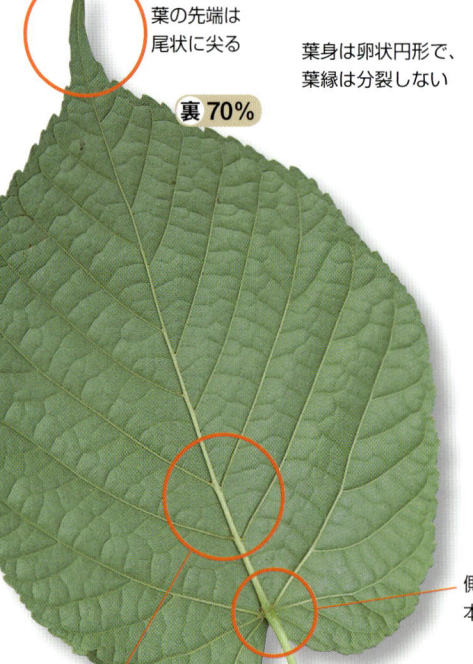

葉縁には低い鈍鋸歯がある

側脈は4〜6本分岐する

葉の裏は淡緑色で、脈腋に毛が多い

葉の表は緑色。はじめ毛があるがのちに無毛

● TOPICS
和名はヒトツバカエデ（一葉楓）。カエデの仲間では珍しく葉に切れ込みがないのでこの名前がつけられた。葉が丸いので、別名マルバカエデ（丸葉楓）ともよばれる。

218

| 単葉 | 広葉 | 切れ込みなし | 鋸歯あり |

チドリノキ

Acer carpinifolium（カエデ科）

対生　落葉小高木

　本州の岩手県以南、四国、九州に分布する落葉小高木。高さ10～15m、直径20～40cmになる。葉は対生し、長さ0.5～2cmの葉柄がある。葉身は長さ8～13cm、幅2.5～5.5cmの長楕円形で、葉先は鋭尖頭、基部は浅心形または円形。葉縁は鋭い重鋸歯がある。葉の表は緑色で無毛、裏は淡緑色で、脈腋に毛が多く葉脈上に粗毛が生える。雌雄異株。花期は5月。総状花序に淡黄色の花をつける。

樹皮は灰褐色で、滑らか

山地の沢沿いなど湿り気のある場所に生える。葉だけを見るとカエデ科とは思えない

葉の裏は脈腋に毛が多く生える

裏 原寸

葉先は鋭尖頭となる

表 原寸

葉縁には鋭い重鋸歯がある

葉の裏は淡緑色で、葉脈上に毛が生える

葉身は長楕円形

枝 60%

葉の表は緑色

基部は浅心形、あるいは円形

葉は対生する

● TOPICS
和名は、翼のある果実の形を、千鳥が飛ぶ姿に見立てて名づけられた。葉はサワシバやクマシデに似ているが、チドリノキは対生するのに対し、サワシバ、クマシデは互生する。ヤマシバカエデという別名もある。

| 単葉 | 広葉 | 切れ込みあり | 鋸歯なし |

イタヤカエデ

Acer mono（カエデ科）

対生　落葉高木

　カエデ科カエデ属の落葉高木。高さ15〜20mで、カエデの仲間ではもっとも大きくなる。アカイタヤ、イトマキイタヤ、ウラゲエンコウカエデ、エゾイタヤ、オニイタヤなど多くの変種があり、分布域によってタイプが異なる。葉は対生し、葉縁には鋸歯がないのが特徴。葉は3〜9裂片に分かれ、葉の大きさや切れ込みの深さ、葉の色や毛の有無などは、種類によって異なる。雌雄同株。秋に美しく黄葉する。樹液を煮詰めてメイプルシロップをつくることもできる。

カエデの仲間ではかなり大きく生長する

樹皮は老木で縦に割れ目が入る

裂片の先は尖る

葉身は3〜9裂片に分かれる

表 原寸

葉縁には鋸歯はない

葉の裏は淡緑色

裏 70%

葉の基部に毛が生えるものが多い

葉の表は光沢があり無毛

枝 30%

葉は対生する。変種は切れ込みの深さなどさまざま

● TOPICS

日本の代表的な落葉樹林であるブナ林の主要な構成樹木だが、優占種とはならない。和名の由来には、葉がよく茂って重なり、板葺きの屋根のようになるため、というものがある。実際葉がびっしりと生い茂り、その下で雨宿りができるほどになる。

日陰にも耐えるが、明るい場所では高木層に達して樹冠の隙間を埋める

イタヤカエデの葉の形

イタヤカエデの仲間は葉のタイプが多く、写真左はエンコウカエデとよばれる葉の切れ込みの深いタイプ。真ん中はアカイタヤで切れ込みの浅いタイプ。写真右はオニイタヤで切れ込みのごく浅いタイプ。

エンコウカエデ　　アカイタヤ　　オニイタヤ

単葉｜広葉｜切れ込みあり｜鋸歯あり

カジカエデ

Acer diabolicum（カエデ科）

対生　落葉高木

　本州の宮城県以南（東北地方の日本海側、新潟、富山、長野県北部にはない）、四国、九州に分布する落葉高木。高さ15～20m、直径20～30cmになる。葉は対生し、長さ1.5～10cmの葉柄がある。葉身は長さ4～12cm、幅5～15cmのほぼ五角形で、3～5浅裂あるいは中裂する。基部は切形または浅心形。各裂片には2～3個の欠刻状の鋸歯があり、先は尾状鋭尖頭。葉の表は緑色で葉脈上に毛がわずかに生える。裏は淡緑色で、葉脈上に多くの毛がある。葉脚基部から5本の掌状脈が出る。雌雄異株。花期は4～5月。紅色を帯びた淡緑色の花を総状花序につける。

高さ15～20mの大木になり、大きな葉を茂らせる

樹皮は滑らかで灰褐色

原寸

裏 70%

葉の縁には欠刻状の鋸歯がある

表 70%

葉の表は緑色で毛が少しある

葉身はほぼ五角形で、3～5浅・中裂する

葉の裏は淡緑色で葉脈上に毛が多い

枝 30%

葉の基部は切形または浅心形で、5本の掌状脈が出る

葉は対生する

● TOPICS
和名カジカエデ（梶楓）は、葉の形がカジノキ（梶の木）に似ているためともいわれる。オニモミジという別名もある。樹姿が大きく、葉が粗大なため名づけられたともいわれる。

| 単葉 | 広葉 | 切れ込みあり | 鋸歯なし |

トウカエデ

Acer buergerianum（カエデ科）

対生　落葉高木

中国原産の落葉高木。日本では街路樹や庭園樹として植栽される。高さ10〜20m、直径20〜40cmになる。葉は対生し、長さ2〜6cmの葉柄がある。葉身は長さ3〜8cm、幅2〜5cmの倒卵形で、3浅裂し、基部は切形あるいは円形。各裂片は三角形で先は尖り、葉の縁は全縁で大きな波状となる。若木の葉には大きな鋸歯がある。葉の基部からは三行脈状の脈が出る。葉の表は濃緑色、裏は青白緑色で、表裏ともに無毛、あるいはわずかに葉脈上に毛がある。雄性同株。花期は4月。淡緑色の花を複総状花序につける。

秋には赤や黄色に色づき、街路樹などによく利用される

樹皮は縦にはがれる

葉身は倒卵形で3浅裂する

葉の裏は青白緑色

裏 原寸

葉縁は全縁

脈は基部から三行脈状に分岐する

各裂片はほぼ三角形で先は尖る

表 原寸

枝 70%

葉は対生する。翼果はあまり開かない

葉の表は濃緑色で無毛、あるいは葉脈上にわずかに毛がある

● TOPICS

原産は中国東南部と台湾で、日本へは18世紀初頭に渡来した。そのため「唐楓（とうかえで）」とよばれる。サンカクカエデという別名をもつが、これは葉の形からよばれるもの。

複葉｜三出複葉

メグスリノキ
Acer nikoense（カエデ科）

対生　落葉高木

　本州の宮城県以南、四国、九州に分布する落葉高木。高さ15～25m、直径30～40cmになる。葉には長さ1.5～5cmの葉柄があり三出複葉で対生する。頂小葉は長さ5～14cm、幅2～6cmの楕円形で、先は短鋭頭で鈍端、基部はくさび形、葉縁は毛が生え、波状の粗い鋸歯がある。小葉の表は濃緑色で、葉脈上に毛が少しある。裏は全面に毛があり淡緑色。側脈は15～18対。花期は5月。枝の先端に散形花序をつくり、淡黄緑色の花をつける。

大きな葉を対生させ、秋には美しく紅葉させる

樹皮は皮目が目立ち灰褐色

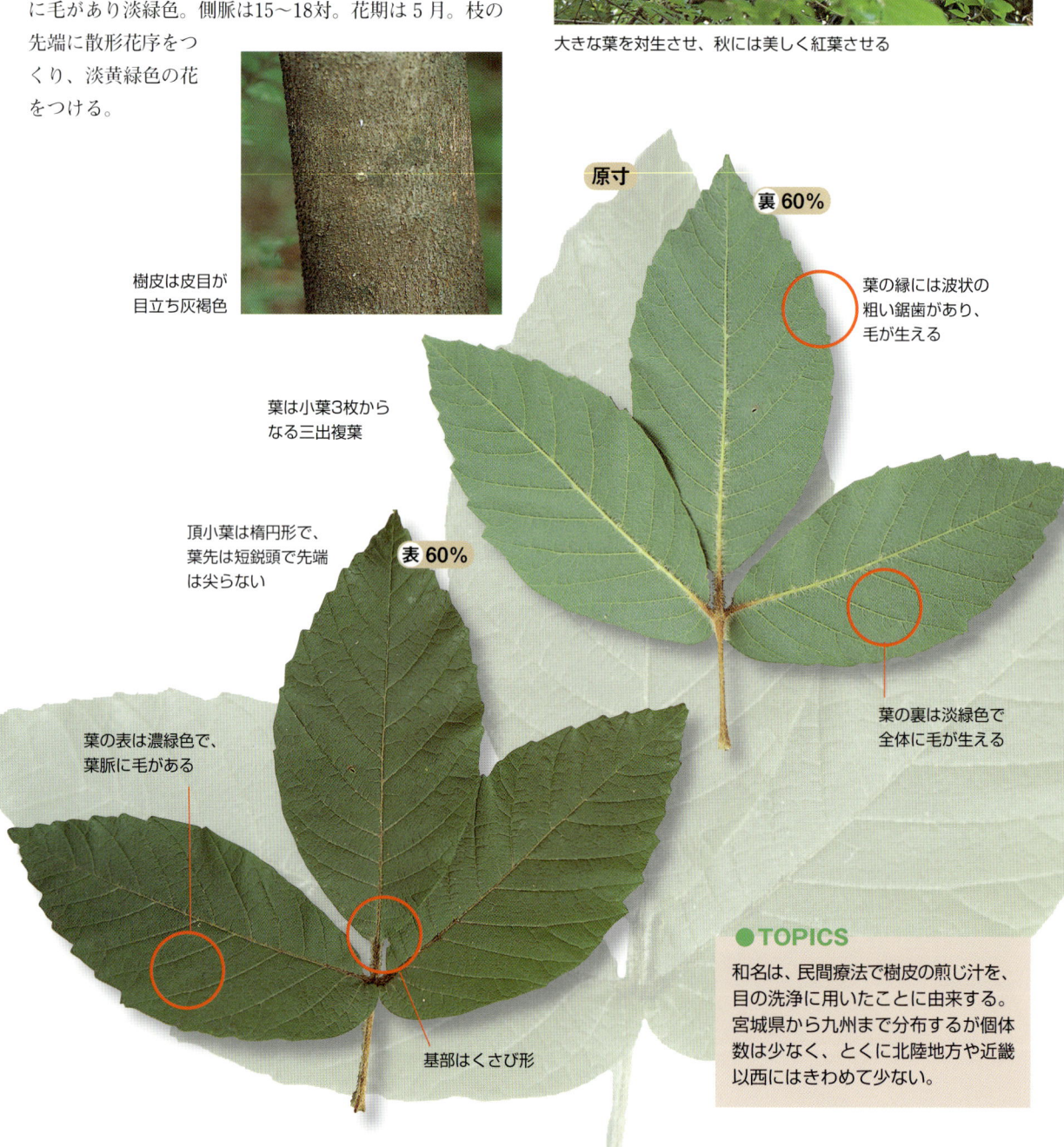

葉は小葉3枚からなる三出複葉

頂小葉は楕円形で、葉先は短鋭頭で先端は尖らない

原寸　裏60%

葉の縁には波状の粗い鋸歯があり、毛が生える

表60%

葉の裏は淡緑色で全体に毛が生える

葉の表は濃緑色で、葉脈に毛がある

基部はくさび形

●TOPICS
和名は、民間療法で樹皮の煎じ汁を、目の洗浄に用いたことに由来する。宮城県から九州まで分布するが個体数は少なく、とくに北陸地方や近畿以西にはきわめて少ない。

複葉｜三出複葉

ミツデカエデ

Acer cissifolium（カエデ科）

対生　落葉高木

　北海道の南部、本州、四国、九州の中部に分布する落葉高木。葉は三出複葉で対生する。葉柄は長さ2～8cm。頂小葉は長さ0.3～1.5cmの葉柄があり、葉身は長さ5～11cm、幅は2～4cmの長楕円形で、鋭尖頭あるいは尾状鋭尖頭、基部はくさび形。先半分に大きな鋸歯が数対あり、鋸歯の先端は短く芒状に突出する。ふつう側小葉は下部がゆがむ。葉の表は濃緑色、裏は緑色で、表裏とも粗毛がある。雌雄異株。花期は5月。淡黄色の花を総状花序につける。

沢沿いや谷間の斜面など、明るい場所に生える

樹皮は滑らかで、丸い皮目がある

小葉の先半分に数対の大きな鋸歯がある

表 原寸

裏 70%

葉は三出複葉。側小葉は頂小葉とほぼ同じ形で、基部がゆがみやや小さい

葉の表は濃緑色

葉の裏は緑色

枝 30%

葉は対生する

● TOPICS

日本に自生するカエデ類のうち複葉の葉をもつものは本種とメグスリノキのみ。ミツデカエデの葉柄は長く、小葉の長さと同じくらいであるのに対し、メグスリノキでは葉柄が小葉の半分ほどの長さしかなく葉脈上に毛が密生することで区別できる。

複葉｜羽状複葉｜1回羽状複葉｜鋸歯なし

ムクロジ

Sapindus mukorossi（ムクロジ科）

互生　落葉高木

　本州の茨城県、新潟県以西、四国、九州に分布する落葉高木。高さ20～25m、直径1～2mになる。8～16枚の小葉からなる偶数羽状複葉で互生する。小葉は長さ7～20cm、幅2.5～5cmの長狭楕円形で先端は鋭尖頭、基部はくさび形。小葉柄は2～5mm。葉縁は全縁で大きな波状となる。小葉の表は濃緑色で無毛、あるいは脈上にやや毛がある。裏は淡黄緑色で無毛。側脈は10～15対で不明瞭。雌雄同株。花期は6月。黄緑色の小さな花を大形の円錐花序につける。

葉は秋に美しく黄葉する。庭木や公園樹としても植栽される

小さな花を円錐花序につける

葉は偶数羽状複葉。小葉は8～16枚

葉の裏は淡黄緑色で毛はない

原寸

裏 50%

表 50%

葉縁は大きな波状で全縁

葉の表は濃緑色で脈上にわずかに毛があるか無毛

葉は黄葉する

黄葉 40%

● TOPICS
秋に黄褐色に熟す果実の果皮にはサポニンが含まれ、石けんのない時代には洗濯や洗髪に用いた。また種子は衝羽根の球や数珠に用いる。

複葉｜掌状複葉

トチノキ

Aesculus turbinata（トチノキ科）

対生　落葉高木

　北海道南部、本州、四国、九州に分布する落葉高木。樹皮は黒褐色で、大きく割れてはがれ落ち波状の模様となる。葉は5〜9枚の小葉からなる掌状複葉で対生する。葉柄は長さ5〜25cm。小葉は中央のものがもっとも大きく、長さ13〜30cm、幅4.5〜12cmの倒卵状長楕円形で、中部より先でもっとも幅広くなる。小葉の先は急鋭尖頭。基部は鋭いくさび形。小葉柄はほとんど見えない。葉の表は濃緑色で無毛、裏は淡緑色で葉脈上あるいは脈腋に毛が生える。小葉縁は不整で低い重鋸歯がある。花期は5〜6月。花は雄性または両性で、花弁の基部に淡紅色の大きな斑紋がある白色の花を、円錐花序につける。

大きいものでは高さ30mになる。街路樹などにも利用される

裏40%

小葉は中央のものが最も大きい

原寸　葉は掌状複葉で、小葉は5〜9枚。小葉は中央より先が幅広くなった倒卵状長楕円形

円錐花序はまっすぐ出て、白色の花をつける

表40%

葉の裏は葉脈や脈腋に毛があり、淡緑色

葉の表は濃緑色で毛はない

●TOPICS

トチノキの種子にはサポニンやタンニンを含み渋みや苦みが強いが、多くのデンプンも含むため、十分に灰汁抜きをすれば食用となり、栃餅などに利用される。秋には美しく黄葉するため、外来種のセイヨウトチノキやベニバナトチノキとともに街路や公園にも植栽される。

単葉｜広葉｜切れ込みなし｜鋸歯あり

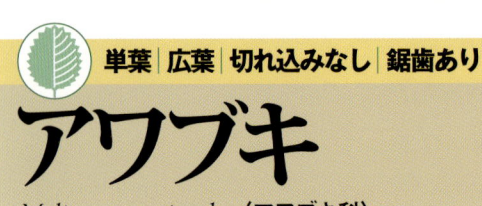

アワブキ

Meliosma myriantha（アワブキ科）

互生　落葉高木

　本州、四国、九州に分布する落葉高木。高さ10m、直径30cmになる。樹皮は小さな皮目が散在し、色は帯緑紫灰色。葉は互生し、長さ1〜2cmの葉柄がある。葉身は長さ10〜25cm、幅4〜8cmの長楕円形で、葉先は先鋭形、基部は広いくさび形。葉縁は低い鋸歯があり、鋸歯の先は芒となる。葉の表は緑色で毛は少ない。裏は淡緑色で葉脈上に毛が多い。花期は6〜7月。淡黄白色の小さな花を枝先に直立する大きな円錐花序につける。

葉は互生して枝につき、枝を燃やすと白い泡を吹く

樹皮は小さな皮目が散在する

表 原寸

葉縁には低い鋸歯がある

裏 70%

葉身は長楕円形で、葉先は鋭く尖る

葉の裏は淡緑色で葉脈上に毛が多い

葉の表は毛が少なく緑色

● TOPICS
材は割れやすく狂いやすいため、薪や炭の材料とされた。この枝を燃やすと、木口から白い泡を吹くため、アワブキ（泡吹）と名づけられたという。整然とした葉脈をもつ洋紙質の葉が美しい。

基部は広いくさび形

| 単葉 | 広葉 | 切れ込みなし | 鋸歯あり |

イヌツゲ

Ilex crenata（モチノキ科）

互生　常緑小高木

　本州の岩手県以南の太平洋側および近畿以西、四国、九州に分布する常緑小高木。高さ2〜6m、大きなものでは高さ10m以上にもなる。葉は互生し、長さ1〜2mmの葉柄がある。葉身は革質で、長さ1〜3cm、幅0.5〜1.6cmの長楕円形あるいは楕円形で先は鈍く、基部は広いくさび形。葉縁は全縁あるいは低く粗い鋸歯が少数ある。葉の表は濃緑色で光沢があり、裏は淡緑色で灰黒色の腺点がある。表裏ともに無毛。雌雄異株。花期は6〜7月。新枝の葉腋から花序を伸ばす。雄花は白色。

よく枝分かれし、葉を密に茂らす。庭園樹や生け垣として多く利用される

樹皮は滑らかで、皮目が点在する

表 原寸　葉の表は光沢があり、濃緑色

葉身は長楕円形あるいは楕円形で革質。葉縁は全縁、または低く粗い少数の鋸歯がある

裏 原寸　葉の裏は淡緑色で、灰黒色の腺点がある

枝 原寸　葉柄は短く、葉は互生する

●TOPICS

材の利用は少ないが、刈り込んで形をつくることが容易で、あまり土壌を選ばないために、庭園樹や生け垣として多く利用される。北海道や日本海側に生育するものは、多雪な環境に適応して基部が這う小低木となり、これをハイイヌツゲという。

モチノキ

Ilex integra (モチノキ科)

単葉 | 広葉 | 切れ込みなし | 鋸歯なし

互生　常緑高木

　本州の東北地方南部以西、四国、九州、沖縄に分布する常緑高木。高さ10～20m、直径20～30cmになる。樹皮は褐色を帯びた灰白色。葉は互生し、長さ5～15mmの葉柄がある。葉身は革質で、長さ4～7cm、幅2～3cmの楕円形。先は短く尖って先端は鈍く、基部はくさび形あるいは広いくさび形。葉縁は全縁で大きな波状となる。葉の表は緑色、裏は黄緑色で、表裏ともに無毛。雌雄異株。花期は4月。前年枝の葉腋に短枝を出して、黄緑色の花をつける。

庭木などに利用され、果実は赤く熟しよく目立つ

樹皮は滑らかで、褐色を帯びた灰白色

葉身は革質で先が短く尖った楕円形

表 原寸　裏 原寸

葉縁は全縁

葉の表は緑色で無毛

葉の裏は黄緑色

基部はくさび形または広いくさび形

葉は互生する

枝 70%

●TOPICS

樹皮をはぎとって水につけたものを、臼でついてゴム状の鳥もちを得る。モチノキ属の多くの種で鳥もちが得られるが、モチノキのものを本もち、タラヨウやイヌツゲから得られたものを青もちとよび区別する。

| 単葉 | 広葉 | 切れ込みなし | 鋸歯あり |

タラヨウ

Ilex latifolia（モチノキ科）

互生　常緑高木

　本州の静岡県以西、四国、九州に分布する常緑高木。葉は互生し、長さ1.5〜2cmの葉柄がある。葉身は厚い革質で、長さ10〜17cm、幅4〜7cmの楕円形で、先は鋭く尖り、基部は広いくさび形または鈍形。葉縁は先が尖った不整の細鋸歯が多数ある。葉の表は濃緑色で光沢があり、裏は黄緑色。表裏ともに無毛。側脈は11〜13対。雌雄異株。花期は5〜6月。前年枝の葉腋から伸びた短枝に短い円錐花序をつくり、黄緑色の小さな花をつける。

葉が大きく、側脈があまり目立たないので見分けやすい

樹皮は灰褐色で皮目がある

葉身は革質で厚く、楕円形

表 原寸

葉先は鋭く尖る

裏 70%

葉縁には先が尖った強い細鋸歯がある

裏 40%

葉の裏は黄緑色で無毛

葉の裏に枝などで字を書くと黒く浮き出る

葉の表は濃緑色で光沢があり、無毛

基部は広いくさび形あるいは鈍形

●TOPICS

葉の裏を尖ったもので傷つけると黒くなるため、インドで葉に経文を書いたというヤシ科のバイタラジュ（貝多羅樹）になぞらえてタラヨウ（多羅葉）と名づけられたという。

単葉｜広葉｜切れ込みなし｜鋸歯あり

ウメモドキ

Ilex serrata（モチノキ科）

互生　落葉低木

　本州、四国、九州に分布する落葉低木。高さ1.5〜2mになる。葉は互生し、長さ4〜9mmの葉柄がある。葉身は長さ2〜7cm、幅1.5〜3.5cmの楕円形ないし長楕円形。葉先は鋭く尖り、基部はくさび形。葉縁は鋭い細鋸歯がある。葉の表は緑色で毛が点在する。裏は淡緑色で、葉脈上に毛がある。雌雄異株。花期は5〜7月。新枝から小さな集散花序を出し、雄花序では5〜20花、雌花序では2〜4花をつける。花は淡紅色。

湿地に生え、赤い実が美しいので、庭園などにも植えられる

赤く色づいた実は葉が落ちても残る

枝 60%

葉の先は鋭く尖る

葉身は楕円形または長楕円形

表 原寸　　裏 原寸

葉縁には鋭い細鋸歯がある

葉の表は緑色で、毛が点在する

基部はくさび形

葉の裏は淡緑色で、葉脈に毛が生える

葉は互生して、秋に実が赤く熟す

● TOPICS

和名は葉の形がウメの葉に似ているためだといわれる。初秋に赤く熟す果実は美しく、葉が落ちても実が残る。生け花の重要な花材とされ、また盆栽としても利用される。

| 単葉 | 広葉 | 切れ込みなし | 鋸歯あり |

アオハダ

Ilex nipponica（モチノキ科）

互生　落葉高木

北海道の南西部、十勝地方、本州、四国、九州に分布する落葉高木。高さ5〜8m、大きなものでは高さ15mになる。葉には長さ1〜2cmの葉柄があり、長枝に互生し、短枝では束生する。葉身は薄く、長さ3〜7cm、幅2〜5cmの広楕円形または卵状広楕円形で、先は短い鋭尖頭となる。基部は広いくさび形あるいは円形。葉縁は多数の低い鋭鋸歯がある。葉の表は緑色で無毛あるいは葉脈上に毛がある。裏は淡緑色で若い葉では光沢があり、葉脈上に毛が生える。雌雄異株。花期は5〜6月。短枝の先、ときに新枝の葉腋に緑白色の花をつける。

雑木林に生え、枝はよく分岐して葉を茂らせる

樹皮は薄く、内側に緑色の内皮がある

枝 70%

表 原寸

葉身は薄く、広楕円形あるいは卵状広楕円形

葉縁は低い鋭鋸歯が多数ある

葉の表は緑色で、葉脈上に毛があるか無毛

裏 原寸

葉の裏は淡緑色で葉脈上に毛が生える

葉は長枝に互生し、短枝に束生する

● TOPICS

樹皮は薄く、爪などを立ててはがすとかんたんにはがれ、緑色をした内側の層が現れる。和名はこの緑色をした内皮にちなむ。材は白く、寄せ木、ろくろ細工などに用いられる。新葉は茶の代用とすることもある。

単葉｜広葉｜切れ込みなし｜鋸歯あり

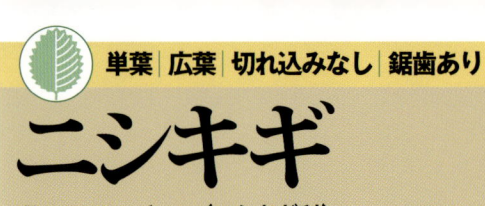

ニシキギ

Euonymus alatus（ニシキギ科）

対生　落葉小高木

　北海道、本州、四国、九州に分布する落葉小高木。高さ1〜3mになる。枝にコルク質の4枚の翼が発達する。葉は対生し、長さ1〜3mmの葉柄がある。葉身は長さ2〜9cm、幅1〜4.5cmの倒卵形あるいは長楕円形で、葉先は鋭頭または急鋭尖頭。基部はくさび形。葉縁は鋭い細鋸歯がある。葉の表は緑色、裏は淡緑色で、表裏ともに無毛。花期は5〜6月。ふつう側枝に集散花序をつくり、黄緑色の小さな花をつける。

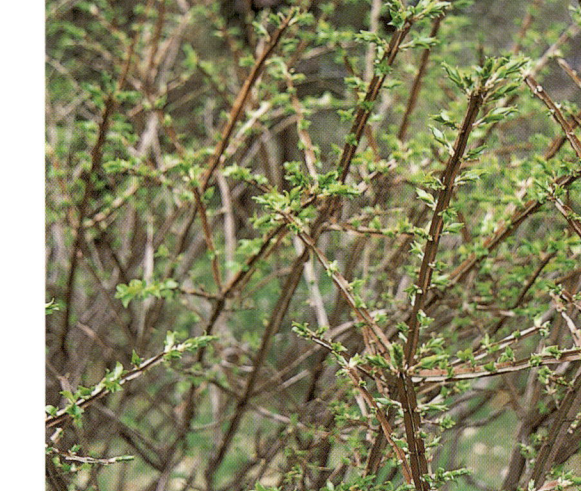

枝には特徴的なコルク質の翼が4枚あり、庭木として植栽される

秋にはその名のとおり美しく紅葉する

葉の先は鋭頭あるいは急鋭尖頭

葉身は倒卵形または長楕円形

葉縁は鋭い細鋸歯がある

表 原寸

葉の表は緑色で、無毛

裏 原寸

葉の裏は淡緑色で、無毛

葉の基部はくさび形

枝 原寸

葉は対生して、果実は秋に赤く熟す

●TOPICS

和名は、秋に美しく紅葉するため。コルク質の翼のついた枝は、その形が矢羽を思わせるため、古く「おにのやがら」といい、鬼を退治するとされた。また古代からこのコルク質の部分は薬用とされた。

| 単葉 | 広葉 | 切れ込みなし | 鋸歯あり |

マサキ

Euonymus japonicus（ニシキギ科）

対生・互生　常緑低木

本州、四国、九州、沖縄、小笠原に分布する常緑低木。高さ1～5m。葉には長さ0.5～1.5cmの葉柄があり年枝ごとに2～4対生するが、ときに互生、三輪生あるいは枝先に集まることがある。葉身は革質で、長さ3～8cm、幅2～4cmの倒卵円形あるいは楕円形。葉先は鈍頭、基部はくさび形ないし広いくさび形。葉縁には基部を除いて低い鋸歯がある。葉の表は濃緑色で光沢があり、裏は淡緑色。表裏ともに無毛。花期は6～7月。今年枝上部の葉腋に集散花序をつくり、淡緑色で直径7mmほどの花を開く。

垣根などによく利用され葉はよく茂る

同じニシキギ科のマユミやツリバナに似た果実は、赤く色づいて割れ、種子はぶら下がる

表 原寸

葉身は倒卵円形ないし楕円形

葉縁は基部以外に低い鋸歯がある

葉先は鈍頭

裏 原寸

葉の表は濃緑色で光沢がある

基部はくさび形あるいは広いくさび形

葉の裏は淡緑色で毛はない

枝 80%

葉は対生するが、ときに互生、三輪生する

●TOPICS

マサキは海岸近くの林に見られるが、山地には常緑つる性のツルマサキが自生し、気根を出してほかの樹木によじ登るように生える。葉はマサキに似ているがやや細く、若い枝には細かな突起がある点でマサキと区別される。

単葉｜広葉｜切れ込みなし｜鋸歯あり

マユミ

Euonymus sieboldianus（ニシキギ科）

対生　落葉小高木

　北海道、本州、四国、九州に分布する落葉小高木。葉は対生し、長さ0.5〜2cmの葉柄がある。葉身は草質で、長さ5〜15cm、幅2〜8cmの長楕円形または楕円形。葉先は鋭頭または急鋭尖頭で、基部は広いくさび形あるいは円形。葉縁には波状の細鋸歯がある。葉の表は濃緑色、裏は緑色で、表裏ともに無毛あるいは葉脈上に突起状の短毛がある。側脈は9〜11対。花期は5〜6月。萼が濃紅色で美しい黄緑色の小さな花を集散花序につける。

熟した果実は裂開して赤い種子がぶら下がる

秋に淡紅色の果実をつけた姿は美しく、公園樹などに利用される

葉の先端は鋭頭または急鋭尖頭となる

裏 原寸

表 原寸

葉身は長楕円形または楕円形

葉の裏は緑色

葉縁は波状の細かな鋸歯がある

葉の表は濃緑色

枝 50%

基部は広いくさび形または円形

果実は四角く淡紅色に熟す

● TOPICS

材は緻密で粘りがあり、かつてこの材で弓をつくったことから「真弓（マユミ）」の名がついたといわれる。秋に黄葉し、また赤い仮種皮に包まれた種子がぶら下がるように熟し、とても美しい。

| 単葉 | 広葉 | 切れ込みなし | 鋸歯あり |

ツルウメモドキ

Celastrus orbiculatus（ニシキギ科）

互生　落葉つる

北海道、本州、四国、九州、沖縄に分布する落葉つる性木本。葉は互生し、1～2cmの葉柄がある。葉身は洋紙質で、長さ5～10cm、幅2～8cmの楕円形あるいは倒卵円形で、葉先は急鋭頭または尾状の鋭尖頭で、基部はくさび形ないし円形。葉縁は不揃いの波状細鋸歯がある。葉の表は緑色、裏は淡緑色で、表裏ともに無毛。雌雄異株。花期は5～6月。短い集散状花序を腋生および頂生して、1～7個の雄花あるいは1～3個の雌花をつける。

秋に橙赤色の仮種子に包まれた種子が現れ美しい

山野に生え、生け花の材料としても利用される

葉先は尾状に鋭尖頭あるいは急鋭頭

表 原寸

葉身は楕円形ないし倒卵円形

葉縁は不揃いで波状の細かい鋸歯がある

裏 原寸

葉の裏は淡緑色で無毛

葉の表は緑色で無毛

葉は互生して球形の果実をつける

枝 40%

●TOPICS

果実は直径8mmほどの球形で、秋に熟して割れると、橙赤色の仮種子に包まれた美しい種子が現れる。生け花の材料としてよく用いられる。オオツルウメモドキはツルウメモドキに似るが、葉裏の葉脈上に縮毛がある。

複葉｜羽状複葉｜1回羽状複葉｜鋸歯あり

ゴンズイ

Euscaphis japonica（ミツバウツギ科）

対生　落葉小高木

　本州の茨城県、富山県以西、四国、九州、沖縄に分布する落葉小高木。高さ3〜6m、直径10〜15cm、ときに高さ10mになる。葉は5〜11枚の小葉からなる長さ10〜30cm、幅6〜12cmの奇数羽状複葉で、対生する。側小葉は長さ5〜9cm、幅2〜5cmの狭卵形で、かたく、先端は鋭尖頭、基部は広いくさび形あるいは円形。葉の縁には芒状の鋸歯がある。小葉の表は濃緑色で無毛、やや光沢がある。裏は淡緑色で、葉脈上に粗毛が生える。側脈は6〜8対。花期は5〜6月。新枝の先に円錐花序を出し、黄白色の小さい花をつける。

材には独特の臭気があり、あまり利用されない

関東以西の山野に生え、葉は対生する

葉は奇数羽状複葉で、小葉は5〜11枚。小葉は狭卵形で先は鋭尖頭

原寸　裏60%

表60%

小葉の裏は淡緑色で、粗毛が葉脈上に生える

小葉の基部は広いくさび形または円形

小葉の表はやや光沢があり、濃緑色で無毛

● TOPICS

和名は、熊野権現の名札をつける牛王（ごおう）杖に材を用いることに由来するとも、材はなんの役にも立たず、同じく役に立たない魚であるゴンズイの名にならってつけられたともいわれる。事実、材には独特の臭気があり、薪などにされる以外に用途はない。

単葉｜広葉｜切れ込みあり｜鋸歯あり

ヤマブドウ
Vitis coignetiae（ブドウ科）

互生　落葉つる

　北海道、本州、四国に分布する落葉性のつる性木本。つるには巻きひげがありほかの樹木などにからまって長く伸びる。葉は互生し、長さ5～10cmの葉柄がある。葉身は長さ、幅ともに8～25cmの円形で、葉縁は五角状か3～5浅裂する。各裂片の縁には浅く不整な鋸歯があり、先は短い鋭頭となる。葉脚は深い心形で、基部から掌状脈が5本出る。葉の表は緑色で無毛あるいは少しの毛があり、裏は茶褐色で全面がクモ毛に覆われる。花期は6月。大形の総状花序に黄緑色の小さな花をつける。

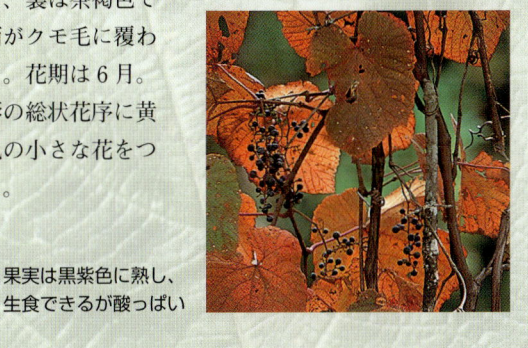

葉は大きく、秋に美しく紅葉するためよく目立つ

果実は黒紫色に熟し、生食できるが酸っぱい

各裂片の縁には不整な鋸歯がある

葉身は五角状で、葉縁はふつう3～5に浅く裂ける

表 40%

原寸
裏 40%

葉の裏は茶褐色で、クモ毛が全面に生える

葉の表は無毛、あるいはわずかに毛が生え、緑色

● TOPICS
秋に果実が黒紫色に熟す。生食できるが酸味が強いため、焼酎に漬けて果実酒にするほか、ジャムやジュースにもなる。サルやクマなど山の野生動物は好んでこの実を食べる。和名は、山に生えるブドウの意味。

| 単葉 | 広葉 | 切れ込みあり | 鋸歯あり |

ノブドウ

Ampelopsis brevipedunculata（ブドウ科）

互生　落葉つる

北海道、本州、四国、九州に分布する落葉性つる性木本。茎の基部は木質になる。つるには巻きひげがあり、ほかの植物などに巻きついて長く伸びる。葉は互生し、長さ3～6cmの葉柄がある。葉身は長さ8～11cm、幅5～9cmの五角状で、ふつう葉縁が3～5裂する。各裂片の縁には粗い鋸歯があり、先端は鋭尖頭となる。葉脚は浅～深心形で、基部から掌状脈が5本出る。葉の表は緑色、裏は淡緑色で、表裏ともに葉脈上に毛がある。花期は7～8月。集散花序に小形で緑色の花を多数つける。

ほかの植物などに巻きついて伸び、葉をよく茂らせる

果実は秋に青、紫、淡緑白色に美しく色づくが、食べられない

各裂片の先端は鋭尖頭

縁には粗い鋸歯がある

表 原寸

葉の裏は淡緑色。表と同じように葉脈上に毛がある

裏 70%

葉身は五角状で、葉縁が3～5裂する。写真の葉は切れ込みの深いキレハノブドウ

葉の表は緑色で、葉脈上に毛が生える

● TOPICS

葉は3～5裂してエビヅルに似るが、葉の裏にクモ毛がないことで区別できる。秋に実る果実は球形で、淡緑白色、青色、紫色などを帯びて褐色となり、美しい。葉が深く切れ込むものをキレハノブドウ、葉脈上の毛がないものをテリハノブドウとして区別することがある。

単葉｜広葉｜切れ込みあり｜鋸歯あり

ツタ
Parthenocissus tricuspidata（ブドウ科）

互生　落葉つる

　北海道、本州、四国、九州に分布する落葉つる性木本。つるには巻きひげがあり、先端は吸盤になる。短枝の葉は単葉で長さ15cmの葉柄があり互生する。葉身はやや厚く、長さ、幅ともに5〜15cmの広卵形で、3裂し、裂片は卵形で先が尖り、縁には粗い鋸歯がある。葉の基部は深い心形で5本の掌状脈が出て、両耳が丸い。葉の表は濃緑色で光沢があり、裏は淡緑色。表裏ともに葉脈上に毛が生える。長枝の葉は小さく、ときに三出複葉状になる。
　花期は6〜7月。短枝に出た花序に黄緑色の小さな花を咲かせる。

日本各地の山林、岸壁、石垣などに生える。秋の紅葉が美しい

原寸

裏 60%

葉身は広卵形で3裂する。裂片は先の尖った卵形

表 60%

コンクリートの壁面緑化にも利用され、よく繁茂して人家の壁や屋根を覆う

裂片の縁には粗い鋸歯がある

葉の裏は淡緑色

基部の両耳は丸い

葉の表は光沢があり、濃緑色

● TOPICS
和名は「伝う（つたう）」に由来するといわれる。ウコギ科のキヅタの別名であるフユヅタに対し、ナツヅタの別名もある。平安時代に用いられていた甘蔦（あまづら）という甘味料は、このツタからとった液を煮詰めたものだという。

晩秋には葉身と葉柄が分かれて落葉する

枝 30%

ホルトノキ

単葉｜広葉｜切れ込みなし｜鋸歯あり

Elaeocarpus sylvestris var. *ellipticus*（ホルトノキ科）

互生　常緑高木

　本州の千葉県南部以西、四国、九州、沖縄に分布する常緑高木。高さ10～15m、直径30～50cm、大きなものでは高さ30m、直径1m以上のものもある。樹皮は平滑で灰褐色。葉は互生し、長さ5～15mmの葉柄がある。葉身は革質で、長さ5～12cm、幅1.4～3cmの倒披針形または長楕円状披針形で、先端は鋭頭、基部はくさび形。葉縁には低い鈍鋸歯がまばらにある。葉の表は深緑色、老葉では鮮紅色のものもある。裏は淡緑色。花期は6～7月。前年枝に短い総状花序を出し、10～20個の黄白色の小さな花をつける。

暖地性の常緑高木で庭木や公園樹としても利用される

葉腋から総状花序を出し、白い小花を多数開く。果実は1.5～2cmの楕円形で黒青色に熟す

葉身は革質で、倒披針形あるいは長楕円状披針形

葉の先端は鋭頭

表 原寸

裏 原寸

葉縁にはまばらな低い鈍鋸歯がある

葉の裏は淡緑色

葉の表は深緑色

基部はくさび形

● TOPICS

和名は「ポルトガルの木」の転訛で、本来はオリーブをさしたが、平賀源内が誤って本種にこの名をあたえたとされる。別名モガシ。葉がヤマモモに似るが、ホルトノキでは葉の裏側脈腋に膜状の付属物があり、区別できる。

単葉 | 広葉 | 切れ込みなし | 鋸歯あり

ヘラノキ

Tilia kiusiana（シナノキ科）

互生　落葉高木

　本州の和歌山県、中国地方、四国、九州に分布する落葉高木。高さ8〜10m、直径30〜40cmになり、大きなものは高さ20mに達する。葉は互生し、長さ5〜12mmの葉柄がある。葉身は長さ3〜8cm、幅2〜4cmの卵形または卵状長楕円形で、葉の先は尾状に長く尖る。葉脚は左右不同で浅い心形、基部から三主脈が出る。葉縁は不整の細鋸歯がある。葉の表は濃緑色、裏は緑色で、表裏の葉脈上に毛がある。花期は7月。葉柄の基部から長さ4〜5cmの花序を出し、淡黄白色の花を多数下向きに開く。

暖地性の落葉高木で庭木に利用される。花序の柄にへら形の葉のような苞が1個つく

樹皮は灰褐色。縦に裂け目が入って鱗片状となり、はがれる

● TOPICS

へらのような形をした先の丸い狭長楕円形の総苞葉があり、和名はその形に由来する。樹皮の繊維はとても強く、古くは綱や布に加工して利用された。

葉の先は尾のように長く尖る

葉身は卵形あるいは卵状長楕円形

表 原寸　　裏 原寸

葉縁には不整で細かな鋸歯がある

葉の表は濃緑色で葉脈上に毛が生える

基部は大きくゆがんだ浅い心形

葉の裏は緑色で葉脈上に毛が生える

葉は互生する

枝 70%

243

| 単葉 | 広葉 | 切れ込みなし | 鋸歯あり |

シナノキ

Tilia japonica（シナノキ科）

互生　落葉高木

　北海道、本州、九州に分布する落葉高木。高さ20～30m、直径50～60cmに達する。葉は互生し、長さ2～5cmの葉柄がある。葉身は長さ4～10cm、幅4～8cmのゆがんだ円形。葉の先は尾状に伸びて尖る。基部は左右不同の心形。葉縁は不整の鋭鋸歯がある。葉の表は濃緑色、裏は緑色。表裏ともに葉脈上にわずかに毛がある。花期は6～7月。葉柄の基部から長さ5～8cmの花序を出し、十数個の黄色い花をつける。

各地の山野に生えるが、庭木や公園樹としても植えられる。材は建築材などに用いられるほか、樹皮の繊維を織って「シナ布」とする

花序の柄についたへら形の苞が目立つ

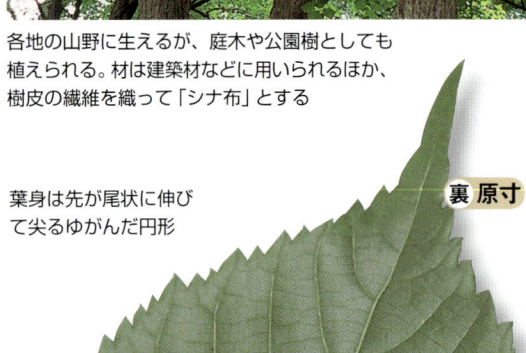

葉身は先が尾状に伸びて尖るゆがんだ円形

裏 原寸

葉縁は不整の鋭鋸歯がある

表 原寸

葉は互生し、葉腋から散房状の花序を出す

葉の裏は緑色で、葉脈上に毛が生える

枝 20%

葉の表は濃緑色で、葉脈上にわずかに毛がある

●TOPICS

樹皮の繊維がとても強く、かつては綱や布として用いられた。和名については、アイヌ語の「結ぶ、縛る」という意味の「シナ」に由来する、あるいは樹皮が「しなしな」するためなどの説がある。この花からとれる蜂蜜は香りがよい。

単葉｜広葉｜切れ込みなし｜鋸歯あり

ボダイジュ

Tilia miqueliana（シナノキ科）

互生　落葉高木

　中国原産の落葉高木。日本では寺院などに植栽される。高さ8〜10m、大きなものは高さ20mに達する。葉は互生し、長さ2〜4cmの葉柄がある。葉身は長さ5〜10cm、幅4〜8cmの三角状円形で、葉先は鋭く尖り、基部は左右不同の浅心形または切形で、基部から3本の脈に分かれる。葉縁は鋭く尖る鋸歯がある。葉の表は濃緑色で基部にわずかに毛が生える。裏は灰黄緑色で、灰黄白色をした星状毛が密に生える。花期は6月。葉柄の基部から長さ8〜10cmの花序を出し、淡黄色の花をつける。

クワ科のインドボダイジュの代用として寺院などに植えられる。シナノキに似る

樹皮は紫色を帯びた褐色で、縦に浅く裂ける

葉身は葉先が尖った三角状円形

表 原寸

葉の裏は灰黄緑色で星状毛が生える

裏 70%

葉縁の鋸歯は鋭く尖る

葉の表は濃緑色で、基部に毛が少し生える

基部は浅心形または切形で左右不同

枝 30%

葉は互生する

● TOPICS

釈迦がその木の下で菩提を成就したというのはクワ科のインドボダイジュ。仏教とともに中国に伝えられたインドボダイジュは熱帯植物で中国の気候にあわず、その代用として寺に植えられ菩提樹の名を得たのがこのシナノキ科のボダイジュ。日本へは12世紀に伝えられたといわれる。

| 単葉 | 広葉 | 切れ込みあり | 鋸歯なし |

アオギリ

Firmiana simplex（アオギリ科）

互生　落葉高木

　本州の伊豆半島、紀伊半島、四国の愛媛県、高知県、九州の大隅半島、沖縄に分布する落葉高木。樹皮は平滑で灰緑色。葉は互生し、長さ15〜20cmの葉柄がある。葉身は長さ、幅ともに16〜22cmの心形で、掌状に3〜5浅・中裂する。各裂片は卵形で先は鋭頭、基部はやや狭く、縁は全縁で大きな波状となる。葉の表は濃緑色で、裏は帯白緑色。表裏ともにはじめ毛が多いが、のちに表では基部、裏では葉脈上に残るのみ。葉脚基部から5〜7本の掌状脈が出る。雌雄同株。花期は5〜7月。円錐花序を頂生または腋生し、黄緑色の花をつける。

樹皮は緑色で滑らか。繊維は強靭で粗布などに利用する。材は黄褐色で、楽器、下駄などに用いる

中国南部など亜熱帯が原産ともいわれる。日本では暖地沿岸地域の一部に野生する。街路樹、庭木として用いられる

原寸

裏 40%

表 40%

葉縁は大きな波状となり全縁

各裂片は先が鋭頭

葉身は掌状に3〜5裂した心形

葉の裏は帯白緑色で、葉脈上に毛がある

葉の表は濃緑色で、成葉では基部に毛がある

● TOPICS

和名は、葉の形がキリに似て、若木のころだけでなく幹が太くなっても樹皮が緑色であることから名づけられた。「キリ」の名があっても、キリの仲間ではない。

単葉｜広葉｜切れ込みなし｜鋸歯なし

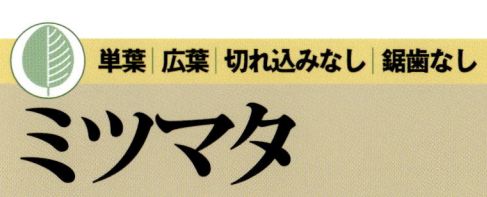

ミツマタ

Edgeworthia chrysantha（ジンチョウゲ科）

互生　落葉低木

　中国原産の落葉低木。渡来した時期は明らかではないが、本州以南の各地で栽培され、逸出したものが一部野生化している。高さ1〜2mになる。葉は互生し、長さ5〜8mmの葉柄がある。葉身は長さ9〜25cm、幅2〜6cmの長楕円形あるいは披針形で、葉先は鋭頭、基部は長いくさび形となる。葉縁は全縁。葉の表は濃緑色で、裏は灰白緑色。表裏とも毛があるが、とくに葉裏に絹毛が密生する。花期は3〜4月。葉の展開に先立ち黄金色の花を筒状花序に多数つける。

名前のとおり枝は三つに分かれて出る。日本には製紙用の原料として渡来し、現在も紙幣原料の一部として使われているが、観賞用に庭植えもされる

蜂の巣のようなユニークな形の、美しい黄金色の花を咲かせる

葉先は鋭く尖る

表 原寸　　裏 原寸

葉身は披針形あるいは長楕円形

葉の表は濃緑色

枝 60%

葉は互生する

葉の裏は灰白緑色で絹毛が密生する

葉の基部は長いくさび形となって葉柄に続く

● TOPICS
樹皮の繊維が丈夫で和紙の原料とされ、明治以降には紙幣として使われた。和名は、枝が3本ずつに分かれることによる。

| 単葉 | 広葉 | 切れ込みなし | 鋸歯なし |

ナツグミ

Elaeaguns multiflora（グミ科）

互生　落葉小高木

　本州の関東地方から静岡県西部にかけて分布する落葉小高木。高さ2～4m。葉は互生し、長さ7～11mmの葉柄がある。葉身は長さ7～8cm、幅2～4cmの長楕円形あるいは楕円形、または倒卵形～倒披針形。葉先は短い鋭尖頭または鈍頭で鈍端。基部はくさび形あるいは円形となる。葉の表裏には銀色の鱗状毛が生える。裏は赤褐色の鱗状毛がまばらにある。花期は4～5月。葉腋に1～3個の淡黄色の花を下垂してつける。

果実は長さ1.5cm前後の広楕円形で、名前のとおり夏に赤熟する。生食するほか果実酒などにもする

花は数個葉腋に垂れ下がって咲く。萼筒の長さは7～8mm

葉先は鋭尖頭か鈍頭

葉身は長楕円形、楕円形あるいは倒卵形、倒披針形

裏 原寸

表 原寸

枝 40%

葉の表は銀色の鱗状毛が生える

葉の裏は銀色の鱗状毛が密生し、赤褐色の鱗状毛がまばらに生える

基部はくさび形または円形

葉は互生する

● TOPICS

果実が5～7月に熟すためナツグミと名づけられた。ナツグミは低地に多く生える。山地にあるものは葉の幅が狭いものが多く、ホソバグミともよばれることがある。しかし葉の幅には変化が多く、その区別は明確でない。

単葉 | 広葉 | 切れ込みなし | 鋸歯なし

ナワシログミ

Elaeagnus pungens（グミ科）

互生　常緑低木

　本州の伊豆半島以西、四国、九州に分布する常緑低木。密に枝分かれし、高さ2～3mになる。葉は互生し、長さ10～12mmの葉柄がある。葉身は革質でやや厚く、長さ5～8cm、幅2.5～3.5cmの長楕円形。葉先は円頭または鋭頭、基部は円形。葉縁は波状に縮み、裏側に反り返る。葉の表は濃緑色で光沢がありはじめ銀色の鱗状毛があるがのち無毛。裏は茶褐灰色で、ささくれたような銀色の鱗状毛に覆われ、さらに褐色の鱗状毛が散生する。花期は10～11月。葉腋に黄白色の花をつける。

よく枝分かれし、葉を茂らせ、小枝が棘に変わるものが多い。生け垣にも利用される

短い花柄をもつ黄白色の花を秋に咲かせ、広楕円形の果実は翌年の夏に赤熟する

表 原寸

葉身は革質でやや厚く、長楕円形

葉先は円頭あるいは鋭頭

裏 原寸

葉の表は光沢があって濃緑色で毛はない

枝 70%

基部は円形

葉の裏は茶褐灰色で銀色の鱗状毛に覆われ、その上に褐色の鱗状毛が散生する

葉は互生する。よく分枝し小枝は棘に変わるものが多い

● TOPICS

和名は、秋に花を咲かせ、翌年の4～5月ごろ、苗代をつくる時期に果実が紅熟するため。実は食用になるが渋みがある。グミとは、「グイの実」の略だとされる。グイとは棘のことで、グミの仲間には、小枝が変形した棘をもつものが多い。

単葉 | 広葉 | 切れ込みなし | 鋸歯あり

イイギリ

Idesia polycarpa（イイギリ科）

互生　落葉高木

　本州、四国、九州、沖縄に分布する落葉高木。高さ10〜15m、直径40〜50cmになる。樹皮は白っぽい灰褐色。葉は互生し、長さ6〜18cm葉柄がある。葉身は長さ10〜20cm、幅8〜20cmの卵心形あるいは三角状心形。葉先は尾状の鋭尖頭、基部は浅い心形あるいは切形となる。葉縁は粗い鋸歯がある。葉の表は濃緑色で毛はない。裏は粉白緑色で、葉脈に毛が生える。葉の基部から5〜7本の掌状脈が出る。雌雄異株。花期は3〜5月。長さ10〜20cmの円錐花序を下垂して、花弁のない黄緑色の花をつける。

枝張りのよい大木はドーム状の樹冠を形成する。庭木や街路樹として利用される

果実は直径1cmの球形で赤熟し、落葉後も木に残る

裏 60%　原寸　表 70%

葉縁には粗い鋸歯がある

葉身は卵心形または三角状心形で、先は尾状に鋭く尖る

葉の裏は葉脈に毛が生え、粉白緑色

葉の表は濃緑色

● TOPICS

昔、この葉で飯を包んだため飯桐（イイギリ）の名がついたとされる。落葉後にブドウの房のように下垂する赤い果実が美しいため庭木、街路樹とされ、材は軽く、下駄材、箱材などにされる。

| 単葉 | 広葉 | 切れ込みなし | 鋸歯あり |

キブシ

Stachyurus praecox (キブシ科)

互生　落葉低木

　北海道の南西部、本州、四国、九州、小笠原に分布する落葉低木。高さ3～4m、直径5cm、大きなものでは高さ7m、直径10cmになる。樹皮はやや光沢があり、うす紫色がかった汚褐色。葉は互生し、長さ1～3cmの葉柄がある。葉身は草質で、長さ6～12cm、幅3～5cmの楕円形または卵形で、葉先は長く鋭尖頭、基部は円形または切形、あるいは浅い心形。葉縁は鋭鋸歯がある。葉の表は濃緑色でほぼ無毛、やや光沢があり、裏は淡緑色で葉脈上に毛がある。ふつう雌雄異株。花期は3～4月。葉に先立ち、前年枝の葉腋から総状花序を下垂し、淡黄色の小さな花をつける。

各地の山地にごくふつうに生え、枝いっぱいにぶら下がった淡黄色の花は早春の山でよく目立つ

葉の展開前に4～10cmの総状花序に鐘形の小花を多数咲かせる

枝 40%

葉身は薄く草質で、楕円形または卵形

葉先は長く鋭く尖る

表 原寸

裏 原寸

葉の表はやや光沢があり濃緑色

葉の裏は葉脈上に毛があり、淡緑色

基部は円形あるいは切形か浅い心形

葉は互生する

●TOPICS

種子はタンニンを多く含み、干して粉にしたものを五倍子（ふし：ヌルデの葉にできた虫こぶ）の代わりとして黒色染料として用いる。和名はキブシ（木五倍子）で、五倍子（ふし）の代用になる木の意味。

単葉｜広葉｜切れ込みなし｜鋸歯なし

シマサルスベリ

Lagerstroemia subcostata（ミソハギ科）

対生　落葉高木

　沖縄に分布する落葉高木。樹皮は平滑ではがれやすく、色は茶褐色。葉には長さ2〜10mmの葉柄があり対生、あるいは枝先でしばしば互生する。葉身は長さ6〜10cm、幅2〜4cmの卵形、楕円形または倒卵形で、葉先は鋭頭または鋭尖頭で、やや鈍端、基部はくさび形。葉縁は全縁。葉の表は毛がなく、裏には主脈の腋に開出毛がある。花期は6〜9月。長さ10〜20cmの円錐花序を頂生し、白色で小さな花をつける。

花はサルスベリよりも小さく、白色の小さな花をつける

樹皮は滑らかで薄くはがれる

葉先は鋭頭ないし鋭尖頭で、やや鈍端となる

葉身は卵形あるいは楕円形または倒卵形

表 原寸　　裏 原寸

葉縁には鋸歯がない

葉の表は毛がない

葉の裏は主脈の腋に毛が生える

基部はくさび形

枝 50%

葉は対生、あるいは枝先で互生する

● TOPICS

シマサルスベリの葉は大きく、先端が尖る。サルスベリの葉は先端があまり尖らず、葉身も長さ4〜10cmと小さい。花はシマサルスベリのほうが小さいことなどの違いがある。

単葉｜広葉｜切れ込みなし｜鋸歯なし

サルスベリ

Lagerstroemia indica（ミソハギ科）

対生　落葉小高木

　中国原産の落葉小高木。庭園などで広く栽培される。樹皮は茶褐色で薄くはがれ落ちて白い雲母状に残り、表面は平滑。葉にはほぼ葉柄がなく対生し、ときに左右2枚ずつ互生する。葉身は長さ4〜10cm、幅2〜5cmの卵形あるいは楕円形または倒卵形で、葉先は鈍頭あるいは円頭、基部は広いくさび形または円形。葉縁は全縁。葉の表は濃緑色で、主脈上に毛がわずかにある。裏は淡黄緑色で、毛が葉脈上にある。花期は7〜10月。円錐花序をつくり、桃紫色〜紅紫色あるいは白色の花を咲かせる。

花期が長いことで知られ、庭木などに広く利用される

樹皮は茶褐色。滑らかで薄くはがれる

葉先は鈍頭、または円頭

表 原寸

葉身は卵形または楕円形あるいは倒卵形

裏 原寸

葉の縁は全縁

葉の表は濃緑色で、主脈上にわずかな毛がある

葉の裏は淡黄緑色で、葉脈上に毛が生える

花は白、桃紫〜紅紫色があり、葉は対生するが、ときに左右2枚ずつ互生する

枝 50%

●TOPICS

和名は、樹皮が滑らかで木登りのうまいサルでさえも滑るという意味から。日本へは鎌倉時代以前には渡来していたと考えられる。別名サルナメリ。花期が長いことで知られ、漢字では「百日紅」。

| 単葉 | 広葉 | 切れ込みなし | 鋸歯なし |

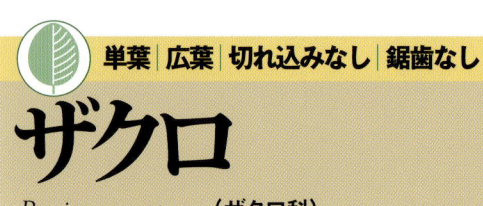

ザクロ
Punica granatum（ザクロ科）

対生 ／ 落葉小高木

　地中海東岸から西北インド原産の落葉小高木。高さ5〜6mになる。多く分枝し、棘がある。葉には長さ3〜7mmの葉柄があり長枝に対生、短枝に束生する。葉身は長さ2〜5cm、幅1〜1.8cmの長楕円形。葉先は鋭頭あるいは鈍頭または円頭になり、基部は細いくさび形あるいはくさび形。葉縁は全縁。葉の表は濃緑色で光沢があり無毛。裏は緑色で無毛あるいは主脈上にわずかに毛がある。花期は6〜7月。新枝に朱赤色で筒形の肉質萼がある花をつける。果実は熟すと裂開し、種子の外皮は食用になり、甘酸っぱい。

多く枝分かれして、枝には棘がある。花は朱赤色

樹皮はまばらにはがれる

葉は長枝に対生し、短枝には束生する

枝70%

葉身は長楕円形で、葉先は鋭頭あるいは鈍頭、円頭

表 原寸

葉縁には鋸歯がない

裏 原寸

葉の表は濃緑色で光沢があり、毛は生えない

葉の裏は緑色で、主脈上にわずかに毛があるか、無毛

● TOPICS

日本では果実を食用とするミザクロより、観賞用のハナザクロが主に栽培され、八重咲き品種や花色が白、黄、紅、紅白絞りなどの色変わりもある。有史前から栽培される古い果樹のひとつで、日本には平安時代にはすでに渡来していた。

| 単葉 | 広葉 | 切れ込みなし | 鋸歯あり |

ハナイカダ

Helwingia japonica（ミズキ科）

互生　落葉低木

北海道南部、本州、四国、九州に分布する落葉低木。高さ1～3mほど。葉は互生し、長さ1～4cmの葉柄があり、枝先に集中する。葉身は草質で、長さ4～13cm、幅1.5～7cmの楕円形あるいは倒卵形で、葉先は鋭尖頭、基部は広いくさび形あるいは円形。葉縁は低い鋸歯があり、鋸歯の先端は長く尖り芒状となる。葉の表は淡緑色でやや光沢があり、裏は灰緑色。表裏ともに無毛。雌雄異株。花期は5～6月。葉の表の主脈上に、淡緑色の小さな花をつける。

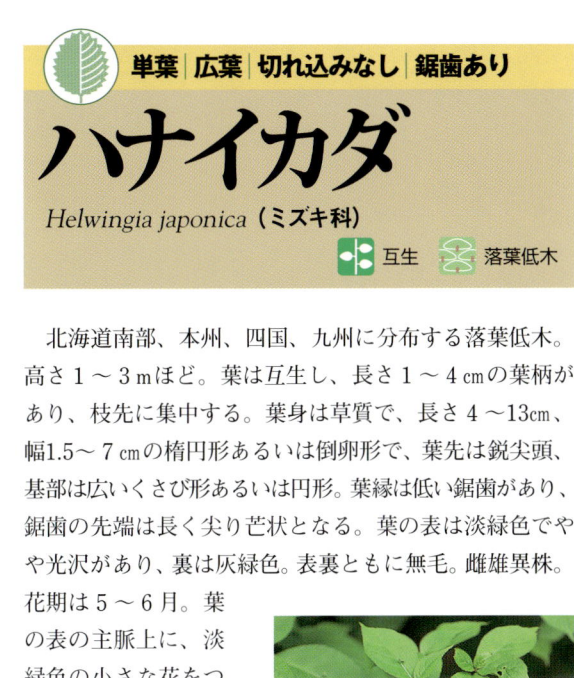

幹が叢生して、枝はよく分岐する。山地の湿気のある場所に生える

葉の主脈上に小さな淡緑色の花を咲かせる

葉身は楕円形または倒卵形で、やや薄く草質

裏 原寸

葉の裏は灰緑色

葉の先は鋭尖頭

表 原寸

葉の表は光沢があり、淡緑色

基部は広いくさび形または円形

縁には低い鋸歯があり、鋸歯の先は長く尖り芒状となる

枝 30%

葉は互生する

●TOPICS

和名はハナイカダ（花筏）。葉の中央に花をつけたようすを筏に見立てて名づけられた。ヤマブキのように、樹の髄を切って細い棒で押すと突き出るので、ツキデノキという別名もある。

葉表の主脈に花が咲き、実がつく

| 単葉 | 広葉 | 切れ込みなし | 鋸歯あり |

アオキ

Aucuba japonica（ミズキ科）

対生　常緑低木

　中国地方を除く本州、四国の東部に分布する常緑低木。高さ2〜3mになる。葉は対生し、長さ1〜5cmの葉柄があり、枝先に集中する。葉身は革質で、長さ8〜20cm、幅2〜10cmの広楕円状卵形ないし広披針形で、葉先は鋭尖頭、基部は広いくさび形になる。葉縁は粗い鋸歯がある。葉の表は濃緑色で光沢があり、裏は淡緑色。表裏ともに無毛。側脈は7〜10対。雌雄異株。花期は3〜5月。枝の端に円錐花序をつくり、紫褐色の花を咲かせる。

よく枝分かれして葉を茂らせる。山地の林の下に生え、庭木としても利用される

冬に楕円形の赤い果実が熟す

葉縁には粗い鋸歯がある

葉の表は光沢があり、濃緑色で無毛

表 原寸

葉身は革質で、広楕円状卵形あるいは広披針形

裏 原寸

葉の裏は淡緑色で、表と同様に無毛

● TOPICS

和名の由来は、四季を通じて葉が緑色なため。ほかに枝が濃い緑色をしているなど、いくつかの説がある。葉は民間薬として用いられ、葉を弱火であぶり、火傷、しもやけ、切り傷などの患部にはる。

| 単葉 | 広葉 | 切れ込みなし | 鋸歯なし |

クマノミズキ

Swida macrophylla （ミズキ科）

対生　落葉高木

　本州、四国、九州の屋久島までに分布する落葉高木。高さ8～12mになる。葉は対生し、長さ1～3cmの葉柄があり、やや枝の先に集中する。葉身は長さ6～16cm、幅3～7cmの卵形あるいは楕円形で、葉先は急鋭尖頭、基部は広いくさび形。葉縁は全縁または小さく低い波状の鋸歯がある。葉の表は緑色でやや光沢があり、わずかに毛が生える。裏は表よりやや薄い緑色で、全面に毛がある。花期は6～7月。直径8～14cmの散房花序を枝先につけ、黄白色の小さな花をつける。

丘陵や山地の林内に生える。枝の張り方は、幹の同じ高さから何本かの枝が放射状に出て斜上する

枝先の葉の上方に散房花序を出し、花弁4個の小花を密につける。ミズキによく似る

葉身は先の尖った卵形、または楕円形

裏 原寸

葉の表はわずかに光沢があり緑色で毛はわずかに生える

表 原寸

葉の裏は表よりやや薄い緑色で、全面に毛が生える

葉縁は全縁か、低く小さい波状の鋸歯がある

枝 30%

葉は枝の先に集まって対生する

基部は広いくさび形

● TOPICS
花も葉もミズキにとてもよく似ていて、分布もほぼ重なるが、ミズキの葉が互生なのに対しクマノミズキは対生し、花期がミズキよりも1ヶ月ほど遅いことなどで区別できる。和名はクマノミズキ（熊野水木）で、三重県の熊野で最初に見いだされたために名づけられたといわれる。

単葉｜広葉｜切れ込みなし｜鋸歯なし

ミズキ
Swida controversa（ミズキ科）

互生　落葉高木

　北海道、本州、四国、九州に分布する落葉高木。高さ10〜15m、直径40〜60cmになる。葉は互生し、長さ2〜5cmの葉柄があり、枝先に集中する。葉身は長さ6〜15cm、幅3〜8cmの広卵形から楕円形で、葉先は急鋭尖頭で、基部はほぼ円形に近い。葉縁は全縁で大きな波状となる。葉の表は緑色で光沢があり、毛はごくわずかに生える。裏は粉白緑色で、全面に毛が生える。花期は5〜6月。枝の端に直径6〜12cmの散房花序を出し、小さな白い花をつける。

樹皮の色は灰褐色。縦に浅く裂ける

花の時期は輪生状に枝を張るミズキの仲間特有の樹形がよりはっきりしてわかりやすい

葉先は急鋭尖頭となる

裏 原寸

葉身は広卵形ないしは楕円形

表 原寸

葉縁は全縁で、大きな波状となる

葉の表は光沢があり緑色。毛がわずかに生える

葉の裏は粉白帯緑色

枝 40%

葉は互生。枝先に集まってつく

● TOPICS
多くの水を吸い上げ、樹液が多く、とくに早春に枝を折ると、多量の樹液がしたたり落ちる。このことからミズキ（水木）と名づけられた。その性質のため、渓谷近くなど水分の豊富な場所に生育する。

258

| 単葉 | 広葉 | 切れ込みなし | 鋸歯なし |

サンシュユ
Cornus officinalis（ミズキ科）

対生　落葉小高木

　朝鮮、中国原産の落葉小高木。高さ2〜5mほどになる。樹皮は不規則な薄い鱗状となってはがれ落ち、色は灰褐色。葉は対生し、長さ5〜15mmの葉柄がある。葉身は長さ4〜12cm、幅2〜7cmの広卵形ないし披針状長楕円形で、葉先は長い鋭尖頭、基部は円形に近い。葉縁は全縁。葉の表は濃緑色で光沢がある。裏は灰緑色。表裏ともに葉脈上に毛があり、とくに葉裏では脈腋に濃褐色の毛が集まる。花期は3〜4月。葉に先立ち、短枝の先端に、小さい黄色の花を散形につける。

薬用として渡来したが、現在は庭木や早春の切り花用として植栽される。樹皮は薄くはがれ落ちる

果実は長楕円形の核果で秋に赤く熟す。生食はしない

葉の先は長く鋭尖頭となる

葉身は広卵形あるいは披針状長楕円形

表 原寸

裏 原寸

葉縁は全縁

葉の裏は灰緑色で、脈腋に濃褐色の毛が集まって生える

葉の表は濃緑色で光沢がある

枝 40%

枝先に集まって対生する

●TOPICS
早春の花木として、庭園などに植栽される。和名は、漢名「山茱萸」の音訳。学名の属名は、「cornu（角）」に由来し、材がかたいことによる。種小名は「薬効のある、薬用の」の意味がある。果実は果実酒にし、干したものは煎じて強壮薬になる。

| 単葉 | 広葉 | 切れ込みなし | 鋸歯なし（あり） |

ヤマボウシ

Benthamidia japonica（ミズキ科）

対生　落葉高木

　本州、四国、九州、沖縄に分布する落葉高木。高さ5〜10m、直径20〜30cmになる。葉には長さ5〜10mmの葉柄があり、ふつう枝先に一対の葉を対生する。葉身は長さ4〜12cm、幅3〜7cmの楕円形ないし卵形で、葉先は鋭尖頭あるいは急鋭尖頭、基部は円形。葉縁は全縁あるいは低い鋸歯があり波状となる。葉の表は緑色で、裏は緑白色。表裏ともに毛が散生し、とくに裏では脈腋に黒褐色の毛が集まる。花期は6〜7月。短枝端に必ず一対の側枝を伴った柄の長い頭状花序を頂生する。花序は25〜30個の小花からなり、基部には花弁のような4枚の総苞片があり、淡緑色でのちに白色。まれに紅色を帯びる。

各地の山地の林内や草地に多い。大きいものでは高さ15m以上。花期には白色の総苞片がよく目立つ。材は下駄、櫛、ろくろ細工などに用いる

果実は集合果で、9〜10月ごろ熟し、甘くておいしい

葉身は楕円形あるいは卵形

葉先は鋭尖頭または急鋭尖頭

裏 原寸

表 原寸

葉の裏は緑白色で、毛が散生し、脈腋には黒褐色の毛が集まる

枝 50%

葉縁は全縁、あるいは低い鋸歯があり、やや波打つ

葉の表は緑色で毛が散生する

葉は対生で枝の先に集まってつく。花は葉の展開したあとで咲く

●TOPICS

ヤマボウシの総苞片の先が尖るのに対して、よく似たハナミズキは総苞片の先が窪む。また、葉裏の脈腋の毛がヤマボウシほど集まらないことで区別できる。

| 単葉 | 広葉 | 切れ込みなし | 鋸歯なし |

ハナミズキ

Benthamidia florida（ミズキ科）
別名: アメリカヤマボウシ　対生　落葉小高木

　アメリカ原産の落葉小高木。高さ5～7mになる。葉は対生し、長さ5～15mmの葉柄がある。葉身は長さ8～10cm、幅4～6cmの楕円形あるいは卵円形で、葉先は急鋭尖頭。葉の基部は広いくさび形で左右不同。葉縁は全縁で、大きな波状となる。葉の表は緑色で全面に毛を散生する。裏は粉白色で、葉脈上に毛が生える。側脈は4～6対。花期は4～5月。葉の展開に先立って、樹冠を覆うように、ひとつの花のように見える頭状花序をつける。花序の基部には4枚の大きな花弁のような総苞片がある。

花はヤマボウシに似るが、花弁のように見える総苞片の先端が窪むことで区別する

果実は液果状の核果で赤熟する。紅葉も美しい

葉先は急鋭尖頭となる

葉身は楕円形または卵円形

裏 原寸

表 原寸

葉縁は全縁で、大きく波うつ

葉は対生し枝先に集まってつく

枝 50%

葉の表は毛が生え、緑色

葉の裏は葉脈上に毛があり、粉白色

基部は左右が不揃いとなった広いくさび形

●TOPICS

日本に渡来したのは1912年。当時の東京市長尾崎行雄がアメリカのワシントンにサクラを寄贈した際、その返礼として贈られた。和名は、花が美しく目立つミズキの意味。

複葉｜羽状複葉｜2回羽状複葉

タラノキ

Aralia elata（ウコギ科）

互生　落葉低木

　北海道、本州、四国、九州に分布する落葉低木。高さ2〜5mになる。幹は単一、あるいはわずかに分枝して直立し、樹皮には鋭い棘が数多くある。棘は幹だけでなく、枝や葉柄、葉軸にもある。葉身は長さ50〜100cmと大きな2回羽状複葉で互生し、枝先に集まってつく。葉軸は羽状に対生する小葉軸に分かれ、小葉軸には5〜9枚の小葉がつく。小葉は長さ5〜10cm、幅3〜7cmの卵形あるいは卵状広楕円形で、先は尖り、基部は円形あるいは浅心形。葉縁は粗い鋸歯がある。小葉の表は濃緑色で、毛が散生し、裏は緑色で葉脈上に毛がある。花期は8月。枝先に長さ30〜50cmの散形花序をつくり、白色の花を多数つける。

丘陵や低山の荒れ地や崩壊した斜面などに生える。写真は林内の明るく開けた荒れ地で生長したタラノキ

若い芽は天ぷらなどにして食べるとおいしい

原寸

葉は大きな2回羽状複葉

裏 25%

小葉は先が尖った卵形あるいは卵状広楕円形

葉の裏には葉脈上に毛が生え、緑色

葉軸には鋭い棘がある

表 25%

葉の表には毛が散生し、濃緑色

● TOPICS

種子でもふえるが、枝からも芽を出すため、山火事あとや伐採地でも、次々と新しい個体が再生し、群落をつくる。春に伸びはじめた若い芽は天ぷらや和え物などにして食べられる。

単葉｜広葉｜切れ込みなし｜鋸歯なし

キヅタ
Hedera rhombea（ウコギ科）

互生　常緑つる

　北海道の南部、本州、四国、九州、沖縄に分布する常緑つる性木本。多数の気根を出しながら、他物に吸着してよじ登る。葉は互生し、長さ1.5～2cmの葉柄がある。葉身は厚く、花をつける枝では長さ3～7cm、幅2～5cmのひし形状卵形あるいは卵状披針形で、葉先はやや鈍頭で、基部はくさび形、葉縁は全縁で大きな波状となる。若い枝ではふつう大きく卵円形またはひし形状卵形で、先が浅く3～5裂し、基部は浅心形。葉の表は濃緑色で裏は淡緑色。表裏ともに無毛。花期は10～12月。散形花序をつくり黄緑色の花をつける。

落葉するブドウ科のツタを「ナツヅタ」とよぶのに対し、常緑のキヅタを「フユヅタ」とよぶことがある

多数の気根を出しケヤキによじ登るキヅタ。太いものは主幹の直径が10cm以上になる

裏 原寸

葉の裏は淡緑色で毛はない

表 原寸

葉縁は全縁で、大きな波状となる

花枝につく葉はひし形状卵形あるいは卵状披針形

葉の表は濃緑色で無毛

枝 50%

葉は互生する

● TOPICS
和名はキヅタ（木蔦）で、ブドウ科のツタに似ていて、木質であることによる。属名Hederaはセイヨウキヅタのラテン古名で、「しがみつく」という意味がある。観葉植物とされるキヅタ類をヘデラとよぶことが多い。

単葉｜広葉｜切れ込みあり｜鋸歯なし

カクレミノ

Dendropanax trifidus（ウコギ科）

互生　常緑小高木

　本州の南関東以西、四国、九州、沖縄に分布する常緑小高木。高さ5〜15m、直径20〜30cmになる。葉は互生し、長さ2〜10cmの葉柄があり、枝先に集まる。葉身は、若枝では大きく、卵円形で3〜5中裂する。花のつく枝では長さ5〜14cm、幅2〜9cmの長楕円形、ひし状楕円形、卵状楕円形など形の変化が多く、ときに2〜3中裂することもある。葉の縁は全縁。葉先は短く鋭頭となり、基部はくさび形。葉の表は濃緑色で光沢があり、裏は黄緑色で、表裏ともに無毛。花期は7〜8月。枝先に長さ4〜7cmの花柄を出し、多数の緑白色の花を散形につける。

海岸近くの、やや湿った照葉樹林内に生える。樹皮は灰白色で滑らか。耐陰性の庭木として、アオキやヤツデと同様に利用する

成木の、とくに花をつける枝では卵形で全縁のものが多い。常緑だが黄葉する

裏 70%

表 原寸

葉の縁は全縁

葉身は、若い枝のものは3〜5中裂するものが多い

葉の裏は黄緑色で無毛

葉の表は濃緑色で光沢があり、無毛

黄葉 60%

基部はくさび形。分岐した3本の脈が目立つ

● TOPICS

異形葉が多いが、3中裂した葉がもっとも多く、また大きさも大きい。この3中裂した葉の形を、身につけると体を隠すことのできる蓑（みの）にたとえて、カクレミノ（隠れ蓑）という。

葉は切れ込みのないものもあり、落葉時には色づく

単葉｜広葉｜切れ込みあり｜鋸歯あり

ヤツデ
Fatsia japonica（ウコギ科）

互生　常緑低木

本州の茨城県以南、四国の太平洋側、九州の南部に分布する常緑低木。高さ1.5〜3m、大きなものは高さ5mほどになる。葉には長さ20〜40cmの葉柄があり、枝先に集まり互生する。葉身は長さ10〜30cmの円形で、深く7〜11裂して掌状となる。各裂片の先は尖り、縁には粗い鋸歯がある。葉の基部は浅・深心形となり、7〜11本の掌状脈が出る。葉の表は濃緑色で光沢があり無毛、裏は淡緑色で葉脈基部に毛が少しある。花期は11〜12月。枝先に1〜2回分枝した大きな円錐花序をつくり、末端の花柄の先に多数の花をつける。

観葉植物として庭植えされる。斑入りの園芸品種も多い

白い小さな5弁花が密についた球状の散形花序が集まって大きな円錐花序をつくる

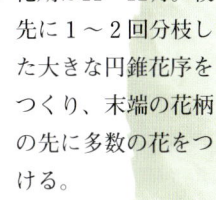

裏 40%　原寸

表 40%

裂片の先は尖る

葉の裏は葉脈の基部に少し毛があり、淡緑色

葉身は深く7〜11裂した円形で、掌状になる

葉の縁には粗い鋸歯がある

葉の表は無毛で濃緑色

● TOPICS

いくつかの園芸品種がつくられていて、フクリンヤツデ、キモンヤツデ、シロブチヤツデなど斑入り葉のものが栽培されている。和名ヤツデ（八手）は、葉が掌状に多く分かれているため。八は数が多いことをあらわしている。

複葉｜掌状複葉

ヒメウコギ

Acanthopanax seiboldianus（ウコギ科）
別名：ウコギ　　互生　　落葉低木

　中国原産でときに西日本の石灰岩地に野生化する落葉低木。高さ1.5〜2m。葉には長さ2〜11cmの葉柄がある掌状複葉で小葉は5枚、長枝にまばらに互生し、短枝に束生する。頂小葉がもっとも大きく、長さ2〜6cm、幅1〜2cmの倒披針形ないし卵状長楕円形で、縁には粗い鋸歯があり、先は尖り基部はくさび形。小葉の表は濃緑色で光沢があり無毛。裏は緑色で無毛。花期は5〜6月。雌雄別株。短枝の先に花柄を伸ばし散形花序をつくり、多数の黄緑色の花をつける。

葉がよく茂り、枝が隠れてしまう。若い葉を摘んでおひたしや菜飯にする

花は半円形に広がる。日本ではほとんどが雌株

小葉の縁には粗い鋸歯がある

表 原寸

小葉は倒披針形あるいは卵状長楕円形

裏 70%

小葉の裏は緑色で無毛

小葉の表は光沢があり濃緑色で無毛

葉は5枚の小葉からなる掌状複葉。小葉は頂小葉がもっとも大きく、左右に離れるものほど小さい

● TOPICS

ウコギともよばれる。漢名は「五加」で、その漢読み「ウコ」と、木の日本読み「キ」を結合したもの。新芽はやや苦いが香りがよく、山菜として食される。また若芽を乾燥したものは代用茶とされる。

複葉｜掌状複葉
コシアブラ
Acanthopanax sciadophylloides （ウコギ科）

互生　落葉高木

　北海道、本州、四国、九州に分布する落葉高木。高さ7〜15m、直径20〜30cmになる。葉は5枚の小葉からなる掌状複葉で、長枝に互生し、枝の先あるいは短枝に束生する。葉柄は長さ10〜20cm。小葉は頂小葉がもっとも大きく、長さ10〜20cm、幅4〜9cmの倒卵形ないし倒卵状長楕円形で、葉先は細く尖り、基部はくさび形。葉縁は大小不揃いの浅い鋸歯があり、鋸歯の先は芒状。小葉柄は長さ1〜2cm。小葉の表は緑色で光沢があり、葉脈上に毛が散生する。裏は淡緑色で、葉脈と脈腋に毛が生える。花期は8〜9月。枝先に円錐花序をつくり、黄緑色の花を多数つける。

各地の山地の林内に生育する。樹皮は灰白色または灰褐色、丸い皮目がまばらにある。材は緻密で光沢があり、箸や扇、一刀彫りの玩具などに利用する

若い芽は天ぷらや和え物などにして食べる

原寸

小葉の先は細く尖る

裏 35%

表 35%

小葉の表は葉脈上に毛があり、緑色

小葉の縁には大きさの不揃いな浅い鋸歯があり、鋸歯の先端は芒状に伸びる

小葉の基部はくさび形

小葉の裏は葉脈と脈腋に毛が生え、淡緑色

小葉は倒卵形あるいは倒卵状長楕円形。葉は掌状複葉で、5枚の小葉がつく

●TOPICS
本種から採取した樹脂から「金漆（ごんぜつ）」とよぶ漆に似た塗料を得たことから、ゴンゼツノキという別名もある。和名は、その塗料を得る際に樹脂を漉（こ）すためなどといわれるが、詳細は不明。若芽は香気があり山菜として食される。

| 単葉 | 広葉 | 切れ込みあり | 鋸歯あり |

ハリギリ

Kalopanax pictus（ウコギ科）
別名：センノキ

互生　落葉高木

　北海道、本州、四国、九州に分布する落葉高木。高さ10〜20m、大きなものでは高さ30m、直径50〜60cmになる。樹皮は黒褐色で、縦に深く裂ける。枝には鋭い棘が数多くある。葉は互生し、長さ10〜30cmの葉柄があり、枝先に集まってつく。葉身は長さ20〜50cm、幅10〜25cmの半円形または円形で、基部は切形または心形。葉縁は掌状に5〜9裂する。各裂片は三角状卵形で先が尖り、縁には鋭い細鋸歯がある。葉の表は緑色で無毛、裏は灰緑色で葉脈上に毛がある。花期は6〜7月。長い円錐花序を出し、緑白色の小さな花をつける。若芽は食用になる。

照葉樹林帯からブナ帯まで分布し、森林の最上層に達する高木となる。林業では広くセンノキとよばれる

樹皮は灰褐色、老木で黒褐色となる。材はきわめて良質で建具・家具・楽器材として重用される

原寸

裏 50%

裂片の先端は尖る

裂片の縁には鋭い細鋸歯がある

表 50%

葉は5〜9裂して掌状

葉の裏は葉脈上に毛があり、灰緑色

基部は切形か心形

葉の表は緑色で毛は生えない

● TOPICS

和名は、枝に幅の広い棘があり、材をキリの代用として用いたためなどといわれる。棘は形態的には表皮が変質したものと考えられ、強く押すと基部から剥離する。イタヤカエデに似ているが、ハリギリは葉に鋸歯があるので区別できる。

複葉｜三出複葉

タカノツメ

Evodiopanax innovans（ウコギ科）

互生　落葉小高木

　北海道、本州、四国、九州に分布する落葉小高木。高さ6〜8m、大きなものでは高さ15mほどになる。葉は3枚の小葉からなる三出複葉だが、まれに単葉のものがある。葉柄は2〜12cmで、長枝に互生し、短枝には数枚が集まって束生する。小葉は長さ5〜15cm、幅2〜6cmの長楕円形ないし楕円形で、先は鋭く細く尖り、基部は鋭形で、葉縁には先が毛状に尖った微小な鋸歯がある。小葉柄は長さ2〜6mm。小葉の表は緑色で無毛、裏は灰緑色で脈腋に毛がある。雌雄異株。花期は5〜6月。短枝の先に出る数個の散形花序に、小形で淡緑色の花をつける。

山地の林内や林縁、尾根などに多い。葉は秋にきれいな黄色に色づく

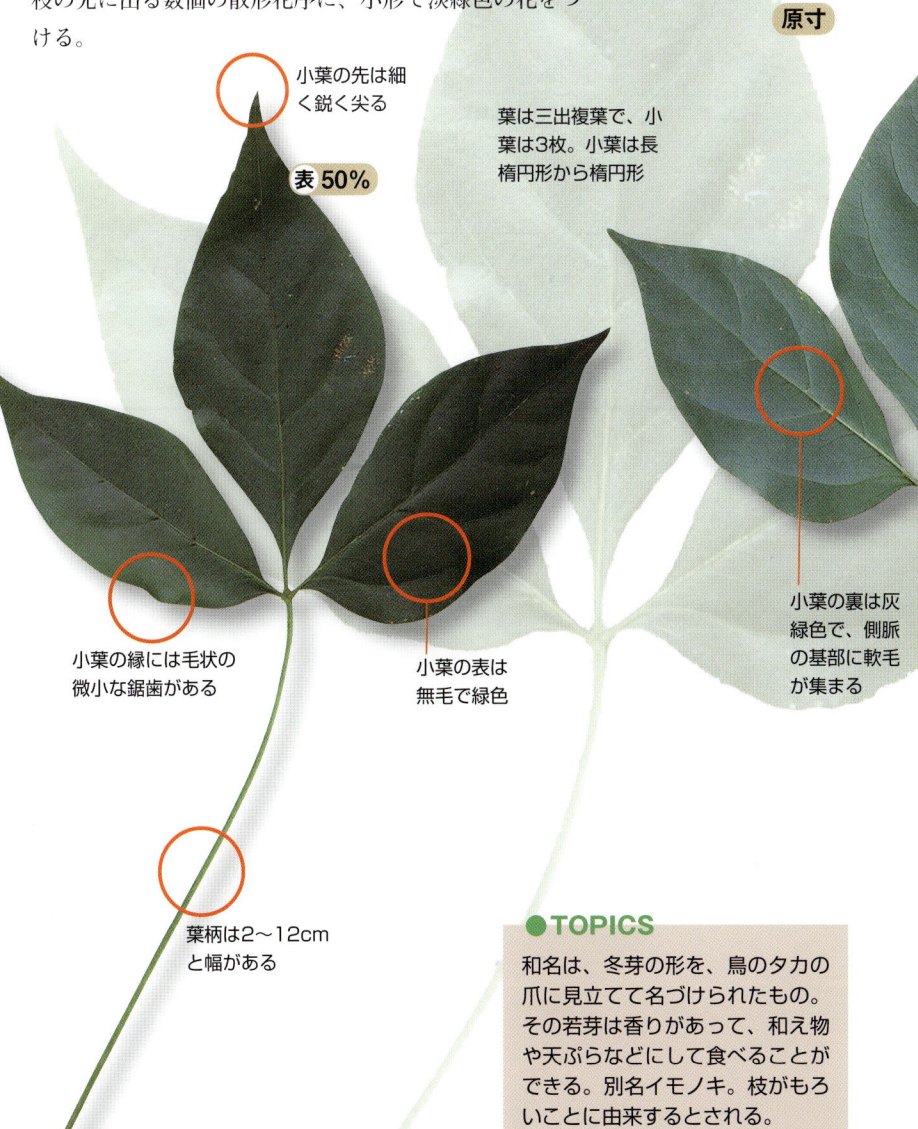

原寸
裏 50%
表 50%

小葉の先は細く鋭く尖る

葉は三出複葉で、小葉は3枚。小葉は長楕円形から楕円形

小葉の縁には毛状の微小な鋸歯がある

小葉の表は無毛で緑色

小葉の裏は灰緑色で、側脈の基部に軟毛が集まる

葉柄は2〜12cmと幅がある

●TOPICS
和名は、冬芽の形を、鳥のタカの爪に見立てて名づけられたもの。その若芽は香りがあって、和え物や天ぷらなどにして食べることができる。別名イモノキ。枝がもろいことに由来するとされる。

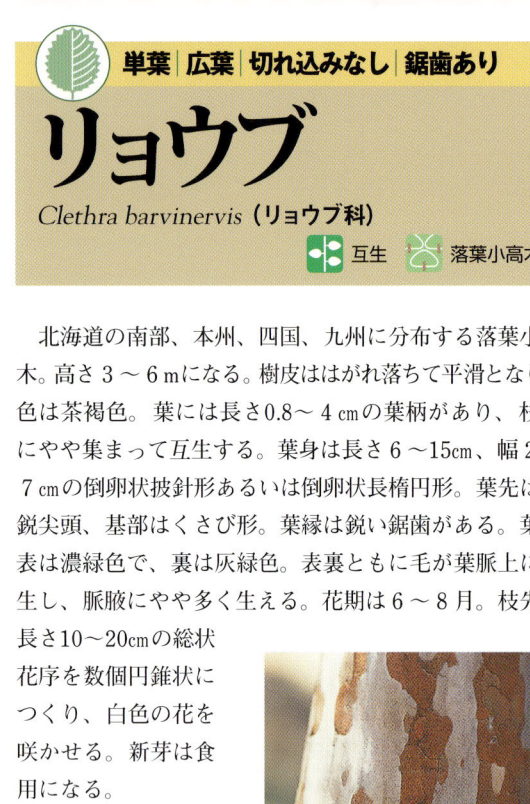

| 単葉 | 広葉 | 切れ込みなし | 鋸歯あり |

リョウブ

Clethra barvinervis（リョウブ科）

互生　落葉小高木

北海道の南部、本州、四国、九州に分布する落葉小高木。高さ3〜6mになる。樹皮ははがれ落ちて平滑となり、色は茶褐色。葉には長さ0.8〜4cmの葉柄があり、枝先にやや集まって互生する。葉身は長さ6〜15cm、幅2〜7cmの倒卵状披針形あるいは倒卵状長楕円形。葉先は急鋭尖頭、基部はくさび形。葉縁は鋭い鋸歯がある。葉の表は濃緑色で、裏は灰緑色。表裏ともに毛が葉脈上に散生し、脈腋にやや多く生える。花期は6〜8月。枝先に長さ10〜20cmの総状花序を数個円錐状につくり、白色の花を咲かせる。新芽は食用になる。

各地の山地にふつうに見られる。枝先に円錐状の総状花序を出し、ウメの花に似た白い小花を密集して咲かせる

樹皮ははがれて独特の模様を見せる。材は床柱のほか良質の薪炭材となる

裏 原寸

葉身は倒卵状披針形または倒卵状長楕円形で先は急鋭尖頭

表 原寸

葉の縁には鋭い鋸歯がある

葉の表は濃緑色で、葉脈上に毛がある

葉は枝先に集まって互生する

枝 40%

葉の裏は灰緑色で、表と同様に葉脈に毛がある

葉の基部はくさび形

●TOPICS

リョウブは「令法」と書く。リョウブは令法（りょうぼう）の転。古くリョウブを救荒食料として採取と貯蔵を命じた令法が発せられたことに由来する。樹皮の美しさから、床柱などの建築材料とされる。

単葉｜広葉｜切れ込みなし｜鋸歯なし

サツキ

Rhododendron indicum（ツツジ科）
別名：サツキツツジ

互生　半常緑低木

　本州の神奈川県以西の主に太平洋側、九州の一部に分布する半常緑低木。高さ0.5～1m。葉は互生し、長さ1～2mmの葉柄があり、枝先に輪生状に集まる。葉身は長さ1～3cm、幅0.4～1cmの披針形あるいは狭披針形で、先端は尖って中央に腺状突起がある。基部はくさび形。葉縁は全縁。葉の表は緑色で裏は灰緑色。葉の表と葉縁、裏の葉脈上に剛毛がある。花期は5～6月。前年の枝先についたつぼみから紫紅色の花を1～2個開く。

川岸の岩の上などに自生する。庭植えや鉢植えでさかんに栽培され、多くの園芸品種がある

枝先に朱赤または紫紅色の花が、ふつう1個つく

表 原寸
葉身は披針形あるいは狭披針形
葉縁は全縁で、剛毛がある
葉の表は緑色で、剛毛が生える

裏 原寸
葉先は尖り、先端中央に腺状突起がある
葉の裏は葉脈上に剛毛があり、灰緑色

冬に越冬する葉は春葉とほぼ同じ形になる

葉は互生する

枝 120%

● TOPICS
和名はサツキツツジを略したもので、旧暦五月（皐月）に花が咲くことに由来する。園芸栽培の起源は不明だが、江戸期にはサツキづくりが大流行した。明治以降の交配育種では、近縁のマルバサツキを加えて行われ、多くの品種がつくり出されている。

単葉｜広葉｜切れ込みなし｜鋸歯なし

ヤマツツジ

Rhododendron kaempferi（ツツジ科）

互生　半落葉低木

　北海道南部、本州、四国、九州に分布する半落葉低木。葉は互生し、長さ1〜3mmの葉柄があり、枝先に輪生状に集まる。葉には春葉と夏葉の別がある。春葉は、大きさや形に変化が大きく、葉身は卵形、楕円形、長楕円形、卵状長楕円形で、長さ2〜5cm、幅0.7〜3cm、先は短く尖り先端に腺状突起がある。基部はくさび形。夏葉は長さ1〜2cm、幅0.4〜1cmの倒披針形あるいは倒披針状長楕円形で、先は鈍く先端に腺状突起があり、基部はくさび形。春葉は冬には落葉し、夏葉は一部越冬する。葉の表は緑色で裏は灰緑色。表裏ともに毛が多く、葉縁は全縁で毛が生える。

　花期は4〜6月。枝先の1つの花芽から1〜3個の朱色の花を開く。

海岸近くの丘陵から標高1000m以上の山地まで、生育する。日当たりのよい乾燥した場所を好む

樹皮は灰褐色、枝に褐色の毛がある。材(枝)は茶の湯の枝炭の材料とされる

葉の先は、春葉では短く尖り、先端には腺状突起がある

春葉では卵形、楕円形、長楕円形、卵状長楕円形など形の変化が大きい。夏葉は倒披針形あるいは倒披針状長楕円形

表 原寸

裏 原寸

葉の表は緑色で、毛が多い

葉の裏は灰緑色で、多くの毛が生える

枝 70%

葉は互生する

● TOPICS

春葉は春に展開する葉で、葉質は薄く、大きさは夏葉よりも大きい。そして冬には落葉する。夏葉は夏から初秋にかけて出る葉で、大きさは小さく枝先に集まるようにつき、越冬するが、寒冷地では落葉する。

単葉｜広葉｜切れ込みなし｜鋸歯なし

ミツバツツジ

Rhododendron dilatatum（ツツジ科）

輪生　落葉低木

　本州の関東地方、中部地方中南部に分布する落葉低木。高さ2〜3mになる。葉には長さ2〜12mmの葉柄があり、枝先に三輪生する。葉身は長さ3〜6cm、幅2.5〜5cmの広卵形あるいはひし形状卵形で、葉先は鋭頭となり中央部に腺状突起がある。基部は円形で短く葉柄に流れる。葉縁は全縁で波状となり、下部の縁は裏側に巻き込む。葉の表は濃緑色で、腺点が散生し、裏は灰緑色で無毛。花期は4〜5月。葉に先立ち、1つの花芽から2〜3個の紅紫色で内面上側に濃い色の斑点がある花を咲かせる。

葉の展開前に紅紫色の花を咲かせる。庭木としても植栽される

花が終わると、先が尖った葉を三輪生して枝先につけるので、よく目立つ

葉身は広卵形あるいはひし形状卵形

裏 原寸

葉の裏は灰緑色で毛が生えない

葉先は鋭頭。中央には腺状突起がある

表 原寸

葉縁は波状となり全縁

基部は円形で、ごく短く葉柄に流れる

葉の表は濃緑色

枝 50%

葉は枝先に三輪生して、基部に近い部分の縁は裏側に巻き込む

● TOPICS
和名は、枝先に3枚の葉が輪生することに由来する。多くの変種があり、ヒダカミツバツツジ（北海道日高地方）、トサノミツバツツジ（関西・紀伊半島、四国）、ハヤトミツバツツジ（鹿児島県）、アワノミツバツツジ（九州）が知られている。

273

| 単葉 | 広葉 | 切れ込みなし | 鋸歯なし |

ゲンカイツツジ

Rhododendron mucromulatum var. ciliatum（ツツジ科）

互生　落葉低木

本州の中国地方、四国の北部、九州の北部に分布する落葉低木。高さ1～1.5m。若枝には赤褐色の鱗状毛が密生し、白色の長毛が散生する。葉は互生し、長さ3～6mmの葉柄がある。葉身は厚く、長さ2.5～6.5cm、幅1.5～3cm楕円形で、先は尖り、先端に腺状突起がある。基部はくさび形。葉の縁は全縁で葉の表は黄緑色、葉の裏は淡緑色。葉の表裏ともに円形の鱗状毛と長毛がある。花期は3～4月。枝先に数個の花芽をつけ、淡紅紫色または紅紫色の花を開く。

葉の展開前に淡紅紫色の花を咲かせる

葉の先端は尖って、先端には腺状突起がある

表 原寸

葉身は楕円形で、葉の質は厚い

裏 原寸

葉の縁に鋸歯はない

葉の裏も円形の鱗状毛があり、淡緑色

葉の基部はくさび形

葉の表は黄緑色で、鱗状毛がある

葉は互生し、円柱の果実にも円形の鱗状毛がある

枝 原寸

●TOPICS

福岡県の英彦山や犬ヶ岳が野生地として有名で、和名は玄界灘に由来する。基本変種のカラムラサキツツジは朝鮮半島西部、中国北部に分布し、若枝は無毛、あるいははじめ長毛が生えるがのちに無毛になる。

| 単葉 | 広葉 | 切れ込みなし | 鋸歯なし |

トウゴクミツバツツジ

Rhododendron wadanum（ツツジ科）

輪生　落葉低木

本州の東北地方南部、関東、中部、近畿の一部の太平洋側に分布する落葉低木。葉には長さ2～4mmの葉柄があり、枝先に三輪生する。葉身は長さ4～7cm、幅3～5cmの広卵形またはひし形状卵形で、葉の中央よりやや下でもっとも幅広くなる。葉先は鋭頭で先端中央に腺状突起があり、基部は広いくさび形。葉縁は全縁。葉の表は緑色で無毛、裏は灰白緑色で毛があり、葉脈の基部には毛が密生する。側脈は4～5対。花期は4～5月。枝先の1つの花芽から1～2個の紅紫色の花を開く。

葉の展開と同時か展開前に花を咲かせる。ミツバツツジより高所に見られる

葉の先端に腺状突起がある

表 原寸

葉縁に鋸歯はない

葉の表は毛がなく、緑色

葉身は広卵形あるいはひし形状卵形。葉の中央よりやや下部でもっとも幅が広くなる

裏 原寸

葉の裏は灰白緑色で毛が生える

基部は広いくさび形

枝 60%

葉は枝先に三輪生する

● TOPICS

同属のミツバツツジとよく似ているが、分布域を見ると、低所でミツバツツジ、高所でトウゴクミツバツツジが見られる。また、ミツバツツジの雄しべは5個あるのに対し、本種は雄しべが10個ある。

ハクサンシャクナゲ

単葉｜広葉｜切れ込みなし｜鋸歯なし

Rhododendron brachycarpum（ツツジ科）

互生　常緑低木

　北海道、本州の中北部、四国に分布する常緑低木。葉は互生し、長さ0.5〜2cmの葉柄があり、枝先に集中する。葉身は革質で、長さ6〜13cm、幅2.5〜4.5cmの長楕円形または狭長楕円形。先端は鈍頭となり中央に腺状突起があり、基部は円形または浅い心形となる。葉縁は全縁で裏側に巻く。葉の表は濃緑色で毛はなく、裏は灰褐色で毛が密生する。花期は7〜8月。枝先に短い総状花序をつくり、5〜15個の花を開く。花冠は赤色を帯びた白色で、内面上側に緑褐色の濃い斑点がある。

山地や高山、亜高山帯に生え、葉は裏側に巻いたようになる

花は枝先に集まり、赤色を帯びた美しい白色となる

葉の先端は鈍く尖り、先端中央には腺状突起がある

葉身は長楕円形あるいは狭長楕円形

裏 原寸

表 原寸

葉縁は全縁で、裏側に巻いたようになる

葉の裏は灰褐色の軟毛が密に生える

葉の表は濃緑色で無毛

基部は円形、あるいは浅い心形

● TOPICS

冬季には、葉からの蒸散や凍結を避けるために、葉がまるで枯れたように力なく垂れ下がったようになる。このようにして冬を越すハクサンシャクナゲは寒さに非常に強く、寒地でも栽培できる品種の母種として使われる。

単葉｜広葉｜切れ込みなし｜鋸歯なし

アズマシャクナゲ

Rhododendron degronianum（ツツジ科）

互生　常緑低木

　本州の東北地方南部、関東地方、中部地方南部に分布する常緑低木。高さ2〜4mになる。葉は互生し、長さ1〜2.5cmの葉柄がある。葉身は革質で、長さ5〜15cm、幅1.5〜3.5cmの長楕円形で、葉先は鋭く尖り先端に腺状突起がある。基部はくさび形。葉縁は全縁で、裏側に巻く。葉の表は濃緑色で光沢があり、毛は生えない。裏は淡褐色で、毛が密生する。花期は5〜6月。枝先に短い総状花序をつくり、5〜12個の淡紅紫色〜紅紫色で漏斗（ろうと）状鐘形の花を開く。

花は淡紅紫色〜紅紫色で、開花が進むにつれ、花色が淡くなる。5〜12個の花が枝先に集まる

葉は枝先に集まってつき、若い葉は薄い緑色

葉身は革質で、先の尖った長楕円形

表 原寸

葉の先端には腺状突起がある

裏 70%

葉縁は全縁で、裏側に巻く

葉の表は濃緑色で光沢があり無毛

葉の裏は毛が密生し、淡褐色

葉の基部はくさび形

● TOPICS

花は美しく、つぼみのうちは濃いピンク色をしていて、開花が進むにつれて少しずつ色が淡くなっていく。和名のアズマシャクナゲ（東石楠花）は、東日本などに分布することに由来する。

| 単葉 | 広葉 | 切れ込みなし | 鋸歯あり |

ドウダンツツジ

Enkianthus perulatus （ツツジ科）

互生　落葉低木

　四国の山地に自生し、広く栽培される落葉低木。高さ1〜3m。葉は互生し、長さ2〜7mmの葉柄があり、枝先に輪生状に集まる。葉身は長さ2〜3cm、幅0.8〜1.5cmの倒狭卵形あるいはひし形。葉先は急鋭尖頭で先端中央に腺状突起がある。基部は狭いくさび形。葉縁の先半分に鉤状の細鋸歯がある。葉の表は緑色で葉脈上に毛が散生し、裏は光沢があって淡緑色、主脈の基部に毛がある。側脈は5〜7対。花期は4〜5月。枝先に1〜5個の白色の花を下向きにつける。

細い枝を茂らせ、秋には葉が赤く色づく

葉の展開とほぼ同時に白い花をつける

葉先は急に尖り、先端には腺状突起がある

葉身は倒狭卵形あるいはひし形

葉縁の先半分には、鉤状になった細かな鋸歯がある

表 原寸　　裏 原寸

葉の表は葉脈上に毛があり、緑色

基部は狭いくさび形

葉の裏は主脈の基部に毛が生え、淡緑色

枝 原寸

葉は枝先に集まり、互生する

●TOPICS

和名はドウダンツツジ（灯台躑躅）。分枝の仕方が、古く宮中での夜間行事の際などに使われた「結び灯台」の脚に似ているため名づけられ、のちにその「トウダイ」が転じて「ドウダン」となったとされる。

| 単葉 | 広葉 | 切れ込みなし | 鋸歯あり |

アセビ
Pieris japonica（ツツジ科）

互生　常緑低木

　本州の宮城県以南、関東、中部地方の太平洋側、近畿、中国地方、四国、九州に分布する常緑低木。葉は互生し、長さ3～6mmの葉柄があり、枝先に集中する。葉身は長さ3～9cm、幅0.8～3cmの長楕円形あるいは倒披針状長楕円形。先は鋭尖頭で先端中央に腺状突起がある。基部はくさび形。葉縁は上半分に浅い鈍鋸歯がある。葉の表は濃緑色で光沢があり、無毛あるいは葉脈上にわずかに毛がある。裏は黄緑色で無毛。花期は4～5月。枝先に円錐花序を下げ、白色の小さな花を多くつける。

山地に見られ、よく枝分かれする。庭木としても利用される

枝先に白い小さな花をつけ、花は下向きに開く

葉の先端は尖り、中央に腺状突起がある

葉の半分より先の縁には浅い鈍鋸歯がある

表 原寸　　裏 原寸

葉の表は濃緑色で光沢があり、葉脈上にわずかに毛があるか無毛

葉の裏は無毛で黄緑色

葉身は長楕円形または倒披針状長楕円形

葉は互生して枝先に集まる

枝 130%

●TOPICS
有毒植物で、馬が葉を食べると中毒を起こし苦しむため、馬酔木（アセビ）の名がある。有毒物質の主成分はアセボトキシンとよばれる苦み物質で、古くは葉を煮出したものを殺虫剤とした。

単葉 | 広葉 | 切れ込みなし | 鋸歯なし

ネジキ

Lyonia ovalifolia var. *elliptica* （ツツジ科）

互生　落葉小高木

本州の山形県、岩手県以南、四国、九州に分布する落葉小高木。高さ3〜7mになる。葉は互生し、長さ5〜15mmの葉柄がある。葉身は薄く、長さ4〜10cm、幅1.5〜5cmの卵形あるいは長卵形。先は細くよじれたように長く尖り、基部は円形または浅い心形。葉縁は全縁で大きな波状となる。葉の表は緑色で毛が散生し、裏は淡緑色で、毛が葉脈上に多い。側脈は5〜10対。花期は5〜6月。前年枝の腋に細長い総状花序をつくり、白色の花を多数つける。

日当たりのよい山地に生え、幹がややねじれる

花はきれいに並んで下向きに開く

先はよじれたようになりながら細くなり尖る

表 原寸

裏 原寸

葉縁は大きな波状となって全縁

葉の裏は淡緑色で、葉脈上に多くの毛がある

葉身は卵形または長卵形

葉の表は毛が散生し、緑色

紅葉 40%

葉は互生して、秋に紅葉する

● TOPICS
幹がねじれたようになるため、ネジキといわれる。材は緻密でかたいため、櫛や傘の柄など細工物に使われ、木炭は漆器を磨くために用いられる。

単葉｜広葉｜切れ込みなし｜鋸歯なし

カキノキ

Diospyros kaki（カキノキ科）
別名：カキ　　互生　　落葉高木

　本州の西部、四国、九州に分布する落葉高木。高さ5～12m、直径15～30cmになる。樹皮は若いものでは灰褐色、古くなると灰黒色となり、縦に走る割れ目が多数生じる。葉は互生し、長さ1～1.5cmの葉柄がある。葉身は長さ7～17cm、幅4～10cmの広楕円形ないし卵状長楕円形。葉先は鋭尖頭または急鋭尖頭、基部はくさび形。葉縁は全縁で、まれに上部に細かい鋸歯がある。葉の表は濃緑色で光沢があり、葉脈上に毛がある。裏は灰緑色で全面に毛があるが、とくに葉脈上に多い。雌雄同株。花期は5～6月。その年伸びた枝の葉腋に、淡黄色の花をつける。

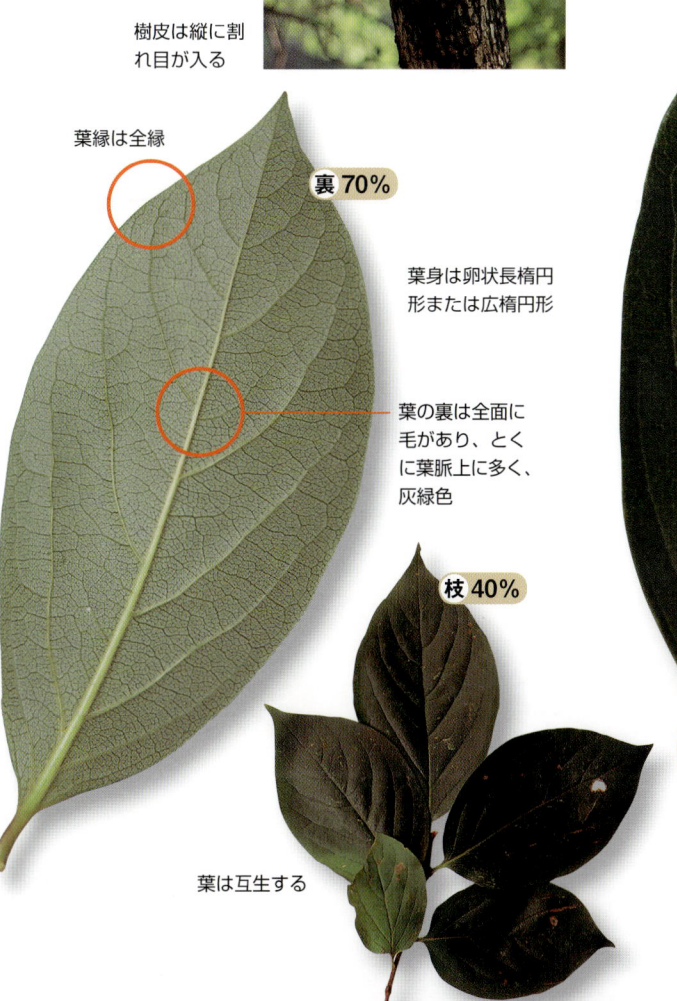

幹は直立して上部で枝分かれする。広く栽培され、赤黄色に熟す果実は秋の代表的な果実

樹皮は縦に割れ目が入る

葉縁は全縁

裏 70%

葉身は卵状長楕円形または広楕円形

葉の裏は全面に毛があり、とくに葉脈上に多く、灰緑色

枝 40%

葉は互生する

葉の先端は鋭尖頭あるいは急鋭尖頭

表 原寸

葉の表は濃緑色で、葉脈上に毛が多い

葉の基部はくさび形

● TOPICS
栽培品種がとても多く、形態の変異が大きい。各地で果樹として栽培され、果実は食用とする。渋みがあるものは皮をむいて天日に干して、干し柿にする。渋みが抜けたものは甘くておいしい。

281

単葉 | 広葉 | 切れ込みなし | 鋸歯あり

エゴノキ

Styrax japonica（エゴノキ科）

互生　落葉小高木

　北海道、本州、四国、九州、沖縄に分布する落葉小高木。高さ7〜8m、直径10〜15cmになる。樹皮はほぼ平滑で淡黒色。葉は互生し、長さ3〜7mmの葉柄がある。葉身はやや薄く、長さ4〜8cm、幅は2〜4cmの卵形ないし狭長楕円状卵形。葉先は鋭頭あるいは尾状に長い鋭尖頭で、基部はくさび形。葉縁は低く波状の鈍鋸歯がある。葉の表は濃緑色でやや光沢があり、裏は緑色で、表裏ともに葉脈上に毛があり、脈腋に多く集まる。花期は5〜6月。小さな白色の花を下向きに開く。

小さな白い花を下向きに開き、枝一面に花を咲かせる

果実は鈴なりに垂れ下がり、果皮にはサポニンを含む

葉身は卵形から狭長楕円状卵形。質はやや薄い

葉先は尾状に長い鋭尖頭となる

葉縁は波状の低い鈍鋸歯がある

葉の裏は緑色で表と同じく葉脈上に毛がある

表 原寸

裏 原寸

枝 80%

基部はくさび形

葉の表は濃緑色で葉脈上に毛がある

葉は互生する

● TOPICS

材は白く、かたく割れにくいので、ろくろ細工やこけしなどに使われる。かつては唐傘や番傘のろくろ（骨を集めて開閉する円筒状の部分）にも使われた。果皮にはサポニンを含み、洗濯に利用したためセッケンノキとよぶ地方もある。

| 単葉 | 広葉 | 切れ込みなし | 鋸歯あり |

ハクウンボク

Styrax obassia（エゴノキ科）

互生　落葉小高木

　北海道、本州、四国、九州に分布する落葉小高木。高さ6～15mとなる。樹皮は灰黒色。葉は互生し、長さ1～2cmの葉柄がある。葉身は長さ10～20cm、幅6～20cmの倒卵形ないし広倒卵形。葉先は急鋭尖頭、基部は円形あるいは切形となる。葉縁は不規則で小さな歯牙状鋸歯がある。葉の表は濃緑色で葉脈上に毛が散生する。裏は灰白緑色で全面に毛が密生する。側脈は9～10対。花期は5～6月。長さ8～17cmの総状花序を下垂し、白色の花を多数つける。

枝先に総状花序をつけ、たくさんの白い花が群がるように咲く

樹皮は滑らかで、灰黒色。老木になると縦に割れ目が入る

葉先は急鋭尖頭

表50%

葉身は倒卵形あるいは広倒卵形

葉の縁には小さな歯牙状の鋸歯がある

裏50%

原寸

葉の裏は全面に毛が密生し、灰白緑色

葉の基部は円形または切形

葉の表は濃緑色で、毛が葉脈上に散生する

枝20%

葉は互生して、枝先に丸い実をつける

● TOPICS

和名はハクウンボク（白雲木）。花の時期には白い花が群がるように咲き、そのようすを白い雲に見立てて名づけられたといわれる。種子からは油分がとれ、ろうそくをつくる。

単葉｜広葉｜切れ込みなし｜鋸歯あり

サワフタギ

Symplocos chinensis var. *leucocarpa* f. *pilosa*
（ハイノキ科）　互生　落葉低木

　北海道、本州、四国、九州に分布する落葉低木。高さ2〜4mになる。樹皮は縦裂する。葉は互生し、長さ3〜8mmの葉柄がある。葉身は長さ4〜9cm、幅2〜4cmの倒卵形ないし楕円形。葉先は急に短く鋭頭で、基部はくさび形。葉縁は細鋸歯がある。葉の表は緑色でややざらつき光沢がない。裏は淡緑色。表裏ともに毛を散生し、とくに裏の葉脈上にやや多い。花期は5〜6月。多数の白い花が集まって咲く。

日当たりのよくない場所では枝は横へと広がり、沢をふさぐようになる

樹皮は縦に割れ目が入る

葉身は倒卵形あるいは楕円形

表 原寸

葉の表は緑色で光沢がなく、ややざらざらする

葉 原寸

葉は互生する

葉縁は細かな鋸歯がある

葉先は急に短い鋭頭となる

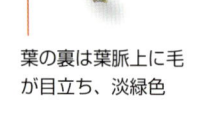

裏 原寸

葉の裏は葉脈上に毛が目立ち、淡緑色

● TOPICS

和名は枝葉がよく茂り沢をふさぐようになることがあり、沢にふたをするようだということからつけられたとされる。西日本では、果実がより濃い藍色に熟す近縁のタンナサワフタギが多く分布する。

単葉｜広葉｜切れ込みなし｜鋸歯あり

ハイノキ
Symplocos myrtacea（ハイノキ科）

互生　常緑小高木

本州の近畿地方以西、四国、九州の屋久島まで分布する常緑小高木。高さ10mほどに達する。葉は互生し、長さ8〜15mmの葉柄がある。葉身は薄い革質で、長さ4〜7cm、幅1.5〜2.5cmの狭卵形。葉先は尾状に長く伸びて尖り、基部は広いくさび形またはやや円形。葉縁は低い鈍頭の鋸歯がある。葉の表裏は淡緑色で光沢がある。花期は5月。花柄が長く花冠が5深裂した白色の花が3〜数個散房状につく。

細い枝がよく分かれて葉を密に茂らせる。花冠が5深裂した白い数個の花をつける

樹皮は滑らかで、暗褐色

葉先は尾状に長く伸びる

表 原寸

葉身は淡緑色の薄い革質で、光沢があり狭卵形

枝 70%

葉は互生し、前年枝のつけ根から花柄を伸ばす

裏 原寸

葉縁には低い鈍鋸歯がある

基部は広いくさび形あるいはやや円形

● TOPICS
和名はハイノキ（灰木）で、燃やすとよい灰ができるため。その灰は染め物の媒染剤とされる。別名イノコシバともいわれるが、ハイノキの枝は折れにくく、イノシシを捕獲した際、その枝でイノシシを縛ったことに由来するとされる。

複葉｜羽状複葉｜1回羽状複葉｜鋸歯あり

マルバアオダモ

Fraxinus sieboldiana（モクセイ科）

対生　落葉小高木

　北海道、本州、四国、九州に分布する落葉小高木。高さ5〜10m、直径10〜20cmになる。葉は3〜7枚の小葉からなる奇数羽状複葉で、対生する。小葉には長さ1〜3mmの小葉柄があり、長さ5〜10cm、幅1.5〜3.5cmの卵形ないし卵状長楕円形で、小葉の先は鋭尖頭、基部はゆがんだ広いくさび形となり、縁には低く不明瞭な鋸歯があり、波打つ。小葉の表は鮮緑色で葉脈上にごくわずかの毛がある。裏は灰緑色で、葉脈上に毛がある。雌雄異株。花期は4〜5月。新しく伸びた枝に円錐花序を頂生し、白色の花を密につける。

新しい枝の先に円錐花序を出し、白い花をたくさんつける

樹皮はふつう暗い灰色

小葉の先は鋭尖頭

表 原寸

葉は奇数羽状複葉。小葉は卵形あるいは卵状長楕円形

裏 原寸

葉の縁には不明瞭な低い鋸歯がある

小葉の裏は灰緑色

小葉の表は鮮緑色で、葉脈上にわずかに毛がある

枝 50%

葉は枝先に集まり対生する

● TOPICS
別名をホソバアオダモという。「タモ」とはクスノキ科のタブノキの古名で、タブノキに似ているため。和名につけられた「マルバ」は、葉の形が丸いという意味ではなく、鋸歯が低く不明瞭であることをいう。

複葉 | 羽状複葉 | 1回羽状複葉 | 鋸歯あり

アオダモ

Fraxinus lanuginosa f. *serrata* （モクセイ科）
別名：コバノトネリコ　対生　落葉中高木

　北海道、本州、四国、九州に分布する落葉中高木。高さ5〜15m、直径20〜30cm、大きなものでは直径60cmになるものもある。葉は5〜7枚の小葉からなる奇数羽状複葉で対生する。小葉は長さ4〜10cm、幅1.5〜3.5cmの長楕円形で、先端は尖る。葉縁には粗い鋸歯がある。小葉の表は緑色で無毛、裏は灰緑色で葉脈に沿ってわずかに毛が生える。花期は4〜5月。円錐花序をつくり、花弁が細く分かれた白色の花を多数つける。

白く小さな花はマルバアオダモに似るが花序は無毛で、葉に鋸歯がある

樹皮は灰褐色。樹皮は乾燥させて薬用にもなる

葉は奇数羽状複葉で、小葉は5〜7枚で長楕円形

小葉の先は尖る

表 原寸

小葉の裏は灰緑色で、葉脈に沿ってわずかに毛がある

裏 70%

葉の縁には粗い鋸歯がある

小葉の表は緑色で毛はない

枝 30%

葉は対生し、まれに三出複葉の葉もある

● TOPICS
材はしなやかで粘りがあり、硬式野球のバットの材料として利用されるが、バットの材として利用できるまでには80年以上かかる。和名は、樹皮を水につけると水が青色になることに由来する。

287

複葉｜羽状複葉｜1回羽状複葉｜鋸歯あり

ヤチダモ

Fraxinus mandshurica var. *japonica*（モクセイ科）

対生　落葉高木

　北海道、本州に分布する落葉高木。高さ20～30m、直径50～80cm、大きなものでは直径1mに達する。葉は7～11枚の小葉からなる奇数羽状複葉で、対生する。小葉は長さ6～15cm、幅2～5cmの狭長楕円形で、頂小葉は長さ1.5～2.5cmの葉柄があり、側小葉は無柄。小葉の先は急鋭尖頭、基部はくさび形、縁には細鋸歯がある。小葉の表は濃緑色で無毛、裏は帯白緑色で、葉脈上に毛がある。雌雄異株。花期は4～5月。前年枝の腋芽に花序をつくる。花冠はなく、雄花は2本の雄しべのみ、雌花は1本の雌しべと2本の短い雄しべをもつ。

幹はまっすぐに伸び、川岸や湿った土地に生える

樹皮は灰白色で縦に裂け目が入る

小葉の先は急鋭尖頭となる

原寸　裏50％

小葉は狭長楕円形

表50％

葉縁には細かな鋸歯がある

小葉の基部はくさび形

小葉の裏は葉脈上に毛があり、帯白緑色

小葉の表は無毛で濃緑色

● TOPICS
ヤチとは谷地で、低湿地の意味をもち、川岸や湿潤地に本種が多いことによる。北陸地方では、かつてはしばしば水田の畔（あぜ）に並べて植えられ、刈り取った稲を天日干しにする設備の稲架（はさ）として利用されたという。

| 複葉 | 羽状複葉 | 1回羽状複葉 | 鋸歯あり |

トネリコ

Fraxinus japonica（モクセイ科）

対生　落葉高木

　本州中部以北に分布する落葉高木。高さ15m、直径60cm以上になる。樹皮は淡褐灰色。葉は5〜9枚の小葉からなる奇数羽状複葉で対生する。小葉は長さ5〜15cm、幅3〜6cmの広卵形ないし長楕円形で、先は急鋭尖頭、基部はゆがんだ広いくさび形。葉縁は細かい鋸歯がある。小葉の表は濃緑色でやや光沢があり、葉脈上にわずかに毛が散生する。裏は灰緑色で、葉脈上に毛が生える。花期は4〜5月。その年伸びた枝に円錐花序をつくり、花をつける。雌雄異株で花には花冠がない。

樹皮は淡褐灰色で、枝を大きく広げる。材は硬式野球のバットになる

花は葉の展開と同時に開き、新枝に円錐花序をつける

葉の先は急鋭尖頭

葉身は広卵形あるいは長楕円形

原寸

表 70%　裏 70%

葉の表はやや光沢があり、濃緑色

基部はゆがんだ広いくさび形

葉の裏は葉脈上に毛があり、灰緑色

● TOPICS
和名は、古く、写経を行う際に、本種の皮を煮て膠（にかわ）状にして、そこに墨を混ぜて練ったものを使ったことから、トモネリコ（共練濃）が転訛したとされる。材は野球のバットに使われる。

単葉｜広葉｜切れ込みなし｜鋸歯なし

ハシドイ

Syringa reticulata（モクセイ科）

対生　落葉小高木

北海道、本州、四国、九州に分布する落葉小高木。高さ3～8m、直径5～15cmになる。樹皮はサクラに似て、横に皮目がある。葉には長さ1～2cmの葉柄があり十字対生、まれに三輪生する。葉身は長さ6～10cm、幅5～6cmの広卵形ないし卵形で、葉先は急鋭尖頭となり、基部は円形または切形あるいは浅い心形。葉縁は全縁。葉の表は濃緑色で、裏は灰緑色。表裏ともに葉脈上に毛があり、とくに裏に多い。側脈は5～7対。花期は6～7月。円錐花序に白色の花を多数つける。

山地に生え、庭園樹として植栽される。夏に枝先に円錐花序をつけ芳香のある白い花をたくさんつける

樹皮は横に皮目がありサクラに似る

葉の先は急鋭尖頭となる

葉の表は濃緑色

表 原寸

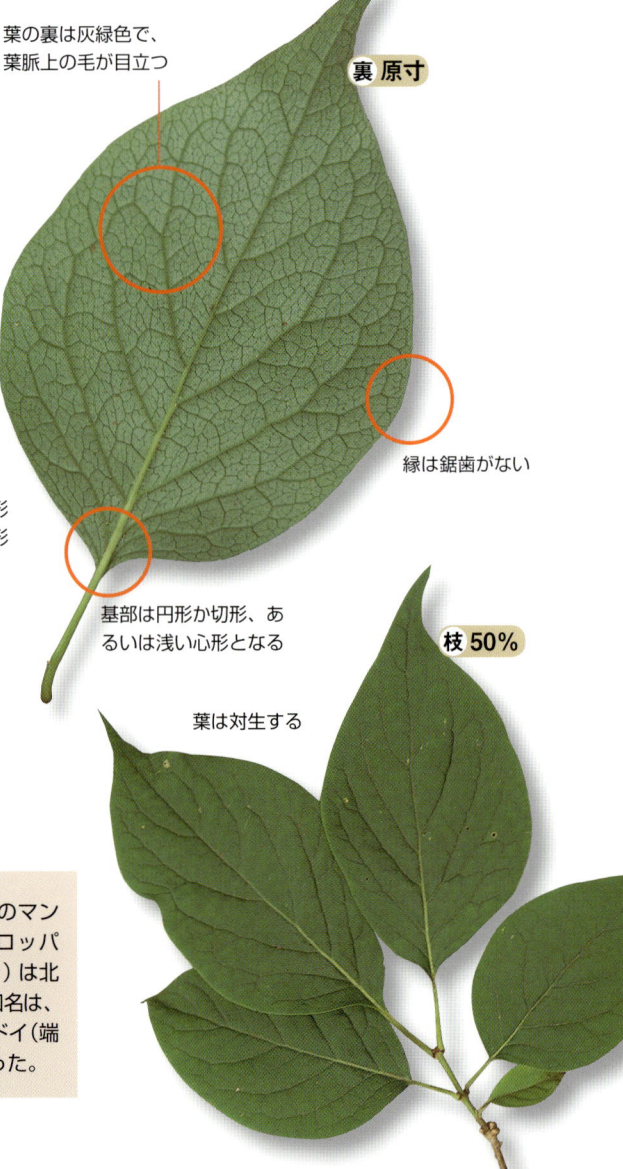

葉の裏は灰緑色で、葉脈上の毛が目立つ

裏 原寸

縁は鋸歯がない

葉身は広卵形あるいは卵形

基部は円形か切形、あるいは浅い心形となる

枝 50%

葉は対生する

● TOPICS

ほぼ同じ分布に、葉がほとんど無毛のマンシュウハシドイがある。また、ヨーロッパ原産のムラサキハシドイ（ライラック）は北海道では花木として多く植栽される。和名は、花が枝先に集まるようすから「ハシツドイ（端集）」となり、つまってハシドイとなった。

単葉 | 広葉 | 切れ込みなし | 鋸歯なし

ヒトツバタゴ

Chionanthus retusa（モクセイ科）
別名：ナンジャモンジャ　対生　落葉高木

長野県、岐阜県、愛知県の一部、対馬にまれに分布する落葉高木。高さ30m、直径70cmになる。葉は対生し、長さ1.5〜3cmの葉柄がある。葉身は長さ4〜10cm、幅3〜5.5cmの楕円形あるいは広円形。葉先は鈍頭で、基部は円形または広いくさび形となる。葉縁は全縁だが、若木では細鋸歯または重鋸歯がある。葉の表は緑色で、裏は灰緑色。表裏ともに葉脈上に目立つ毛がある。側脈は5〜8対。雌雄異株。花期は5月。新枝に円錐花序を頂生し、白色の花を咲かせる。

枝先に円錐花序をつけ、白く芳香のある花を多数つける。庭木として植栽される

樹皮には縦に割れ目が入る

葉身は楕円形または広円形

葉は対生する。若木には細鋸歯または重鋸歯がある

枝 80%

葉の裏は灰緑色で、葉脈上に毛がある

表 原寸　裏 原寸

葉縁は全縁

葉の表は緑色で、葉脈上に毛が目立つ

基部は円形あるいは広いくさび形

● TOPICS
タゴとはトネリコの一名で、本種が単葉であるため、和名は単葉（一つ葉）のトネリコ（タゴ）の意味。別名のナンジャモンジャは、名のわからないものを総称していうことばで、本種の名前がわからないためにナンジャモンジャとよんでいたという。

291

ヒイラギ

単葉｜広葉｜切れ込みなし｜鋸歯なし（あり）

Osmanthus heterophyllus（モクセイ科）

対生　常緑小高木

　本州の関東地方以西、四国、九州、沖縄に分布する常緑小高木。多く分枝し高さ2〜6m、直径20〜30cmになる。葉は対生し、長さ7〜12mmの葉柄がある。葉身は厚くてかたく、長さ3〜5cm、幅2〜4cmの楕円形ないし卵状長楕円形。成木では葉縁は全縁、葉の先端は鋭頭となる。若木では葉縁に2〜5対の尖った大きな歯牙があり、葉の先端は針状の鋭尖頭となる。葉の表は濃緑色で光沢があり、裏は無毛で淡緑色。雌雄異株。花期は11月。白色で香気のある花を葉腋につける。

幹が直立してよく枝分かれし、若木の葉は特徴的な尖った大きな歯牙がある

秋に芳香のある小さな白い花を葉腋につける

若木の葉の先端は針状となって鋭尖頭

成木の葉の先端は鋭頭

表 原寸

葉身は楕円形または卵状長楕円形

裏 原寸

成木の葉縁は全縁

若木の葉縁には先の尖った大きな歯牙が2〜5対ある

枝 原寸

葉は対生する

●TOPICS

和名はヒヒラギキ（疼木）からの転訛で、「疼ぐ（ひひらく、ひびらぐ、ひいらぐ）」とはひりひり、ずきずきと痛むこと。葉に棘があり、ふれると疼らぐために名づけられたという説がある。ヒイラギの棘は魔よけになると信じられ、節分に鰯の頭をヒイラギにさして戸口に掲げる風習は広く行われる。

単葉｜広葉｜切れ込みなし｜鋸歯なし（あり）

キンモクセイ

Osmanthus fragrans var. *aurantiacus*（モクセイ科）

対生　常緑低木

　中国原産の常緑低木。広く庭木として植栽される。高さ2〜4m、直径20〜30cmになる。葉は対生し、長さ7〜15mmの葉柄がある。葉身は革質で長さ7〜12cm、幅2〜4cmの長楕円形。葉先は鋭頭、基部はくさび形。葉縁はほぼ全縁でやや波状または葉身中央から先端に細鋸歯がある。葉の表は濃緑色で光沢があり、裏は淡緑色。表裏ともに無毛。雌雄異株。花期は10月。葉腋に短い柄で散形状の花序をつくり、橙黄色で強い芳香のある花をつける。

幹は太くよく枝分かれし、葉を密につける。庭木や公園樹としてよく利用される

秋に甘い香りのする橙黄色の小さな花をつけ、あたりにその香りが漂う

葉身は革質で、長楕円形

裏 原寸

葉先は鋭頭

表 原寸

枝 30%

葉は対生する

葉の裏は淡緑色

基部はくさび形

葉縁は鋸歯があるものとほぼ全縁で波状となるものがある

葉の表は光沢があり濃緑色

●TOPICS

日本では雄株だけが植栽されているため、ふつう結実は見られない。花が白色のものをギンモクセイといい、キンモクセイにくらべると香りはやや乏しい。属名Osmanthusは「匂う花」の意。

293

トウネズミモチ

Ligustrum lucidum（モクセイ科）

単葉｜広葉｜切れ込みなし｜鋸歯なし

対生　常緑小高木

中国原産の常緑小高木。日本には明治初期に渡来し、現在では広く各地に植栽される。高さ2〜10m、直径10〜20cmになる。葉は対生し、長さ1〜2cmの葉柄がある。葉身は長さ6〜13cm、幅3〜6cmの卵形あるいは広卵形、または卵状楕円形で、葉先は鋭尖頭、基部は円形またはくさび形。葉縁は全縁。葉の表は濃緑色で光沢があり、裏は灰緑色。表裏ともに毛はない。花期は6〜7月。まばらな円錐花序をつくり、白色で長さ3〜4mmの花冠の花をつける。

庭木や公園によく植えられているためか、整った樹形のものが多い

葉は光がさすと葉脈が透けて見える

葉身は卵形ないし広卵形、あるいは卵状楕円形

裏 原寸

葉縁は全縁

葉の先は鋭尖頭

表 原寸

枝 50%

葉は対生につき、ネズミモチより葉は大きい

葉の表は無毛で光沢があり濃緑色

葉の裏は灰緑色で無毛

葉の基部は円形あるいはくさび形

● TOPICS

ネズミモチよりも葉が大きく、先が細長く尖る。また、花序も大きい。葉を透かしてみると違いは顕著で、ネズミモチは葉脈が透けず、トウネズミモチは葉脈と葉縁が透けて見える。

| 単葉 | 広葉 | 切れ込みなし | 鋸歯なし |

ネズミモチ

Ligustrum japonicum（モクセイ科）

対生　常緑小高木

本州、四国、九州、沖縄に分布する常緑小高木。高さ2〜6m、直径10〜30cmになる。樹皮は灰黒色。葉は対生し、長さ5〜12mmの葉柄がある。葉身は厚く、長さ4〜8cm、幅2〜5cmの楕円形ないし広卵状楕円形。葉先は鋭頭となり、基部はくさび形あるいは円形。葉縁は全縁。葉の表は濃緑色で光沢があり、裏は淡白緑色。表裏ともに無毛。花期は6月。長さ5〜12cmのまばらな円錐花序をつくり、白色の花をつける。果実を果実酒としたり、炒ってコーヒーの代用とする。

幹はまっすぐ伸びてよく枝分かれし、初夏に白色の花を密につける

果実は紫黒色に熟し、色と形がネズミの糞に似ている

葉は対生し、枝葉はモチノキに似る

枝 原寸

葉の先は鋭頭
葉縁は全縁
葉の表は光沢があり濃緑色
表 原寸

葉身は厚く、楕円形あるいは広卵状楕円形
葉の裏は淡白緑色
基部はくさび形または円形
裏 原寸

● TOPICS

和名は果実の色と形がネズミの糞に似ていて、枝葉がモチノキに似ることから名づけられた。近年都会では同属で中国原産のトウネズミモチが多く植栽されている。トウネズミモチは葉と花序が本種より大きく、葉を透かしてみると葉脈が透けて見える点で区別できる。

単葉｜広葉｜切れ込みなし｜鋸歯なし

ミヤマイボタ

Ligustrum tschonoskii（モクセイ科）

対生　落葉低木

　北海道、本州、四国、九州に分布する落葉低木。高さ1〜3mになる。葉は対生し、長さ2〜5mmの葉柄がある。葉身は薄く、長さ2〜5cm、幅1〜2cmの卵状長楕円形あるいはややひし形状卵形。葉先は鋭頭で、基部は広いくさび形。葉縁は全縁。葉の表は濃緑色で、裏は灰緑色。表裏ともに毛があるが、とくに裏の葉脈上に多い。毛の多少は個体による変異が大きい。側脈は5〜7対。花期は6〜7月。枝の端にほぼ総状の円錐花序をつくり、白色の花をつける。

よく枝分かれして、初夏にその年伸びた枝先に円錐花序をつけ小さな白色の花をつける

樹皮は皮目があり、灰褐色

葉身は卵状長楕円形あるいはややひし形状卵形

葉の先端は尖る

葉縁は全縁

表 原寸

裏 原寸

葉の基部は広いくさび形

葉の表は濃緑色で毛が生える

葉の裏は灰緑色で、とくに葉脈上に多くの毛がある

枝 原寸

葉は対生し、枝にははじめ毛が生える

● TOPICS

よく似たイボタノキは葉の先が尖らないのに対し、ミヤマイボタは葉の先が尖り、標高の高いところに生える。また、関東地方南部には、葉がやや厚くて大きく、広卵形ないし卵状楕円形となるキヨズミイボタが分布する。

単葉 | 広葉 | 切れ込みなし | 鋸歯なし

テイカカズラ

Trachelospermun asiaticum（キョウチクトウ科）

対生　常緑つる

　本州、四国、九州に分布する常緑つる性木本。茎は気根を出し他物にはい上がりながら長く伸びる。葉は対生し、長さ3〜7mmの葉柄がある。葉は変異が大きく、若木の葉身は長さ1〜2cm、幅5〜7mm、成木の葉身は長さ3〜7cm、幅1.2〜2.5cmの楕円形または長楕円形で、葉先は鋭尖頭、基部はくさび形となる。葉縁は全縁で、葉の表は濃緑色または緑色で光沢があり、裏は粉白緑色で、表裏ともに無毛。側脈は5〜8対。花期は5〜6月。白色で直径2cmほどの花を開く。花は終わりに近づくと淡黄色を帯びる。

花は芳香があり、はじめ白色でのちに淡黄色を帯びる

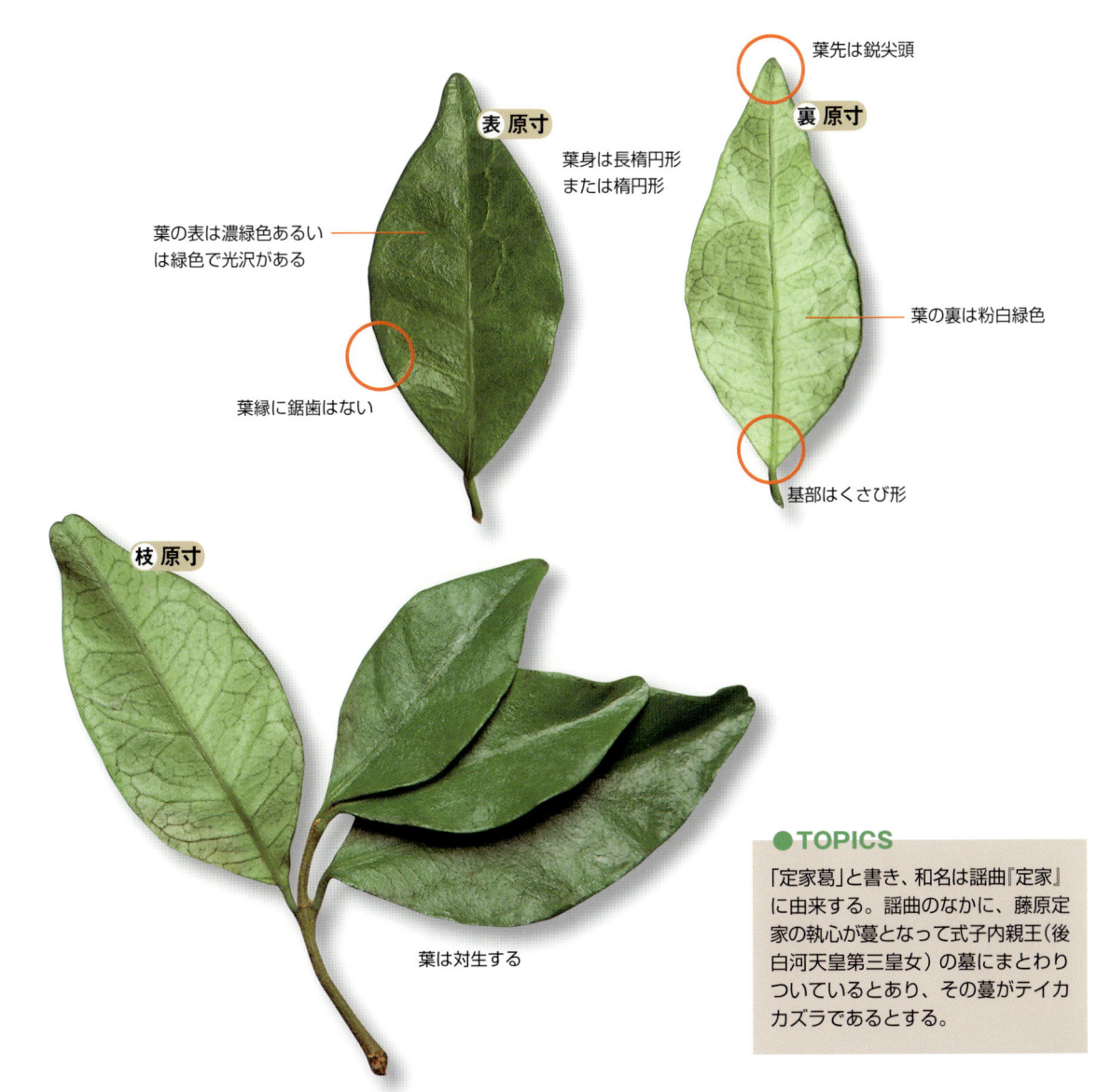

表 原寸
葉身は長楕円形または楕円形
葉の表は濃緑色あるいは緑色で光沢がある
葉縁に鋸歯はない

裏 原寸
葉先は鋭尖頭
葉の裏は粉白緑色
基部はくさび形

枝 原寸
葉は対生する

● TOPICS

「定家葛」と書き、和名は謡曲『定家』に由来する。謡曲のなかに、藤原定家の執心が蔓となって式子内親王（後白河天皇第三皇女）の墓にまとわりついているとあり、その蔓がテイカカズラであるとする。

単葉 | 広葉 | 切れ込みなし | 鋸歯なし

クチナシ

Gardenia jasminoides（アカネ科）

対生　常緑低木

　本州の静岡県以西、四国、九州、沖縄に分布する常緑低木。高さ1〜2mになる。葉には長さ5mm以下の葉柄があり対生、ときに三輪生する。葉身は長さ5〜12cm、幅2.5〜5cmの倒披針形あるいは長楕円形または楕円形で、葉先は急鋭尖頭あるいは尖頭となる。基部はくさび形で葉柄に流れる。葉縁は全縁。葉の表は濃緑色で光沢があり、裏は淡黄緑色。表裏ともに無毛。花期は6〜7月。強い芳香があり、花冠が6〜7裂した白色の花を葉腋に1花ずつつける。

6〜7月ごろに強い芳香のある白い花をつけ、あたりにはよい香りが漂う

果実はラーメン、きんとんなどの黄色の着色料として用いられる

葉先は急鋭尖頭あるいは尖頭

葉身は倒披針形または長楕円形あるいは楕円形

葉の縁に鋸歯はない

表 原寸　　裏 原寸

葉の表は光沢があり濃緑色

枝 70%

基部はくさび形

葉の裏は淡黄緑色

葉は対生し、まれに三輪生につき、白い花冠が目立つ

●TOPICS

橙黄色に熟す果実は漢方で用いるほか、食用染料をはじめさまざまな染色に用いられる。庭木としてよく栽培されるものは花が大きく八重咲きで、直径6〜7cmある。野生のものは直径5〜6cmほどとやや小さく、コリンクチナシとして区別することがあるが、ほかに明瞭な差異はない。

単葉｜広葉｜切れ込みなし｜鋸歯なし

コクチナシ

Gardenia jasminoides var. *radicans*（アカネ科）

対生　常緑低木

中国原産の常緑低木。鉢植えや庭木として利用される。高さ30〜60cmになる。葉には長さ1〜2mmの葉柄があり対生、または三輪生する。葉身は長さ2.5〜5cm、幅0.7〜1.5cmの倒披針形で、葉先は長い鋭尖頭、基部は狭いくさび形。葉縁は全縁。葉の表は濃緑色で光沢があり、裏は淡白緑色。表裏ともに無毛。花期は6〜7月。直径4〜5cmの白色で芳香のある花をつける。一重咲きまたは八重咲きの花がある。

花はクチナシより小さいが香りは同様に強い。鉢植えや庭木として植栽される

表 原寸　　裏 原寸　　枝 原寸

葉身は倒披針形　　葉の先は長い鋭尖頭

葉の裏は淡白緑色

対生または三輪生する

葉縁は全縁

葉の基部は狭いくさび形

葉の表は光沢があり濃緑色

● TOPICS

和名はクチナシにくらべて全体が小形なため。クチナシは、「口無し」で、果実が熟しても開裂しないため、あるいは、角形をした萼がくちばしに似ているため「口がついているナシ」の意味など、諸説ある。

単葉｜広葉｜切れ込みなし｜鋸歯あり

マルバチシャノキ

Ehretia dicksonii（ムラサキ科）

互生　落葉小高木

　本州の千葉県以西、四国、九州、沖縄に分布する落葉小高木。高さ7～9mになる。葉は互生し、長さ2～4cmの葉柄がある。葉身はやや厚く、長さ6～17cm、幅5～12cmの広楕円形または広倒卵形。葉先は急鋭尖頭、基部は広いくさび形まれにやや心形となる。葉縁は浅い鋸歯がある。葉の表は暗緑色で、剛毛が散生して著しくざらつく。裏は帯白緑色で、葉腋に茶褐色の微毛がある。

　花期は5～7月。散房花序をつくり、白色の花を密につける。

葉は厚みがありざらざらする。枝に大きな葉を互生させる

樹皮は深く割れ目が入る

葉先は急鋭尖頭となる

裏70%

葉縁は浅い鋸歯がある

表 原寸

葉身は広楕円形あるいは広倒卵形

葉の裏は帯白緑色で、葉腋に細かな毛が生える

基部は広いくさび形、ときにやや心形となる

果実 40%

果実は黄色く熟し、生食できる

●TOPICS
本種はチシャノキとくらべて葉も果実も大きく、葉がやや丸みを帯びている。黄色に熟す果実は生で食べられる。ねっとりしていて、かすかに甘みがある。

葉の表は暗緑色で、剛毛が生え、さわるとざらざらする

単葉｜広葉｜切れ込みなし｜鋸歯あり

チシャノキ

Ehretia ovalifolia（ムラサキ科）

互生　落葉高木

　本州の中国地方、四国、九州、沖縄に分布する落葉高木。高さはふつう10〜15m、直径20〜30cmに達する。樹皮は縦に浅く裂け、色は灰褐色。幹を傷つけると臭気がある。葉は互生し、長さ1.5〜3cmの葉柄がある。葉身は長さ5〜12cm、幅3〜7cmの倒卵形ないし倒卵状長楕円形で、葉先は急鋭尖頭となる。葉縁は大きく波打ち浅い鋸歯がある。葉の表は緑色でまばらに圧毛が生える。裏は淡緑色で無毛。花期は6〜7月。枝先に円錐花序をつくり、小さな白い花を密につける。

葉がカキノキに似ているのでカキノキダマシの別名がある

樹皮は縦に浅く割れ目が入り、幹を傷つけると臭気がある

葉先は急鋭尖頭となる

葉身は倒卵形あるいは倒卵状長楕円形

裏 原寸

表 原寸

葉縁は浅い鋸歯があり、大きく波打つ

葉の裏は淡緑色で無毛

●TOPICS

若葉は食用となり、その味はチサ（チシャ）に似ている。チサとはレタスの古名。和名はその味に由来する。また、葉がカキノキの葉と似ているためカキノキダマシともよばれる。チシャノキは葉縁に細かい鋸歯があるが、カキノキの葉は全縁であり区別できる。

葉の表は緑色で圧毛がまばらに生える

表 30%

葉には倒卵状長楕円形のものもある

301

| 単葉 | 広葉 | 切れ込みなし | 鋸歯あり |

ビロードムラサキ

Callicarpa kochiana（クマツヅラ科）

対生　落葉低木

　本州の紀伊半島、四国の南部、九州に分布する落葉低木。高さ2〜3mになる。葉は対生し、2〜3.5cmの葉柄がある。葉身は長さ15〜30cm、幅4〜10cmの狭長楕円形ないし広倒披針形で、葉先は鋭尖頭、基部は狭いくさび形。葉縁には不整の細鋸歯がある。葉の表は黄緑色で、はじめ星状毛があるがのちに無毛、裏は淡緑白色で淡黄灰色の毛が密生する。側脈は8〜12対。花期は7〜8月。腋生した花序に淡紅紫色の花を多数つける。

枝や葉の裏にビロードのような毛が多く、葉は対生する

花序に淡紅紫色の花を、葉腋につける

表 原寸

裏 原寸

葉身は狭長楕円形あるいは広倒披針形

葉の先は鋭く尖る

葉縁には不整で細かな鋸歯がある

葉の表は黄緑色

葉の裏は淡黄灰色の毛が密生して、淡緑白色

葉の基部は狭いくさび形

● TOPICS

名前の由来は、枝や葉裏にビロードのような毛が多いことから名づけられた。果実は白い核果で萼がある。同じく果実が白く熟すシロシキブとは萼がないことで区別できる。

単葉｜広葉｜切れ込みなし｜鋸歯あり

ムラサキシキブ

Callicarpa japonica（クマツヅラ科）

対生　落葉低木

　北海道、本州、四国、九州、沖縄に分布する落葉低木。高さ3mほど。葉は対生し、長さ2〜7mmの葉柄がある。葉身は洋紙質で、長さ6〜13mm、幅2.5〜6cmの長楕円形で、葉先は尾状に細長い鋭尖頭となり、基部はくさび形。葉縁は細鋸歯がある。葉の表は濃緑色、裏は淡緑色で黄色を帯びた腺点がある。表裏ともにわずかに毛がある。側脈は7〜10対。花期は6〜8月。花冠の長さ3〜5mmで淡紅紫色の花をつける。

秋に葉は黄葉し、紫色の果実をつけた姿は美しい

花は淡紅紫色で、ごく小さいが芳香がある

枝 60%

葉は対生し、紫色の球形の果実をつける

葉身は長楕円形で、洋紙質

表 原寸

葉縁には細かな鋸歯がある

葉の表はわずかに毛があり、濃緑色

葉先は尾状に細く長く尖る

裏 原寸

基部はくさび形で葉柄に流れる

葉の裏は淡緑色で帯黄色の腺点がある

● TOPICS
直径3mmほどの球形で紫色をした果実が実り、和名は、その優美な果実の姿を、紫式部の名を借りて表現したものという説がある。庭などに植栽される、よく似たコムラサキは、葉の長さが3〜7cmと小さく、鋸歯が葉の上半分につくことで区別できる。

| 単葉 | 広葉 | 切れ込みなし | 鋸歯あり |

クサギ

Clerodendrum trichotomum （クマツヅラ科）

対生　落葉低木

北海道、本州、四国、九州、沖縄に分布する落葉低木。高さ2〜3mになる。樹皮は皮目が目立ち、灰色ないし暗灰色。葉には長さ5〜12cmの葉柄があり対生で、ふつう向かい合った2枚のうち1枚が大きく、もう1枚が小さい。葉身は長さ8〜15cm、幅5〜10cmの三角状心形あるいは広卵形で、葉先は長く鋭尖頭。基部は円形または切形となる。葉縁は全縁あるいは低く小さな鋸歯がある。葉の表は濃緑色、裏は淡白緑色で、表裏ともに葉脈上に毛がある。全体に強い臭気がある。花期は8〜9月。枝に集散花序を頂生し、淡桃白色の花をつける。

山野の日当たりのよい林縁に生える。枝先に集散花序をつけ、芳香のある美しい白色の花をつける

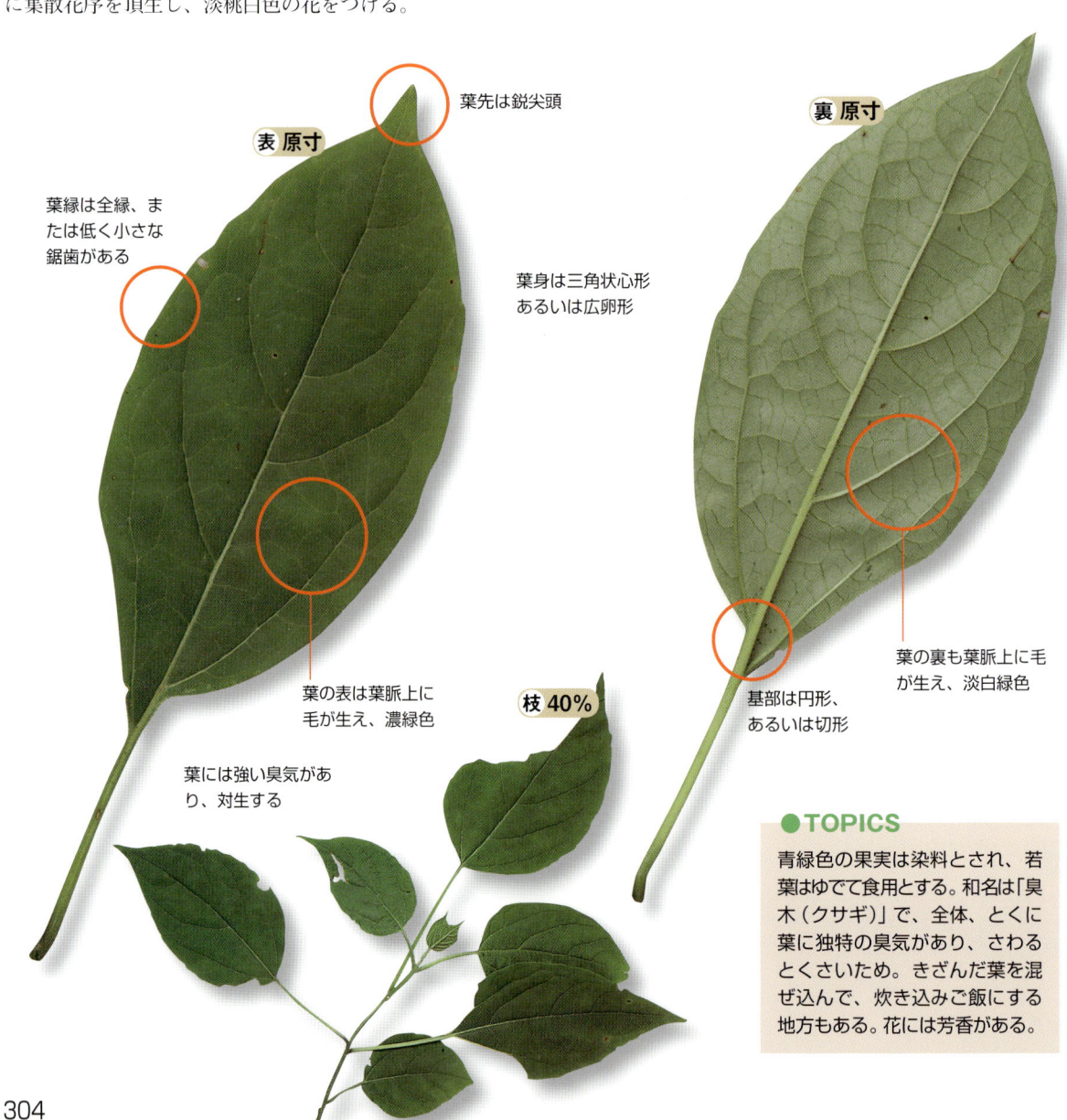

表 原寸

葉先は鋭尖頭

裏 原寸

葉縁は全縁、または低く小さな鋸歯がある

葉身は三角状心形あるいは広卵形

葉の表は葉脈上に毛が生え、濃緑色

枝 40%

基部は円形、あるいは切形

葉の裏も葉脈上に毛が生え、淡白緑色

葉には強い臭気があり、対生する

● TOPICS

青緑色の果実は染料とされ、若葉はゆでて食用とする。和名は「臭木（クサギ）」で、全体、とくに葉に独特の臭気があり、さわるとくさいため。きざんだ葉を混ぜ込んで、炊き込みご飯にする地方もある。花には芳香がある。

単葉｜広葉｜切れ込みあり｜鋸歯なし

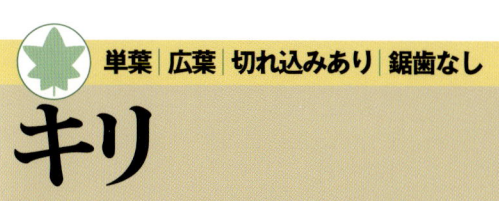

キリ

Paulownia tomentosa（ゴマノハグサ科）

対生　落葉高木

　中国原産とされる落葉高木。古くから日本各地で広く植栽される。樹皮は平滑で灰白色。葉は対生し、長さ6〜20cmの葉柄がある。葉身は長さ15〜30cm、幅10〜25cmの広卵形で、葉先は急鋭尖頭あるいは鈍頭、基部は心形あるいは深い心形で5〜7本の掌状脈が出る。葉縁は3〜5浅・中裂して三角あるいは五角になり、鋸歯はない。葉の表は濃緑色で葉脈上に毛が散生する。裏は灰黄緑色で毛が密生する。花期は5〜6月。枝先に大形円錐花序を出し、淡紫色の花を多数つける。

樹皮は縦に割れ目が入り、材は木目が美しく、キリのたんすといえば高級品として知られる

古くから栽培され、野生のものはほとんどない。葉に先立って大きな円錐花序に淡紫色の花をつける

原寸

葉の裏は毛が密生し、灰黄緑色

葉の先は急鋭尖頭になるか鈍頭

葉縁は浅くあるいは中程度に3〜5裂し、全縁

裏 50%

表 50%
葉身は広卵形

基部は心形または深い心形

葉の表は葉脈上に毛があり、濃緑色

葉脚基部からは5〜7本の掌状脈が出る

● TOPICS
和名は、生長が早く、切るとすぐ芽を出して大きくなるため「きる（切、剪、伐）」の名詞形から、あるいは木目が美しいため「木理（きり）」の意味などがある。材はたんす、下駄などに利用される。

305

| 複葉 | 羽状複葉 | 1回羽状複葉 | 鋸歯あり |

ニワトコ

Sambucus racemosa subsp. *sieboldiana*
（スイカズラ科）　対生　落葉小高木

　本州、四国、九州に分布する落葉小高木。高さ2〜6mになる。老齢化した樹皮は厚いコルク質があり黒灰色。葉は5〜13枚の小葉からなる奇数羽状複葉で対生する。小葉の葉身は長さ3〜10cm、幅1〜3.5cmの長楕円形または卵状披針形ないし広披針形で、先端は鋭尖頭ないし尾状に伸びた鋭尖頭、基部は円形または広いくさび形となる。葉縁は鋭い細鋸歯がある。小葉の表は濃緑色で、葉脈上に毛があり、裏は帯白緑色で無毛。花期は3〜5月。その年伸びた枝先に円錐花序を出し、帯黄白色、ときに紫色を帯びた小さな花をつける。

北海道以外の日本各地の山野に自生する。円錐状の花序に直径3〜5mmの花を多数つける。葉のついた枝を接骨木（せっこつぼく）といい、消炎、利尿に煎じて服用する

樹皮は黒灰色で深くひび割れる。厚いコルク質がある

葉の先端は鋭尖頭、あるいは尾状に長く伸び鋭く尖る

葉身は長楕円形、卵状披針形ないし広被針形

表60%

裏60%

原寸

基部は広いくさび形または円形

小葉の裏は無毛で帯白緑色

小葉の表の葉脈には毛が生え、濃緑色

葉縁には鋭い細鋸歯がある

● TOPICS
枝には太くやわらかい髄があり、若い枝の髄は、ピスとよばれ、これに顕微鏡観察用の試料を挟んで薄く切り、切片をつくることに用いられる。古くはミヤツコギとよばれ、和名の由来にはそれが音転してニワトコとなったという説がある。

単葉｜広葉｜切れ込みあり｜鋸歯あり

カンボク
Viburnum opulus var. *calvescens*（スイカズラ科）

対生　落葉小高木

　北海道、本州、四国、九州に分布する落葉小高木。本州中部以西ではまれである。高さ3〜6m。樹皮は暗灰色で厚く、縦に裂け目がある。葉は対生し、長さ1.5〜5cmの葉柄がある。葉身は長さ、幅ともに4〜12cmの広卵形で、葉縁が中程まで3裂する。各裂片の先は鋭尖頭ないし尾状鋭尖頭で、縁には粗く大きな鋸歯がある。葉の基部は切形あるいは円形で、脈が三分岐する。葉の表は緑色で無毛、裏は淡緑色で葉脈上に毛がある。花期は5〜7月。短い側枝の先に散房花序をつくり、クリーム色がかった白色の花を多数つける。

山地のやや湿った林内などに生える。材は白く芳香があり楊枝（ようじ）などに使われる

果実はアズキ大で秋に赤熟する。アイヌは果実の絞り汁を目薬や医薬に用いたという

各裂片の縁には粗く大きな鋸歯がある

裏 原寸

葉の先端は鋭尖頭または尾状尖頭

表 原寸

葉身は広卵形で、縁が3裂する

葉の表は緑色で毛はない

葉の裏は葉脈上に毛があり淡緑色

葉の基部は切形または円形

葉には長い柄があり対生する

枝 40%

● TOPICS
漢字では「肝木」と書くが名の由来については不明。白い装飾花がほぼ球状の花序をつくるものはテマリカンボクで、庭園に植栽される。材は香りがあり楊枝（ようじ）などに利用される。

単葉 | 広葉 | 切れ込みなし | 鋸歯なし

サンゴジュ

Viburnum odoratissimum var. awabuki（スイカズラ科）

対生　常緑小高木

本州の関東地方南部以南、四国、九州、沖縄に分布する常緑小高木。高さ4～10m、直径10～20cmになる。樹皮は粗く、灰褐色あるいはやや黒っぽい。葉には長さ1～4.5cmの葉柄があり対生し、まれに徒長枝では三輪生する。葉身は革質で、長さ7～20cm、幅4～8cmの楕円形ないし長楕円形、まれに広楕円形。葉先は鋭頭あるいは円頭で、基部はくさび形となる。葉縁は全縁で、先端近くに低い鋸歯があることもある。葉の表は暗緑色で光沢があり無毛。裏は暗灰緑色で、脈腋に毛がある。花期は6～7月。枝先に円錐花序を頂生し、白色の花をつける。

海岸近くの山地の谷筋などに多く生える。花は白色、秋にサンゴのような果実を枝いっぱいにつける

樹皮は灰褐色、材はろくろ細工などに利用される

葉身はふつう楕円形または長楕円形、まれに広楕円形となる

葉縁は全縁だが、先端近くに低い鋸歯が見られる場合がある

葉先は鋭頭または円頭

表 原寸

裏 原寸

葉は対生する

枝 50%

葉の裏は暗緑色で、脈腋に毛が生える

基部はくさび形

葉の表は暗緑色で光沢がある

●TOPICS

漢字では「珊瑚樹」と書き、和名は秋に赤い果実を多数実らせた姿をサンゴに見立ててつけられた。刈り込んでもよく茂るため、生け垣として多く植栽されるが、材に多くの水分を含み燃えにくく、古くは防火樹とされた。

| 単葉 | 広葉 | 切れ込みなし | 鋸歯あり |

オオカメノキ

Viburnum suspensum（スイカズラ科）
別名:ムシカリ　　対生　落葉小高木

　北海道、本州、四国、九州に分布する落葉小高木。葉は対生し、長さ1.5〜4cmの葉柄がある。葉身は長さ、幅ともに6〜20cmの円形ないし広卵形。葉先は急鋭尖頭、まれに円頭で、基部は心形。葉縁はふつう重鋸歯がある。葉の表は濃緑色で、葉脈上に星状毛があるほかは無毛、葉脈は窪む。裏は淡緑色で葉脈上に毛がある。側脈は7〜10対で、葉脈が突出している。花期は4〜6月。短い枝の先に一対の葉とともに散房花序をつくる。花序周辺の白い装飾花が目立つ。

ブナ帯から亜高山にかけての林下に生える。日本海側の山地に多い

白い花も美しいが、秋の紅葉もいい

葉縁には重鋸歯がある

葉先はふつう急鋭尖頭

裏 70%

葉身は円形あるいは広卵形

表 原寸

葉の裏は淡緑色で毛が葉脈上に生える

葉の裏は葉脈が突出する

葉の表の葉脈は窪む

葉の表は濃緑色で葉脈上に星状毛がある

● TOPICS
和名は、円形の葉の形をカメの甲羅に見立てて名づけられたものといわれる。別名をムシカリといい、葉が虫に食われやすいことに由来する。

単葉 | 広葉 | 切れ込みなし | 鋸歯あり

ヤブデマリ

Viburnum plicatum var. *tomentosum* （スイカズラ科）

対生　落葉低木・小高木

　本州、四国、九州に分布する落葉低木ないし小高木。高さ2～6mになる。葉は対生し、長さ1.2～2.5cmの葉柄がある。葉身は長さ5～12cm、幅3.5～7cmの楕円形または広楕円形ないし倒卵形、先端は短鋭尖頭または鋭頭、基部は円形か広いくさび形。葉縁は明瞭な鈍い鋸歯がある。葉の表は濃緑色、裏は灰緑色で、表裏ともに毛が生える。側脈は8～13対。花期は5～6月。前年枝の葉腋から出た短枝に集散花序をつくり、淡黄白色あるいは白色の花をつける。

太平洋側や西日本の山地に多く、谷沿いのやや湿った林内に生える。庭木として植えられることもある

樹皮は灰黒色

葉身は楕円形あるいは広楕円形または倒卵形

裏 原寸

葉の先端は短鋭尖頭、あるいは鋭頭となる

表 原寸

葉縁には鈍いが明瞭な鋸歯がある

葉の基部は円形か広いくさび形

葉の裏は灰緑色で毛がある

葉の表は濃緑色で毛がある

枝 40%

葉は対生する

● TOPICS

和名は、本種が藪に生え、花序が丸く手鞠を想起させる形をしていることによる。本州中北部の日本海側に分布するケナシヤブデマリは葉が長さ8～15cmと大きく、毛が少ないことで区別できる。

単葉 | 広葉 | 切れ込みなし | 鋸歯あり

ガマズミ
Viburnum dilatatum （**スイカズラ科**）

対生　落葉低木

　北海道西南部、本州、四国、九州に分布する落葉低木。高さ3〜5mになる。葉は対生し、長さ1〜3cmの葉柄がある。葉身は長さ5〜14cm、幅3〜13cmの倒卵形あるいは卵形、または円形で、先端は短鋭尖頭、基部は広いくさび形ないし円形、ときに浅心形となる。葉縁は低い粗い鋸歯あるいは不整な鋸歯がある。葉の表は濃緑色で、裏は淡白緑色で細かい腺点がある。表裏ともに毛があり、とくに裏の脈腋に集まる。花期は5〜6月。短い柄の先に1対の葉とともに散房花序をつくり、白色の花をつける。

各地の丘陵や山地にふつうに生える。花期は白い花が咲き、秋には赤い実がよく目立つ

初夏に散房花序を出し白い小花を密につけるが、装飾花はない

葉縁には粗く低い鋸歯、または不整な鋸歯がある

葉身は倒卵形ないし卵形、または円形

表 原寸

裏 原寸

葉先は短鋭尖頭となる

葉の裏は淡白緑色で細かい腺点がある

葉の表には毛が生え、濃緑色

基部は広いくさび形か円形、まれに浅心形となる

枝 80%

葉は対生する

● TOPICS
秋に赤く熟す球形の果実は甘酸っぱく、食用となり、果実酒の材料にもされる。枝は柔軟性があり、薪を束ねるのに使われたり、雪国でかんじきをつくる材料ともされた。

| 単葉 | 広葉 | 切れ込みなし | 鋸歯あり |

ツクバネウツギ

Abelia spathulata（**スイカズラ科**）

対生　落葉低木

　本州の東北地方の太平洋側、関東、中部地方以西、四国、九州北西部に分布する落葉低木。九州ではまれ。高さ1～2mになる。葉は対生し、長さ1～3mmの葉柄がある。葉身は長さ2～5cm、幅1～3.5cmの広卵形ないし長楕円状卵形で、葉の先端は鋭尖頭あるいは急鋭尖頭で先端は鈍く、基部はくさび形または円形。葉縁は粗く不規則な鋸歯があり、長毛が生える。葉の表は緑色で、裏は帯白緑色。表裏ともに葉脈上に毛が多い。葉脚基部の少し上から三行脈状になる。花期は4～6月。短い柄の先に2～4個の花をつけ、花の大きさや色には変異が多い。

日当たりのよい丘陵や山地に生育する。枝がよく分岐して茂り、葉は密につく

花は白だけでなく、黄や紅色などの変異がある

葉先は、先端が鈍頭となった鋭尖頭、あるいは急鋭尖頭

葉身は広卵形あるいは長楕円状卵形

葉縁には不規則で粗い鋸歯がある

表 原寸

裏 原寸

基部はくさび形または円形

葉の表は緑色で葉脈上に毛が多い

葉の裏も毛が葉脈上に多く、帯白緑色

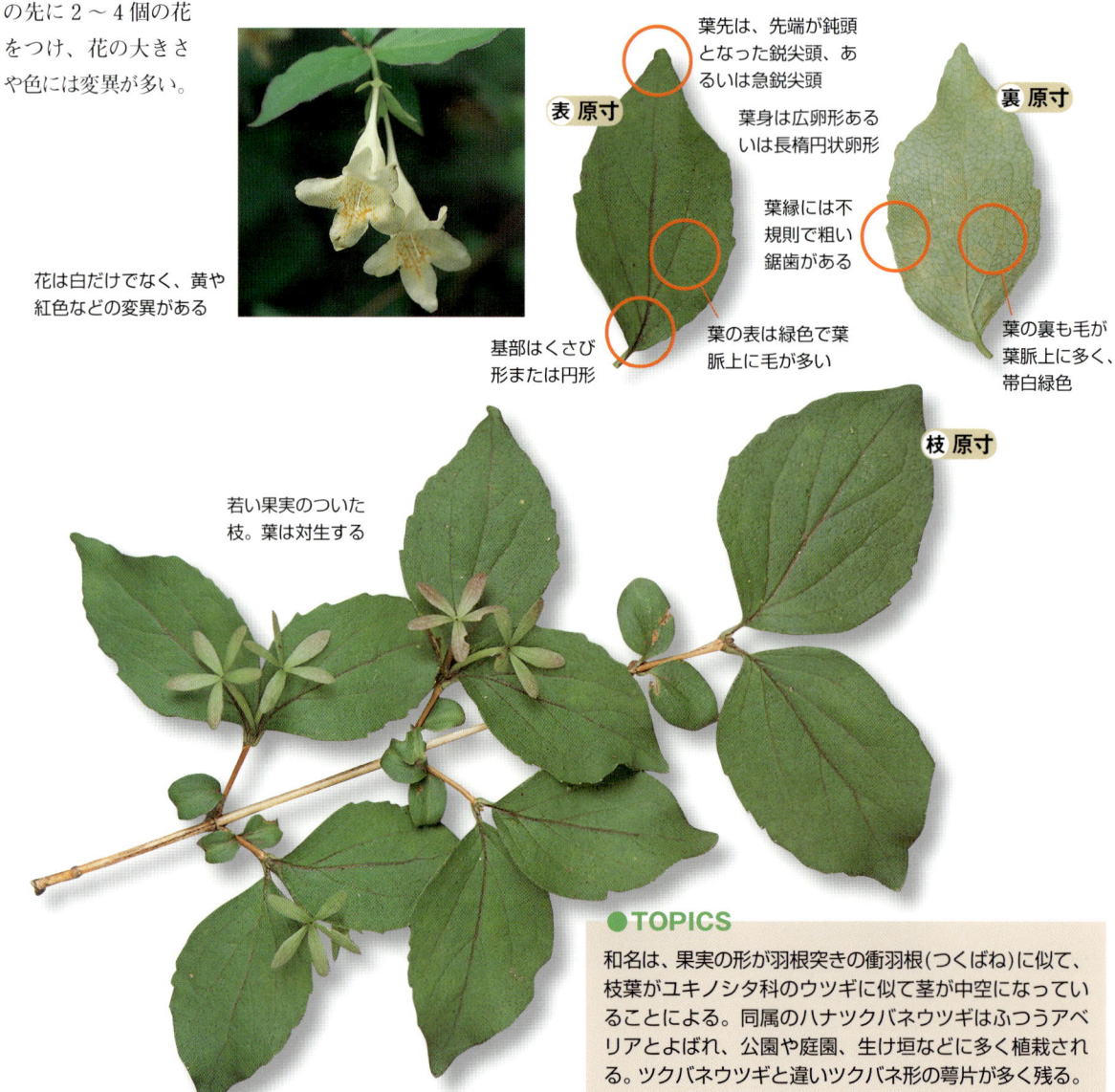

枝 原寸

若い果実のついた枝。葉は対生する

● TOPICS
和名は、果実の形が羽根突きの衝羽根（つくばね）に似て、枝葉がユキノシタ科のウツギに似て茎が中空になっていることによる。同属のハナツクバネウツギはふつうアベリアとよばれ、公園や庭園、生け垣などに多く植栽される。ツクバネウツギと違いツクバネ形の萼片が多く残る。

単葉｜広葉｜切れ込みなし｜鋸歯あり

ハコネウツギ

Weigela coraeensis（スイカズラ科）

対生　落葉小高木

　本州中部の太平洋側の海岸地帯に分布する落葉小高木。葉は対生し、長さ0.8〜1.5cmの葉柄がある。葉身は長さ8〜15cm、幅5〜7.5cmの楕円形ないし長楕円形で、葉先は尾状になった鋭尖頭、基部はくさび形または広いくさび形。葉縁は微細鋸歯がある。葉の表は緑色でやや光沢があり、裏は灰緑色で、葉脈上に毛が散生することもある。側脈は6〜9対。花期は5〜6月。花は筒状花で、枝先に集まり次々と咲く。花色ははじめ白くのちに紅色に変わる。北海道から九州まで広く植栽される。

日本各地の海岸近くの林などに生え、庭木としても植えられる。箱根に自生のものは少ない

樹皮は灰褐色、縦に裂けてはがれる

枝 40%

葉は対生し葉柄は短い

葉先は尾状に伸びて鋭尖頭となる

葉身は楕円形あるいは長楕円形

表 原寸

裏 原寸

葉縁には微細な鋸歯がある

葉の表は緑色

基部はくさび形あるいは広いくさび形

葉の裏は葉脈上に毛があることもあり、灰緑色

● TOPICS

箱根の地名が冠されているが、箱根には自生がなく、誤認により命名されたともいわれていた。しかし、最近では箱根に自生するといわれている。花色が最初から紅色をしたベニバナハコネウツギ、白色花を開くシロバナハコネウツギがある。

単葉｜広葉｜切れ込みなし｜鋸歯あり

タニウツギ

Weigela hortensis（スイカズラ科）

対生　落葉小高木

　北海道西部、本州の東北から山陰地方にかけての日本海側に分布する落葉小高木。高さ2〜5mになる。樹皮は縦に裂ける。葉は対生し、長さ3〜10mmの葉柄がある。葉身は長さ4〜10cm、幅2〜6cmの楕円形ないし長楕円形。徒長枝の葉はこれより大きくなる。葉先は急に尾状に伸びた鋭尖頭、基部は円形または広いくさび形。葉縁は微細鋸歯がある。葉の表は緑色で葉脈上に毛が散生する。裏は灰緑色で白い毛が密生し、とくに葉脈上に多い。花期は5〜6月。枝先または葉腋に散房花序を出し、直径2cmほどで桃色の筒状花をつける。

日本海側に多く、山地の日当たりのよい谷間や山道の斜面などにふつうに見られる

花は美しいが、縁起の悪いものとする地方もある

葉先は急に尾状に伸びた鋭尖頭

表 原寸

葉縁には微細な鋸歯がある

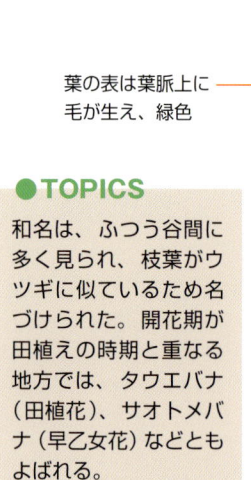

葉の表は葉脈上に毛が生え、緑色

裏 原寸

葉身は楕円形あるいは長楕円形

基部は広いくさび形あるいは円形

葉の裏は灰緑色で白毛が密生し、とくに葉脈上の毛が多い

葉は対生する

枝 30%

● TOPICS

和名は、ふつう谷間に多く見られ、枝葉がウツギに似ているため名づけられた。開花期が田植えの時期と重なる地方では、タウエバナ（田植花）、サオトメバナ（早乙女花）などともよばれる。

単葉｜広葉｜切れ込みなし｜鋸歯なし

スイカズラ

Lonicera japonica （スイカズラ科）

別名:キンギンカ、ニンドウ　対生　半常緑つる

　北海道渡島半島南端、本州、四国、九州、沖縄に分布する半常緑つる性低木。葉の一部が越冬する。古い樹皮は縦に裂ける。葉は対生し、長さ3〜8mmの葉柄がある。葉身は長さ2.5〜8cm、幅0.7〜4cmの卵形ないし長楕円形。葉先は鋭尖頭、葉の基部は切形または円形。葉縁は全縁で毛がある。葉の表は緑色、裏は淡白緑色で、表裏ともに葉脈上に多くの毛がある。側脈は4〜5対。花期は5〜7月。2個ずつ対をなして花が咲き、花色ははじめ白色あるいは淡い桃色で、のちに黄色に変化する。

本州以南の山野や路傍にふつうに生える（写真は赤花種）

花ははじめ白色でのち黄色に変わるのでキンギンカ（金銀花）の名がある

葉は対生する。写真はつぼみが淡紫紅色の赤花種

葉の先は鋭尖頭

葉身は卵形あるいは長楕円形

表 原寸

裏 原寸

葉縁は全縁で、毛が生える

葉の表は葉脈上に毛がたくさん生え、緑色

葉の裏も葉脈上に多くの毛が生える

基部は切形または円形

枝 70%

●TOPICS

花冠の奥に蜜があり吸うと甘く、和名の由来となっているという。また、水を多く吸う葛（かずら）から名づけられたともいわれる。冬でも一部の葉が残り冬を越すため、別名ニンドウ（忍冬）ともいわれる。

| 単葉 | 広葉 | 切れ込みなし | 鋸歯なし |

キンギンボク

Lonicera morrowii（スイカズラ科）
別名:ヒョウタンボク　対生　落葉低木

　北海道の西南部、本州の東北地方および日本海側に分布する落葉低木。高さ1～2mになる。葉は対生し、長さ2～5mmの葉柄がある。葉身は長さ1.5～5cm、幅0.8～3cmの広楕円形ないし狭楕円形、まれに卵形で、葉先は鈍頭ないし円頭で、中央がわずかに凸状となる。葉縁は全縁で毛がある。葉の表は濃緑色でしわがあり、裏は帯白緑色。表裏ともに毛があるが、とくに裏の葉脈上に多い。花期は4～6月。ふつう2個ずつつき、花冠は5裂片に分かれ、はじめ白くのちに黄色くなる。

花は花柄の先にふつう2個ずつつく。5つの花冠が放射状に広がる

実はヒョウタンのような形で赤く熟すが、有毒で食べられない

葉身は広楕円形ないし狭楕円形、ときに卵形となる

葉先は鈍頭ないし円頭で、中央は微凸状となる

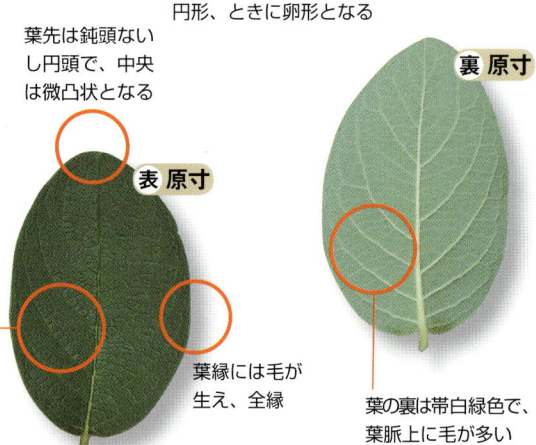

表 原寸

裏 原寸

葉の表にはしわがあり濃緑色

葉縁には毛が生え、全縁

葉の裏は帯白緑色で、葉脈上に毛が多い

● TOPICS
和名キンギンボクは「金銀木」と書き、花が白色から黄色く変化するようすを金と銀にたとえたもの。別名をヒョウタンボクというが、これは、液果が2個並んでついたようすがヒョウタンのように見えるため。

枝 原寸

葉は対生し、枝は中空になる

単葉｜広葉｜切れ込みなし｜鋸歯なし

ウグイスカグラ

Lonicera gracillipes var. *glabra*（スイカズラ科）

対生　落葉低木

　北海道南部、本州、四国、九州に分布する落葉低木。よく分枝する。葉は対生し、長さ3～5mmの葉柄がある。葉身は長さ3～8cm、幅2～5cmの倒卵形ないし広楕円形。葉先は鈍頭あるいは急鋭尖頭、葉の基部は広いくさび形。葉縁は全縁で疎毛がある。葉の表は濃緑色、裏は緑白色で、表裏ともに無毛か葉脈上に少し毛が生える。花期は4～5月。葉腋から長さ1～2cmの細い花柄が伸びて、淡紅色の花をふつう1個つける。果実は赤く熟し食べられる。

山野の日当たりのよい場所にふつうに生える。庭木や盆栽として栽培もされる。園芸品種もいくつか知られる

鮮紅色に熟す果実は甘く食べられる

葉の先は鈍頭または急鋭尖頭

表 原寸

葉は倒卵形あるいは広楕円形

葉の縁は全縁で疎毛がある

裏 原寸

枝 原寸

葉の表は濃緑色で無毛か葉脈上に毛がある

葉の基部は広いくさび形

葉は対生する

葉の裏も無毛か葉脈上に毛が生え、緑白色

●TOPICS

名前の由来は諸説あるが、ウグイスが鳴くころに花が咲くという説がある。ヤマウグイスカグラは葉や花などに毛が生えるが、分布が同じなので中間の種もあり区別は難しい。

| 単葉 | 広葉 | 切れ込みなし | 鋸歯なし |

サルトリイバラ

Smilax china（ユリ科）
別名:サンキライ

互生　落葉つる

北海道、本州、四国、九州に分布する落葉つる性木本。低木に絡まるように伸び、藪をつくる。葉は互生し、長さ2～5mmの葉柄がある。葉柄には托葉がありその先端は巻きひげに変化する。葉身は厚く、長さ3～12cm、幅2～7cmの横楕円形あるいは卵円形で、先は急に尾状になり、よじれて鋭尖頭となる。葉の基部は円形、切形または浅い心形で、3～5本の平行脈が出る。葉縁は全縁で大きな波状となる。葉の表は緑色で光沢があり、裏は粉白緑色。表裏ともに無毛。雌雄異株。花期は4～5月。葉腋に散形花序をつくり、黄緑色の花を多数開く。

山野の草原や林縁に多い。ほかの低木に絡まって伸びる

赤い果実はよく目立つ。葉が落ちても枝に残って年を越す

葉縁は全縁

表 原寸

葉の表は無毛で緑色

葉身は横楕円形または卵円形

葉の先は短く突出して尖るが裏側に反るので正面からは凹状に見える

裏 原寸

葉の裏も無毛で粉白緑色

葉柄にある托葉は先が巻きひげとなる

枝 60%

葉は互生する。赤く熟した果実は食べられる

● TOPICS
茎がかたく、節ごとに曲がって、まばらにかたい棘があり、山道などで茂ると通行のじゃまになることも多い。和名は、この棘のあるつるにサルがひっかかって、人に捕らえられてしまうということに由来する。

| 単葉 | 広葉 | 切れ込みなし | 鋸歯なし |

ナギイカダ

Ruscus aculeatus（ユリ科）

互生　常緑小低木

北アフリカ原産の常緑小低木。高さ20〜50cmになる。日本では観賞用として公園や庭園に植栽されたり、屋内の観賞用として植えられる。葉状になった枝が特徴で、長さ1.5〜2.5cm、幅0.8〜1.4cmの卵形で、皮質で厚い。先端は棘状にかたく尖り、基部は円形。葉状枝の表は濃緑色で、裏は淡白緑色で、表裏ともに無毛。縁は全縁。雌雄異株。花期は3〜5月。葉状枝の中央よりやや下部に小形の花をつける。日本には雌株は少ない。

葉のように見えるのは葉状枝。その中脈の下部に白色の小さな6弁花を咲かせる。液果は直径約1cmで赤熟する。棘が鋭いので、獣などの侵入を防ぐ生け垣などに利用する

表 原寸

先は棘状にかたく尖る

葉状枝の縁には鋸歯はない

葉状枝の形は卵形

葉状枝の表は濃緑色

裏 原寸

葉状枝の裏は淡白緑色

枝 原寸

葉のように見えるのは葉状枝で、枝が変化したもの

● TOPICS

葉状枝（ようじょうし）とは葉ではなく、枝が葉のような形に変化したもの。和名は、葉状枝がマキ科のナギの葉に似ていて、葉状枝に花をつけたようすが筏（いかだ）のようであるため。

| 単葉 | 広葉 | 切れ込みなし | 鋸歯あり |

コウヤボウキ

Pertya scandens（キク科）

互生　落葉小低木

　本州の関東以西、四国、九州に分布する落葉小低木。よく分枝し、高さ60〜90cmになる。葉は、本年枝では互生する。前年枝の葉はやや細長く、3〜5枚が束生する。長さ2〜5cm、幅1.5〜4cmの卵形で、葉先は鈍頭、基部は円形または浅心形。葉縁はまばらな細鋸歯がある。葉の表裏には伏毛がある。花期は9〜10月。本年枝の先に、白い筒状花が十数個集まった直径1cmほどの頭花を1個ずつつける。

関東以西の日当たりのよいやや乾いた丘陵や山地に生える。キク科には珍しい木本性

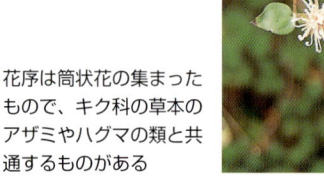

花序は筒状花の集まったもので、キク科の草本のアザミやハグマの類と共通するものがある

葉の先は鈍頭
裏 原寸
葉の裏も伏毛がある

葉縁にはまばらな細鋸歯がある
表 原寸
葉身は卵形
葉の表には伏毛がある
基部は円形または浅心形

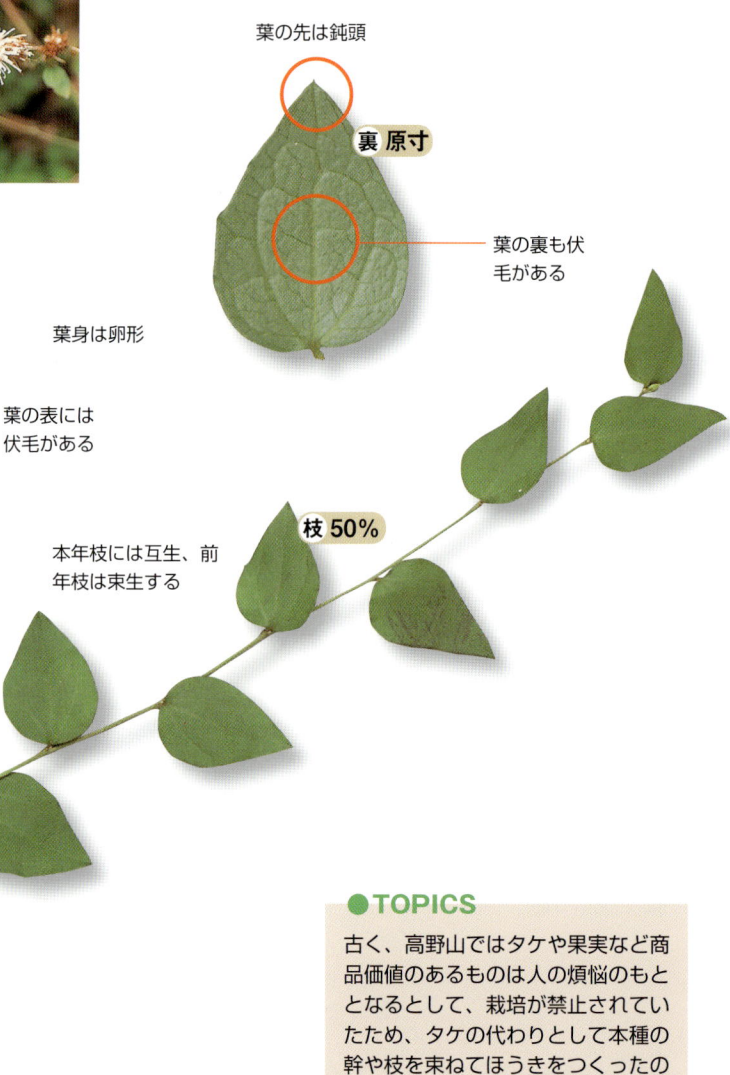

本年枝には互生、前年枝は束生する

枝 50%

●TOPICS

古く、高野山ではタケや果実など商品価値のあるものは人の煩悩のもととなるとして、栽培が禁止されていたため、タケの代わりとして本種の幹や枝を束ねてほうきをつくったので、このような名でよばれる。

巻末資料

樹木用語事典

学名さくいん
和名さくいん

樹木用語事典

亜高山帯 あこうざんたい 温帯、熱帯の山岳地帯に見られる植生帯で、本州中部では標高1600mから2500mぐらいにあり、トウヒやモミ、コメツガなどの常緑針葉樹林が中心となる。緯度が高くなるほど標高は低くなる。

亜種 あしゅ 生物の分類上で、種より下で、変種より上の分類階級。生殖的な隔たりの程度は少ないが、分布域が異なっていたり、いくつかの形質が異なっていたりする場合に用いられることが多い。学名の表記では、Subspeciesの略号であるsubsp.またはssp.を用いる。

異形葉 いけいよう 同じ種類の植物に、2種類以上の形態をした葉があるとき、それらの葉をいう。たとえば、幼樹や若い枝の基部につく葉と、成木や枝先につく葉とが形が異なる場合など。ヒノキなど同一の節や隣接する節に異なる形態の葉がつく場合、これを不等葉というが、異形葉と不等葉の区別は、必ずしも明確ではない。

逸出帰化 いっしゅつきか 栽培目的でもち込まれた外国の植物が野生化してしまうこと。繁殖力が旺盛で栽培場所を出て野生化してしまう場合と、人為的に栽培場所から自然の中にもち出されて野生化してしまう場合とがある。

異名 いめい ひとつの生物につけられた、別の名前。すでに正式な学名がつけられていたのにもかかわらず、重複して名づけられてしまったり、それまで別の種と思われていたものが実は同一の種であったりした場合などに生じる。

陰樹 いんじゅ あまり日の当たらない暗い場所でも生育できる性質をもつ樹木。生長がゆっくりで、幼木のうちは光の強い場所は生育に適さないが、生長するにしたがって明るいほどよく育つようになる。ブナ、モミ、ヒノキ、アオキ、ヤツデ、スダジイなど。

陰葉 いんよう 同一の植物の葉が、日光のよく当たる場所のものと日当たりの悪い場所のものとで形態や性質が異なるとき、日当たりの悪い場所で育った葉をいう。日当たりのよい場所のものにくらべて大きく、薄い。林内の葉や樹冠内部の葉は陰葉になりやすい。

羽状 うじょう 軸があり、その左右に葉や脈が並んでいる状態をいう。複葉のひとつの形や、葉脈の分布形態をあらわすときに用いられる。

羽片 うへん 羽状複葉の葉の場合、1回目の分布でつくられる部分をさしている。2回以上の羽状複葉の場合、羽片はいくつかの小羽片をもっている。

腋芽 えきが 葉が茎についた部分のすぐ上の部分を葉腋といい、この葉腋に生じた芽を腋芽という。原則的に枝はこの腋芽から発生する。

腋生 えきせい 葉や花などが腋芽に生じることをいう。

円錐花序 えんすいかじょ 多くの花が、全体として円錐状に集まって花序を形づくったもの。

黄葉 おうよう 秋のイチョウのように、葉の色が黄色に変わる現象。葉の葉緑素が分解してしまい、それまで現れていなかったカロチノイドの黄色い色が見えるようになるため黄変する。

雄しべ おしべ 花を形づくる器官のひとつで、花粉をつくる部分。雄ずいともいう。ふつう、花糸とよばれる細長い柄の先に葯（やく）とよばれる器官がついている。雄しべの

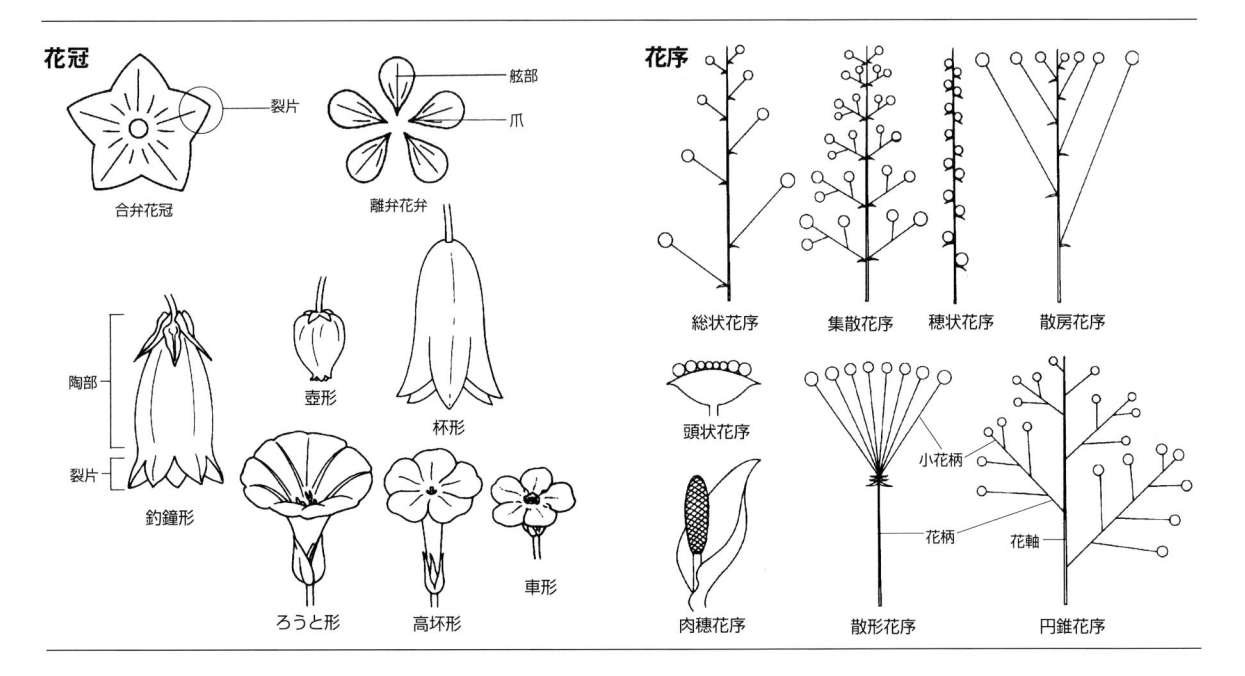

花冠：合弁花冠（裂片）、離弁花弁（爪部・爪）、筒部・裂片、壺形、杯形、釣鐘形、ろうと形、高坏形、車形

花序：総状花序、集散花序、穂状花序、散房花序、頭状花序、肉穂花序、散形花序（小花柄・花柄）、円錐花序（花軸）

数は植物の種類によって異なっていて、雄しべのないものから多数あるものまである。

雄花 おばな 機能している雄しべがあって、雌しべはない、あるいはあっても機能していない花。

外花被 がいかひ ふつう萼とよばれるもの。花を構成する要素のうち、雄しべ・雌しべより外側にある部分を花被といい、その花被が２重にあるとき、内側のものを内花被、外側のものを外花被という。内花被は花冠、外花被は萼にあたり、花冠と萼とが似ているときに、内花被、外花被とよぶことが多い。

開出毛 かいしゅつもう 葉や茎などの表面にある毛のうち、立っているもの。必ずしも表面に対して直角とは限らない。表面に沿って寝たように生えている毛を伏毛という。

外来植物 がいらいしょくぶつ 外国から渡来した植物の総称。人間の生産活動や移動などによって国外から侵入し、野生化した帰化植物に加えて、薬用や食用、観賞用、牧草などとして人為的に栽培されている有用植物も含む。

花冠 かかん ひとつの花にある、すべての花弁の集合体をいう。内花被にあたる。それぞれの花弁が独立しているものを離弁花冠、花弁どうしが互いに合着しているものを合弁花冠という。

萼 がく 花を形づくる要素のひとつで、多くの花ではもっとも外側にあるもので、外花被にあたる。何枚かの特殊な葉であり、それぞれの葉を萼片という。雌しべ・雄しべより外側の要素である花被が二重ではなく一重のときは、唯一ある花被を萼とよぶことが多い。

革質 かくしつ ツバキの葉のように、厚くて丈夫なようすをあらわす表現。

学名 がくめい 生物を分類整理するために、国際的な規約に従ってつけられた名前。ラテン語あるいはラテン語化された語が用いられる。主な分類階級は、種を基本として、その上に順次属、科、目、綱、門、界があり、必要に応じてそれぞれの階級の間に補助的な階級を入れる。また、種をさらに分けるときには、亜種、変種、品種などの階級を置く。種より上の学名は１語で記し、種の学名は、その種が含まれる属の学名と種形容語（種小名ともいう）との２語で記す。

隔離分布 かくりぶんぷ ある生物の分布地が連続せず、隔たって存在している状況をいう。古くは、広い分布域をもっていた種が、環境の変化などで一部の分布域のものが絶えてしまい、いくつかの地域に分かれて残された場合や、偶発的な長距離の移動（種子の散布など）によって、離れた分布域が生じた場合などがある。

仮種皮 かしゅひ 種子の外面を包むものを種皮といい、そのさらに外側を覆う特殊なもの。多くのものでは胚珠の柄が特殊な発達を遂げたものである。

花序 かじょ 複数の花が集まってまとまりのある形をつくっているとき、その配列様式を花序という。単に花の集まりをさしていうこともある。ふつう、茎の先端にひとつの花をつけるだけで集団とならないものは花序とは見なさないが、このような場合でも単頂花序とよぶこともある。

花柱 かちゅう 雌しべの一部で、胚珠を内側に包み込む子房と、花粉を受け取る花頭との間の棒状の部分。先のほうでいくつかに分かれていることもある。モクレンなどのように花柱とよべるような部分がないものもある。

花被 かひ 花の部分で、雄しべ・雌しべよりも外側にある何枚かの特殊な葉からなる部分をいう。花被を構成するそれぞれの葉を花被片という。ユリ属などのように花被が二重にあるとき、内側の花被を内花被、外側の花被を外花被といい、それぞれを形づくる個々の葉を内花被片、外花被片とよぶ。内花被は花冠、外花被は萼にあたる。花被をもたない雄しべ、雌しべだけの花もある。

花被片 かひへん 花被を構成する個々の特殊な葉をいう。ひとつの花の花被片をまとめて花被という。

花柄 かへい その頂端に花をつける茎。花と、それをつけている軸との間にある棒状の部分をさす。葉の場合は葉柄は葉の一部としてみなすが、花柄は花の一部とはみなさないのがふつう。

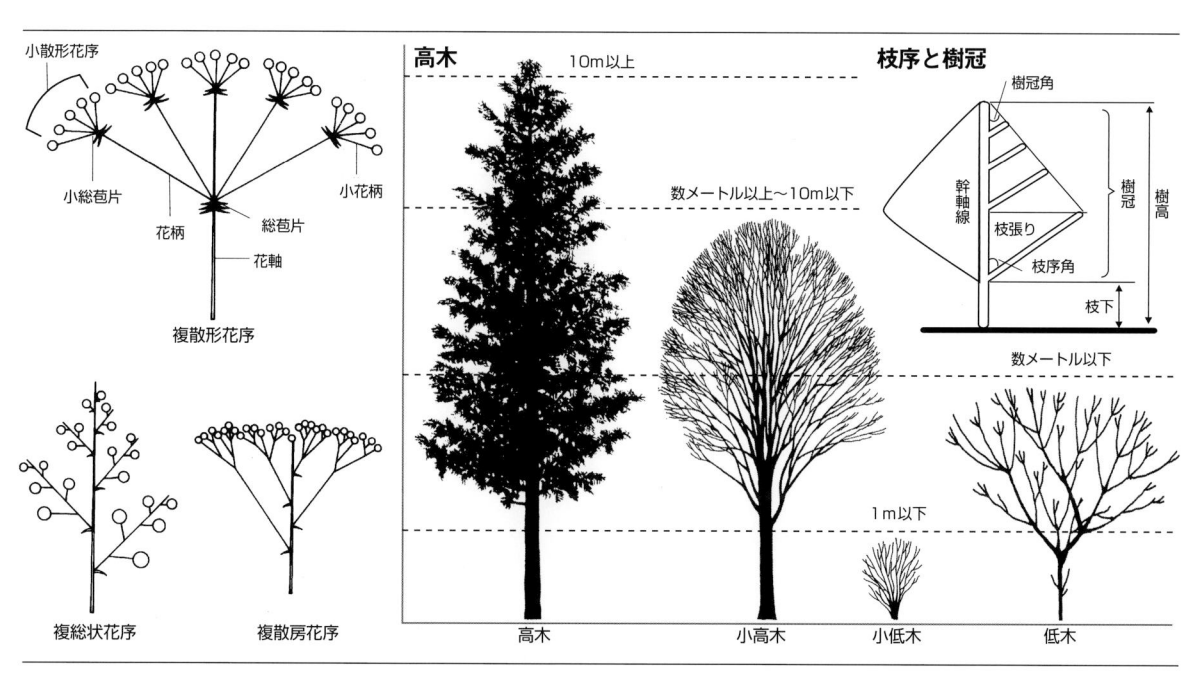

用語事典

皮目 かわめ 樹木の幹や枝の皮の部分にあって、内外に空気を通わせるための組織。樹種によって形が異なる。

帰化植物 きかしょくぶつ もともと国内に自生していなかった植物で、外国から、人間の経済活動や移動を通じて人為的ではなく渡来した植物。日本には古く稲作の伝搬に伴って渡来した植物もあり、それらは史前帰化植物というが、多くは外国との行き来が多くなった明治以降に日本にもち込まれた植物である。

気根 きこん 空気中にある根。気中根ともいう。ガジュマルの支柱根、キヅタの付着根、ハマザクロの呼吸根など、形や機能はさまざま。

基準種 きじゅんしゅ 属を設ける際の基準となった種。

基準変種 きじゅんへんしゅ 分類学上、正式にあらわされた種には、その命名のもとになったタイプ（基準標本や図）がある。のちにそのタイプと同一の種として分類されるが変種階級で区別されるグループが認められ、新変種として発表された場合、タイプを含む変種を基準変種とよぶ。階級が異なると、基準亜種、基準品種などの語も同様に用いられる。

寄生根 きせいこん 寄生植物が、寄生される植物（宿主）の体内に差し込んで、水分や有機物を吸収するための根。

球果 きゅうか マツの松ぼっくり（松笠）のように、種子をつけた鱗片状のものが軸のまわりに集まって球状、あるいは円柱状になったもの。裸子植物のうちの多くの種類に見られ、果実に似ているが、子房がないことから果実とは異なる。球果をつくる植物を球果植物といい、いわゆる針葉樹がそれにあたる。

偽葉 ぎよう 葉の葉身が退化し、葉柄が左右からつぶれて上下に広がって、その部分が葉身のように見えるもの。アカシア属などいくつかの種に見られる。

鋸歯 きょし 葉の縁にある凹凸のひとつの様式で、凹凸の突端が葉の先のほうに向いたものをいう。のこぎりの歯のように見えるためこの名がある。凹凸の突端が葉先に傾いていないものを歯牙という。粗い鋸歯の縁に、さらに細かい鋸歯があるものを重鋸歯という。

毛 け 表皮の一部が変化して、外側に突出したもの。植物学上は、必ずしも動物の毛のように細長いものだけではない。単細胞のもの、多細胞で一列に並んだもの、多細胞で平面的に鱗状や星状に並んだものなど、さまざまな形態がある。バラの棘など、同じ植物体の表面の突起であっても、表皮だけでなく、内部の組織から生じる部分を含んだものは毛とはいわない。

原生林 げんせいりん 過去から現在に至るまで、人間による伐採や植栽などの影響をほとんど受けずに存在してきた森林をいう。その多くは極相林（遷移の最終段階）である。

高山帯 こうざんたい 森林限界よりも標高の高い場所にできる、低木、草本、コケ、地衣類により構成される植生帯。本州中部では、およそ海抜2600mより高い高山がこれにあたる。生育に適した期間が短く、風や日光が強いなど環境が厳しいため、ここに育つ植物の多くは丈が低い多年生草本や矮性低木で、地下部が発達し、枝は密生して、葉は厚く毛が多く、縁を巻き込んでいる。

向軸側 こうじくがわ 枝や葉などが、軸から横に分かれ出たときに、もとの軸（母軸）に近い側をいう。葉の場合、茎に側生して、向軸側の面が上面となるのがふつうである。向軸側の反対側を背軸側という。

高木 こうぼく 幹が直立する樹木で、一般に高さが5～6m以上に伸びるものをいうが、低木との境は明確ではない。また、高木と低木との間で、生長しても高さ3～5mほどにしかならないものを小高木という場合がある。幹や枝は生長して長く伸び、幹と樹幹の区別がはっきりしている。

高木限界 こうぼくげんかい 低温や強風、土壌条件などによって森林が形成されなくなる限界である森林限界よりも高い標高、緯度においても、高木が生えることがある。この限界を高木限界という。

紅葉 こうよう 葉が、紅色や黄色に変化する現象。黄色に変わることを区別して、黄葉とよぶこともある。紅色は、色素の一種であるアントシアニンが葉の細胞内に蓄積するこ

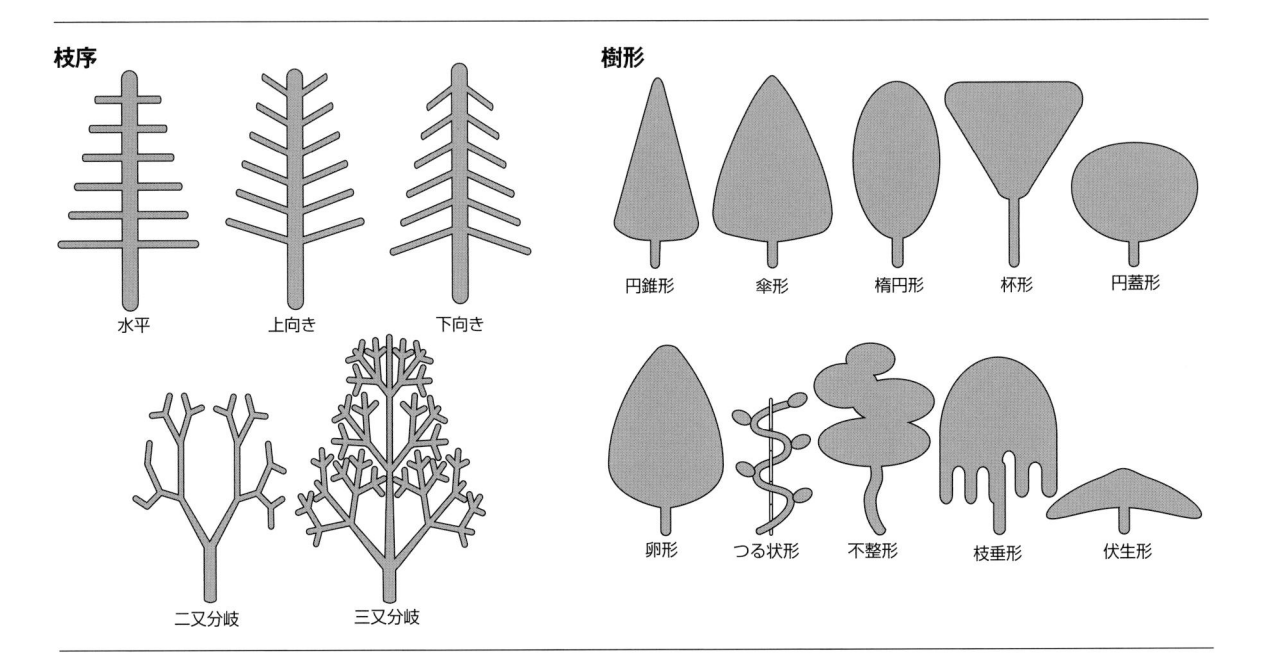

枝序

水平　上向き　下向き

二又分岐　三又分岐

樹形

円錐形　傘形　楕円形　杯形　円蓋形

卵形　つる状形　不整形　枝垂形　伏生形

とによって生じる。秋に葉が紅葉するのは、葉の付け根に離層ができて糖分が移動できなくなって葉にたまるとアントシアニンがつくられるため。

広葉樹 こうようじゅ　幅が広く、葉面積が大きな葉をもつ樹木。双子葉植物に属する樹木の多くが広葉樹である。

互生 ごせい　葉や枝についていうときには、1つの節に1枚ずつつくことをあらわす。

固有種 こゆうしゅ　ある特定の地域に限局的に分布している種をいう。新しく発生した種で分布圏を拡大しはじめたところでまだ狭い範囲にしか分布していないものを新固有、環境の変化などで分布域が狭くなってしまったものを古固有あるいは遺存固有という。

コルク層 こるくそう　コルク形成層の活動によって、その外側にできた組織。厚い死細胞からできている。アベマキは樹皮にコルク層が発達し、同属で地中海地方に分布するコルクガシからは産業としてコルクが採取される。

材 ざい　形成層（分裂組織の一種で肥大成長をもたらす）によってつくられた木部をいう。建築や工芸の材料となるタケ類の稈（かん）なども含めていうこともある。

在来植物 ざいらいしょくぶつ　もともとその地域に自生していた植物。外来植物に対することば。

散形花序 さんけいかじょ　多数の花が一本の軸から側生する花序のうちで、花序軸の先端から柄のある花が多数出ているような形になったもの。

散房花序 さんぼうかじょ　1本の花序軸から多数の花が側生する花序のうち、下のものほど花柄が長いため、すべての花が平面、あるいは球面上についたように見えるもの。

散房状 さんぼうじょう　散房花序ではないが、散房花序に似たような状態。

枝序 しじょ　樹形の輪郭をつくる、枝の分かれ方やつき方を枝序とよぶ。

種 しゅ　学名の命名のもっとも基本となる分類階級で、形態学的に区別のできない個体の集まりをさす。

雌雄異株 しゆういしゅ　雄花と雌花を、それぞれ異なる個体につける性質をいう。

集散花序 しゅうさんかじょ　軸の先端に花をつけることで軸の成長が止まり、次の花はその軸から出た側枝の先端につけるという方式で形づくられる花序の総称。単出集散花序、二出集散花序、多出集散花序と、1本の軸から出る側枝の数によって分けられる。

雌雄同株 しゆうどうしゅ　雄性と雌性の生殖器官が同一の個体に生じること。被子植物では雄花と雌花が同一株に生じること。

樹冠 じゅかん　樹木の幹以外の、枝葉が茂っている部分。一般に、樹幹の形は広葉樹では半球形、針葉樹では円錐形になるが、樹種ごとに特徴をもっている。森林の場合は個々の樹木の樹幹が連続する形になるが、これを林冠という。

樹形 じゅけい　根、幹、枝、葉が総合された樹木全体の形を樹形とよぶ。山野に自生する樹木は環境の影響を受け、同じ樹種でも樹形は一定しない。環境のよい場所で生育した樹木は比較的均整のとれた樹形になる。

樹皮 じゅひ　樹木のコルク形成層よりも外側の部分をいう。新しいコルク層が次々に内部に生じて新しい樹皮をつくり、古い樹皮はやがてはがれ落ちるが、はがれ落ちる部分の形は樹種によって異なっていて、特徴的な模様となる。

主脈 しゅみゃく　葉脈の主たるもの。狭義には中央脈だけをさすが、そのほかの太い葉脈も含めていうこともある。

小羽片 しょううへん　羽状複葉で、羽片がさらに分岐する場合、葉の2回目以降の分岐で形づくられる部分。

小高木 しょうこうぼく　樹木をその生長した高さで便宜的に分けた区分で、生長してもせいぜい高さが3〜5m程度のものを小高木という。

掌状 しょうじょう　ある一点から複数のものが放射状に広がり、すべてがひとつの平面上に並び、手のひらに似た形になった状態をいう。葉の形や、複葉の形式、葉脈の分布様式などをあらわすときに用いられる。

小葉 しょうよう　複葉で、その複葉を構成する一枚の葉のように見える部分。

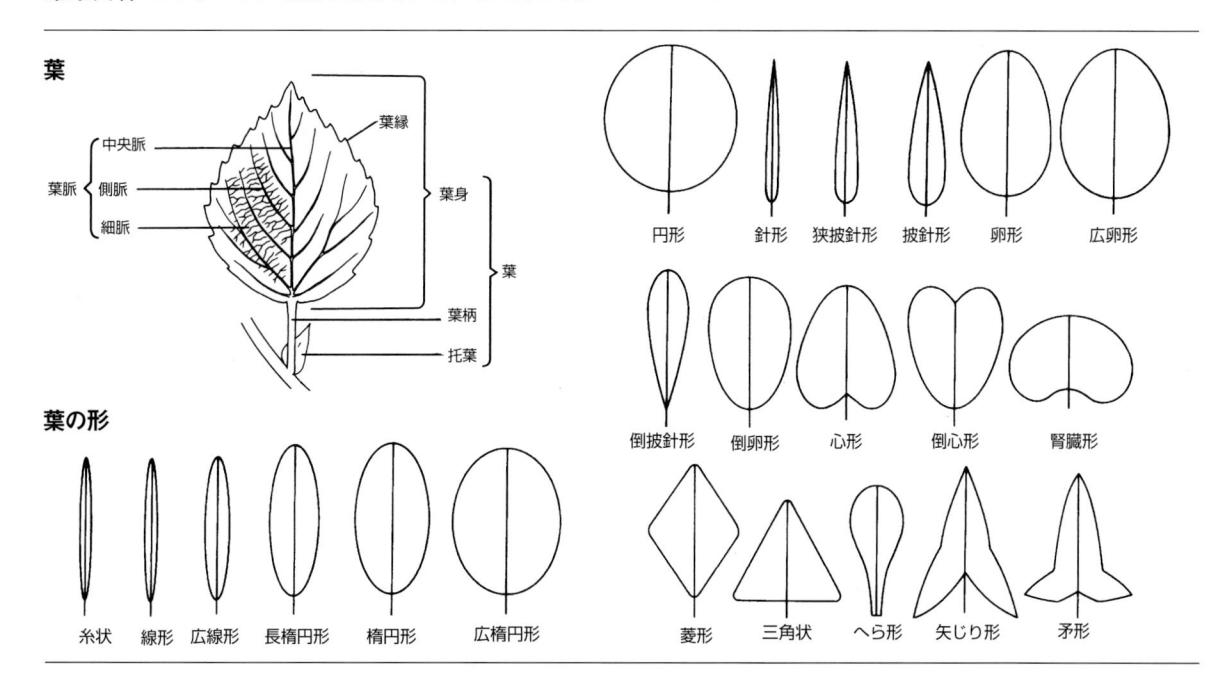

葉

葉脈｛中央脈／側脈／細脈｝　葉縁　葉身　葉柄　托葉　葉

葉の形

糸状　線形　広線形　長楕円形　楕円形　広楕円形

円形　針形　狭披針形　披針形　卵形　広卵形

倒披針形　倒卵形　心形　倒心形　腎臓形

菱形　三角状　へら形　矢じり形　矛形

照葉樹林 しょうようじゅりん 常緑広葉樹が林冠を主に構成する樹木となっている森林。亜熱帯から暖温帯にかけて見られる。葉は厚く、表面は無毛で光沢があるものが多いため、照葉樹林の名がある。日本ではシイ、カシ類、タブノキなどの広葉樹が優占する。

常緑樹 じょうりょくじゅ 葉が芽吹いて展開してから落葉するまでの期間が1年を越えるため、成葉をつけていない時期がない樹木。日本ではシイ、カシ、タブノキなどをはじめとする常緑広葉樹のほか、ツガ、モミ、シラソビなどに代表される常緑針葉樹が見られる。

針葉樹 しんようじゅ 裸子植物で球果類に属する樹木をいう。多くはマツなどのように針のような細長い葉をもつが、マキ科のナギなどのように幅のある葉をもつものでも、球果類であるため針葉樹に分類されるものもある。

穂状花序 すいじょうかじょ 一本の軸から多数の花が側生する細長い花序のうち、それぞれの花は見たところ花柄がなく、全体として穂のような形をしたもの。

垂直分布 すいちょくぶんぷ 標高の変化に対応して、生物が一定の範囲内に生息・生育する分布状況をいう。日本の中部地域を例にとると、もっとも標高の低い地域には常緑広葉樹林があり、それより標高の高い場所には落葉広葉樹林が、さらに高い場所には針葉樹林が現れる。

遷移 せんい ある地域を構成する生物の種類やその量が、その生物と環境との相互作用によって変化していく過程をいう。火山の溶岩地帯など無生物の状態からはじまるものを一次遷移、畑地などすでに生物によって土壌がつくられていて、そこに埋もれた種子などがある状態からスタートするものを二次遷移という。

全縁 ぜんえん 葉の縁が滑らかで、凹凸のない状態をいう。

腺毛 せんもう 植物体の表面にあって、粘液などの物質を分泌する毛。植物学でいう毛は、形にかかわらず表皮のみに由来するものをさすが、表皮と内部組織との両方に由来する突起物（毛状体）であっても、分泌作用をもつ場合は、腺毛とよぶことがある。

総状花序 そうじょうかじょ 一本の軸から多数の花が側生する細長い花序のうち、それぞれの花に花柄があるものをいう。

対生 たいせい 葉序に関していている場合は、ひとつの節に2枚の葉がつくことをあらわし、ふつうその2枚は茎を挟んで互いに反対方向に向いてつく。さらに、多くの場合は、隣り合う節の葉は、互いに直角に向いた方向につき、そのような葉序の様式を十字対生という。

托葉 たくよう 葉身、葉柄とともに葉を構成する要素であり、葉の付け根にある一対の葉片状の器官をいう。植物の種類によっては托葉のないものもあり、また、若葉のころは托葉があっても生長にともなって落ちてしまうものもある。

短枝 たんし ひとつの植物の枝に、節間が長く伸びて、比較的まばらに葉がつく枝と、節間があまり伸びずに葉が密生してつくものがあるとき、後者を短枝という。

単葉 たんよう 葉身が、一枚の連続した面から成り立ち、一枚の葉のように見えて実際に一枚の葉であるもの。これに対し、一枚の葉であるのにもかかわらず、複数の葉のように見えるものを複葉という。

中央脈 ちゅうおうみゃく 葉脈のうち、葉の中央に縦に通っているもっとも太いもの。

中肋 ちゅうろく 葉の中央を縦に通っている、隆起した部分。このなかを中央脈が通っている。ときとして中央脈と同じ意味で用いられることもある。

長枝 ちょうし ひとつの植物の枝に、節間が長く伸びて、比較的まばらに葉がつく枝と、節間があまり伸びずに葉が密生してつくものがあるとき、前者を長枝という。

頂生 ちょうせい 茎の先に花が生じる場合など、先端に生じること。茎や枝の側方に生じるものを側生という。側生のうち葉腋に生じる場合を腋生という。

低木 ていぼく 一般に樹高が4～5mより低い樹木をいう。幹の生長がその高さで停止し、多くの場合は、株のわきから枝を出す。

冬芽 とうが 冬季に休眠している芽。越冬芽ともいい、多く

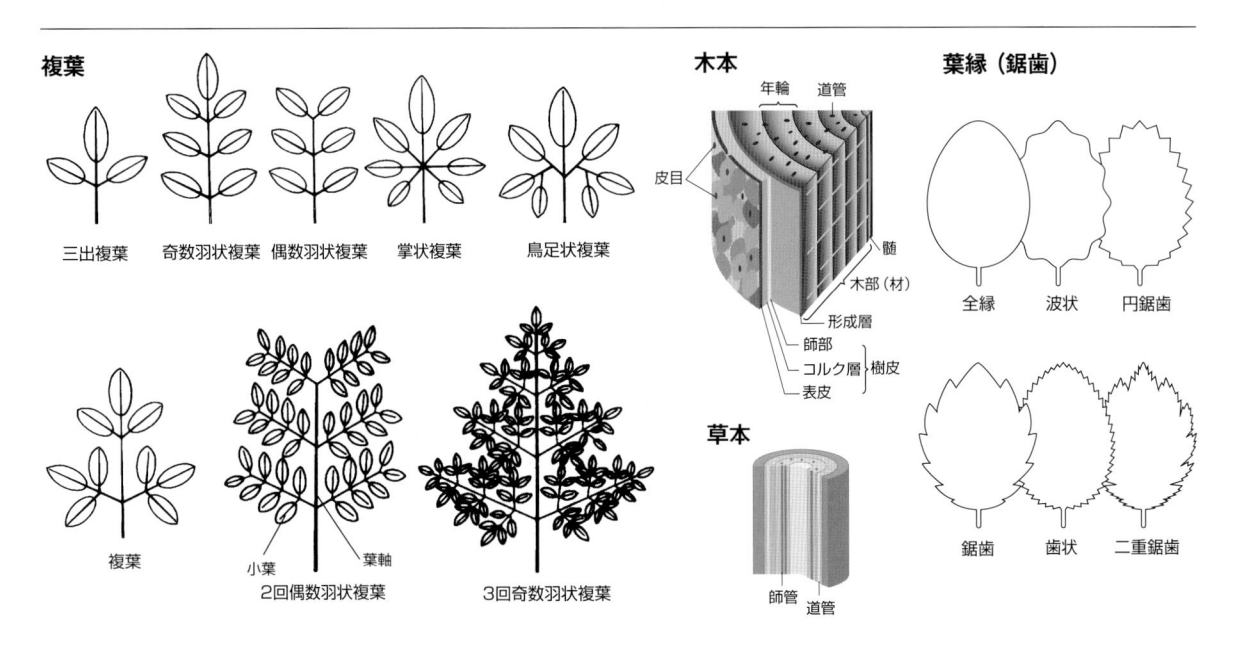

の場合、外側にある鱗片葉で内部がまもられていて、鱗片葉は春になると脱落する。

頭状花序 とうじょうかじょ　短い花序軸に柄のない花が多数ついたもので、全体がまとまって一つの花のように見える。頭花ともいう。

徒長枝 とちょうし　その植物の普通の枝とくらべて、著しく勢いよく伸びた枝。まっすぐで節間が長く、ふつうは花をつけない。

二次林 にじりん　人為的な伐採や、山火事などの影響で、原生林が失われた後などにできる、遷移の途中の状態が不安定な林。

熱帯雨林 ねったいうりん　赤道付近にできる、一年を通じて高温多湿で長い乾期のない常緑の高木林。ふつう多くの樹種が混生し、純林はない。

年輪 ねんりん　樹木の幹や枝の横断面に見られる同心円状の輪。気温の年較差が大きい温帯などにおいては、一年間に形成される材の組織の生長は春夏の暖かい時期は粗く、寒くなる秋冬はしだいに密になる。そのためにできた層の濃淡が一年周期の輪縞紋をつくる。熱帯の樹木では乾期に落葉する種にできる。

背軸側 はいじくがわ　茎や枝など軸から側生した枝や葉で、その軸（母軸）から離れた側。葉ではふつう背軸側は下面になる。向軸側の対語。

尾状花序 びじょうかじょ　ふつう小さく目立たない単生花が数多く集まって、動物の尾を思わせるような細長い形になった花序をいうが、厳密に定義されたものではない。多くは下向きに垂れる。

品種 ひんしゅ　ひとつの品種をいくつかに分類するときに用いる分類階級のひとつで、亜種や変種よりも階級は低く、花の色など単一の形質だけが異なる場合などに用いられる。園芸品種とは別のものであり、人為的につくり出された園芸品種に対し、天然に見られるものに用いられるのがふつうである。学名で品種をあらわすときは、種の学名（必要な場合は亜種・変種の学名）のつぎに、「品種」を意味する forma、あるいはその略号である f. を書いてから、品種形容語を表記する。

複葉 ふくよう　葉身が複数の面に分割されている様式の葉。単葉の対語。複葉を構成している1枚の葉のように見える部分を小葉という。複葉は小葉の配列様式の違いによっていくつかに分類される。複数の葉が並んでいるのか、複葉なのかは、1枚の葉のように見えるものが、ついている軸（茎）に対して向き合うかどうかでわかる。小葉であればそれがついている軸（葉軸）に対して向き合うことはない。

普通葉 ふつうよう　花弁や萼片、苞などは特殊な葉であり、それら以外の、緑色で光合成をおこなう通常の葉を普通葉という。多くの場合は偏平で面積が広い葉身をもつが、マツなどのように針状のもの、ヒノキなどのように鱗状のものもある。

変種 へんしゅ　生物の分類階級で、亜種よりも下で、品種より上に置かれる階級。ひとつの種をいくつかに分類する場合に用いられる。同一の種でも、地域的な差で花や葉などに違いが見られるものなどを変種とする場合が多い。学名に記載するときには、種の次に、「変種」を意味する varietas、あるいはその略号 var. を書き、その後ろに変種形容語を記す。

雌しべ めしべ　花を構成する器官のうち、花粉を受け取って、種子をつくるもの。受精後種子となる胚珠を内蔵する子房、花粉を受け取る柱頭、子房と柱頭の間の部分である花柱からなるが、モクレンなどのように花柱がないものもある。

雌花 めばな　機能をする雌しべがあって、雄しべがないか、あっても機能していない花。雄花に対する対語。

木本 もくほん　植物のうち、一般に木とよばれるもの。何年にもわたって生き続ける地上茎をもち、木部がよく発達するもの。草本の対語。茎の木質化の程度や形質層の活動による肥大生長の有無などを草本との区別点といわれることがあるが、木本と草本を明確に区分して定義することは難しく、草本であっても茎が木質化するもの（ヒマワリなど）、木本であっても明らかな形成層をもたないもの（ヤシ科な

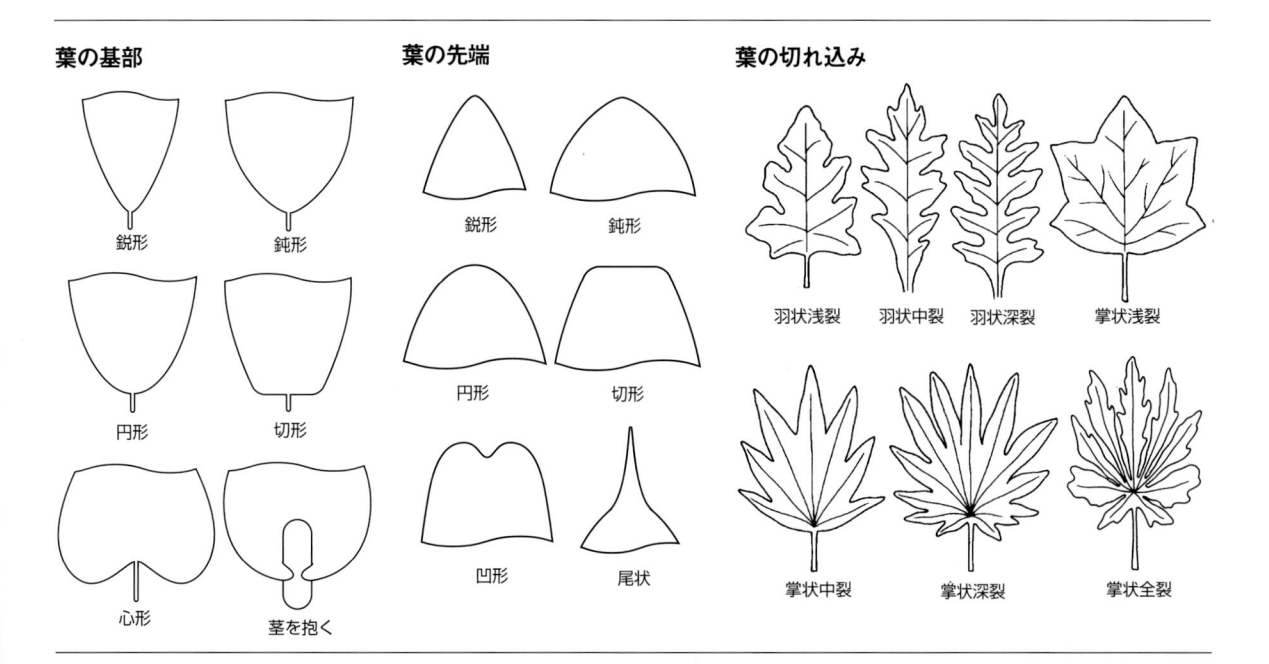

葉の基部: 鋭形, 鈍形, 円形, 切形, 心形, 茎を抱く

葉の先端: 鋭形, 鈍形, 円形, 切形, 凹形, 尾状

葉の切れ込み: 羽状浅裂, 羽状中裂, 羽状深裂, 掌状浅裂, 掌状中裂, 掌状深裂, 掌状全裂

ど）もある。

油点　ゆてん　植物組織のなかで細胞の内部分（細胞間隙）に油滴が含んだもので、肉眼やルーペで点状に観察できるもの。葉では、光に透かして見たときに、明るい点として見えることが多い。

葉腋　ようえき　茎の一部で、葉がついている部分のすぐ上をさす。葉のつく部分が左右に広い場合は、その中央部のすぐ上。種子植物では、原則としてこの葉腋から芽が出る。

葉縁　ようえん　葉のへり。植物の種類によって、葉縁にはさまざまな形の凹凸が見られ、葉から植物の名をしらべるときの大切な手がかりとなる。

葉痕　ようこん　落葉したあと、茎の表面に残された葉がついていた跡。半円形、円形、三日月形など、植物の種類によって特徴的な形となる。葉印ともいう。

葉軸　ようじく　羽状複葉の葉において、葉柄のその先で、左右に小葉をつけている軸をいう。これは単葉の中肋に対応する。

陽樹　ようじゅ　日光のよく当たる明るい場所を好む樹木。強い光の下で効率のよい光合成をおこなう。幼木のときの生長が早く、枝を展開して広い樹冠をつくるが、密で暗い林の中では生育できない。

葉序　ようじょ　一本の茎（枝）につく複数の葉の秩序ある配列様式。植物の種類によって決まっているが、同一の植物でも茎の基部と上部とで、葉序が異なることもある。ひとつの節につく葉の数が1、2、もしくは3以上のいずれにあてはまるかによって、それぞれ葉序は互生、対生、輪生に大別される。

葉身　ようしん　葉の主要な部分となる偏平な部分。葉は、この葉身と、葉柄、托葉とで形づくられる。葉柄や托葉がなく、葉身だけで成り立っている葉もある。逆に、葉身が退化して托葉あるいは葉柄だけで構成されている葉もある。

葉柄　ようへい　葉身、托葉とともに、葉を構成する要素。茎と葉身との間にある棒状の部分。植物の種類によっては葉柄のないものもある。

葉脈　ようみゃく　葉身内部にある維管束（水分と有機物の通路の役割を果たす組織）。根から吸った水分を葉に運び込み、葉でつくった有機物を葉から運び出す輸送の役目を担っているとともに、葉身の形を力学的に保つ役割ももっている。

陽葉　ようよう　ある同一の植物の葉が、日当たりのよい場所で育ったものと日陰で育ったものとで形態や性質が異なるとき、前者を陽葉という。陰葉の対語。一般に陽葉は陰葉より小さく、クチクラ層が発達して厚く乾燥に強い。気孔密度が高く、強い日光のもとで光合成速度が速い。クチクラ層とは、葉の表裏面にある、蝋に似た物質が表皮から分泌されて堆積した層をいう。

翼　よく　カエデの果実、ニシキギの茎に見られるものなど、薄く平らな突起物に用いられる語。

落葉　らくよう　葉が茎（枝）から離れ、落ちること。葉身や葉柄の基部の一定の位置に、離層とよばれる組織がつくられて落葉する。離層とは、葉や果実、花弁などが植物体から離れ落ちるのに先立って、母体との間に形成される細胞層で、この層を境に葉などが落ちる。複葉では小葉だけが落葉し、それ以外の部分がしばらく残っている場合がある。

落葉樹　らくようじゅ　葉が展開してから落葉するまでの期間が1年より短いため、成葉がない状態の季節が存在する樹木。成葉のない季節は冬あるいは乾期であることが多い。

輪生　りんせい　ひとつの節から生じる葉や枝の数が、3個以上であること。葉の場合には輪生葉序といわれ、ひとつの節につく葉の数によって、三輪生、四輪生などとよぶ場合もある。同じ節につく葉は茎の周囲360度を等分した位置につき、次の節の葉は、下の節のちょうど中間の位置につくことが普通である。対生も葉が2枚のときの輪生と考えることもできるが、便宜上区別して扱われる。

鱗片葉　りんぺんよう　一般的に見られる葉よりも著しく小さく、いくつもの葉が重なりあって鱗状になっている葉。

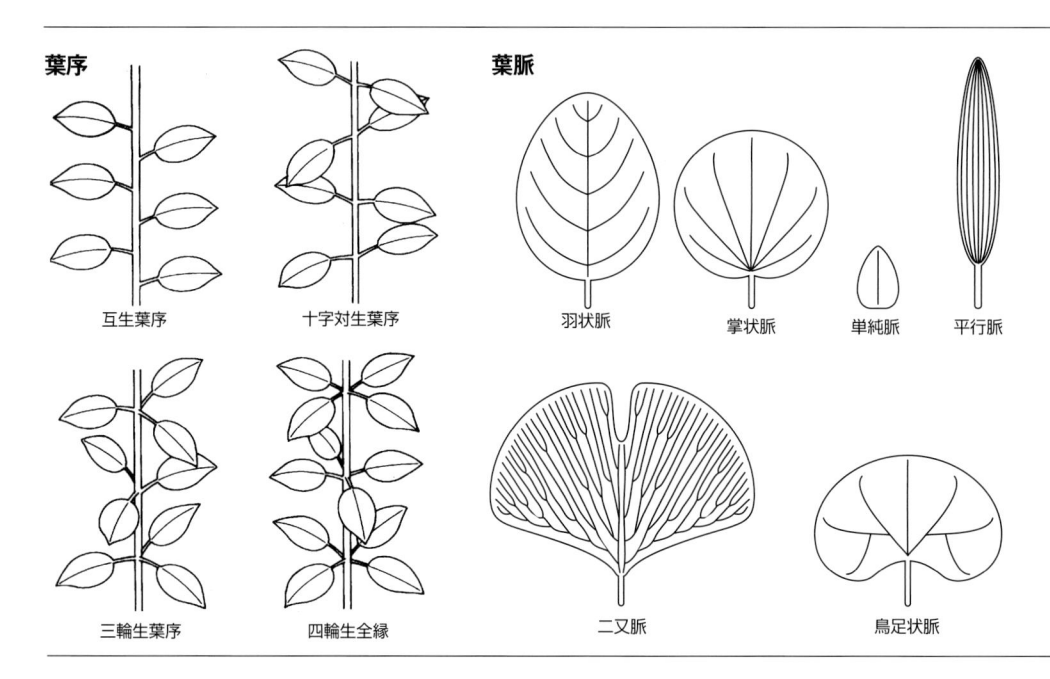

葉序

互生葉序　　十字対生葉序　　三輪生葉序　　四輪生全縁

葉脈

羽状脈　　掌状脈　　単純脈　　平行脈　　二又脈　　鳥足状脈

学名さくいん

A

Abelia spathulata	312
Abies firma	23
Abies homolepis	22
Abies mariesii	25
Abies sachalinensis	24
Acanthopanax sciadophylloides	267
Acanthopanax seiboldianus	266
Acer amoenum	213
Acer amoenum var. matsumurae	214
Acer buergerianum	223
Acer carpinifolium	219
Acer cissifolium	225
Acer diabolicum	222
Acer distylum	218
Acer japonicum	215
Acer mono	220
Acer nikoense	224
Acer palmatum	212
Acer pycnanthum	211
Acer rufinerve	216
Acer shirasawanum	217
Actinidia polygama	133
Aesculus turbinata	227
Akebia quinata	131
Akebia trifoliata	132
Albizia julibrissin	188
Alnus hirsuta	60
Alnus japonica	59
Ampelopsis brevipedunculata	240
Aphananthe aspera	90
Aralia elata	262
Aucuba japonica	256

B

Benthamidia florida	261
Benthamidia japonica	260
Berberis thunbergii	128
Betula ermanii	63
Betula grossa	64
Betula maximowicziana	61
Betula platyphylla	62
Broussonetia kazinoki × B. papyrifera	99
Broussonetia papyrifera	98
Buckleya lanceolata	103
Buxus microphylla var. japonica	204

C

Callicarpa japonica	303
Callicarpa kochiana	302
Camellia japonica	134
Camellia japonica var. decumbens	135
Camellia sinensis	136
Carpinus cordata	68
Carpinus japonica	69
Carpinus tschonoskii	70
Castanea crenata	85
Castanopsis sieboldii	86
Cedrus deodara	28
Celastrus orbiculatus	237
Celtis sinensis	91
Cercidiphyllum japonicum	127
Cercis chinensis	189
Chaenomeles sinensis	185
Chamaecyparis obtusa	34
Chamaecyparis pisifera	36
Chionanthus retusa	291
Cinnamomum camphora	114
Cinnamomum japonicum	115
Clerodendrum trichotomum	304
Clethra barvinervis	270
Cleyera japonica	140
Coriaria japonica	205
Cornus officinalis	259
Corylopsis pauciflora	146
Corylopsis spicata	147
Corylus heterophylla var. thunbergii	65
Corylus sieboldiana	66
Crataeguis cuneata	177
Cryptomeria japonica	29

D

Daphniphyllum macropodum	198
Dendropanax trifidus	264
Deutzia crenata	156
Diospyros kaki	281
Disanthus cercidifolius	145
Distylium racemosum	149

E

Edgeworthia chrysantha	247
Ehretia dicksonii	300
Ehretia ovalifolia	301
Elaeagnus pungens	249
Elaeaguns multiflora	248
Elaeocarpus sylvestris var. ellipticus	242
Enkianthus perulatus	278
Eriobotrya japonica	181
Eucommia ulomides	89
Euonymus alatus	234
Euonymus japonicus	235
Euonymus sieboldianus	236
Euptelea polyandra	126
Eurya japonica	141
Euscaphis japonica	238
Evodiopanax innovans	269

F

Fagus crenata	72
Fagus japonica	71
Fatsia japonica	265
Ficus carica	101
Ficus erecta	102
Ficus microcarpa	100
Firmiana simplex	246
Fraxinus japonica	289
Fraxinus lanuginosa f. serrata	287
Fraxinus mandshurica var. japonica	288
Fraxinus sieboldiana	286

G

Gardenia jasminoides	298
Gardenia jasminoides var. radicans	299
Ginkgo biloba	17
Gleditsia japonica	190

H

Hamamelis japonica	148
Hedera rhombea	263
Helwingia japonica	255
Hydrangea macrophylla f. normalis	153
Hydrangea paniculata	152
Hydrangea scandens	155
Hydrangea serrata	154

I

Idesia polycarpa	250
Ilex crenata	229
Ilex integra	230
Ilex latifolia	231
Ilex nipponica	233
Ilex serrata	232
Illicium anisatum	113

J

Juglans mandshurica
　var. sachalinensis — 47
Juniperus chinensis var. kaizuka — 33
Juniperus chinensis
　var. procumbens — 32
Juniperus rigida — 39

K

Kalopanax pictus — 268
Kerria japonica — 170

L

Lagerstroemia indica — 253
Lagerstroemia subcostata — 252
Larix kaempferi — 18
Laurus nobilis — 122
Lespedeza bicolor var. japonica — 194
Ligustrum japonicum — 295
Ligustrum lucidum — 294
Ligustrum tschonoskii — 296
Lindera obtusiloba — 121
Lindera praecox — 119
Lindera triloba — 120
Lindera umbellata — 117
Lindera umbellata
　var. membranacea — 118
Liquidambar formosana — 150
Liquidambar styraciflua — 151
Liriodendron tulipifera — 112
Lithocarpus edulis — 87
Lithocarpus glabra — 88
Litsea acuminata — 125
Litsea coreana — 124
Lonicera gracillipes var. glabra — 317
Lonicera japonica — 315
Lonicera morrowii — 316
Lyonia ovalifolia var. elliptica — 280

M

Machilus thunbergii — 116
Magnolia grandiflora var. lanceolata — 111
Magnolia heptapeta — 107
Magnolia obovata — 105
Magnolia praecocissima — 109
Magnolia quinquepeta — 108
Magnolia salicifolia — 110
Magnolia sieboldii subsp. japonica — 106
Mallotus japonicus — 197
Malus sieboldii — 186
Melia azedarach — 203
Meliosma myriantha — 228
Metasequoia glyptostroboides — 30
Michelia compressa — 104
Morus alba — 96
Morus australis — 97
Myrica rubra — 45

N

Nandina domestica — 129
Neolitsea sericea — 123

O

Orixa japonica — 199
Osmanthus fragrans
　var. aurantiacus — 293
Osmanthus heterophyllus — 292
Ostrya japonica — 67

P

Parthenocissus tricuspidata — 241
Paulownia tomentosa — 305
Pertya scandens — 320
Phellodendron amurense — 201
Photinia glabra — 183
Pieris japonica — 279
Pinus densiflora — 20
Pinus parviflora — 21
Pinus thunbergii — 19
Pittosporum tobira — 157
Platanus × acerifolia — 144
Platanus occidentalis — 143
Platanus orientalis — 142
Platycarya strobilacea — 46
Podocarpus macrophyllus — 40
Podocaruus nagi — 41
Poncirus trifoliata — 202
Populus alba — 50
Populus nigra var. italica — 49
Pourthiaea villosa var. laevis — 184
Prunus buergeriana — 161
Prunus cerasoides — 164
Prunus grayana — 162
Prunus jamasakura — 169
Prunus mume — 160
Prunus pendula f. ascendens — 165
Prunus sargentii — 167
Prunus speciosa — 166
Prunus spinulosa — 163
Prunus verecunda — 168
Pterocarya rhoifolia — 48
Punica granatum — 254
Pyrus pyrifolia — 187

Q

Quercus acuta — 80
Quercus acutissima — 75
Quercus crispula — 78
Quercus dentata — 77
Quercus gilva — 81
Quercus glauca — 82
Quercus myrsinaefolia — 84
Quercus phillyraeoides — 74
Quercus salicina — 83
Quercus serrata — 79
Quercus variabilis — 76

R

Rhaphiolepis indica
　var. umbellata — 182
Rhododendron brachycarpum — 276
Rhododendron degronianum — 277
Rhododendron dilatatum — 273
Rhododendron indicum — 271
Rhododendron kaempferi — 272
Rhododendron mucromulatum
　var. ciliatum — 274
Rhododendron wadanum — 275
Rhus ambigua — 206
Rhus javanica var. roxburghii — 207
Rhus succedanea — 209
Rhus sylvestris — 210
Rhus trichocarpa — 208
Robinia pseudoacacia — 192
Rosa hirtula — 175
Rosa marretii — 174
Rosa multiflora — 171
Rosa rugosa — 173
Rosa wichuraiana — 172
Rubus palmatus
　var. coptophyllus — 176
Ruscus aculeatus — 319

S

Salix babylonica — 55
Salix bakko — 52
Salix gracilistyla — 58
Salix integra — 57
Salix jessoensis — 51
Salix sachalinensis — 56
Salix serissaefolia — 54
Salix subfragilis — 53
Sambucus racemosa subsp. sieboldiana — 306
Sapindus mukorossi — 226
Sapium japonicum — 195
Sapium sebiferum — 196
Sciadopitys verticillata — 31
Smilax china — 318
Sophora japonica — 191
Sorbus alnifolia — 180
Sorbus commixta — 178
Spiraea japonica — 159
Stachyurus praecox — 251
Stauntonia hexaphylla — 130
Stephanandra incisa — 158
Stewartia monadelpha — 138
Stewartia Pseudo-camellia — 137
Styrax japonica — 282
Styrax obassia — 283
Swida controversa — 258
Swida macrophylla — 257
Symplocos chinensis
　var. leucocarpa f. pilosa — 284

Symplocos myrtacea —— 285	Tsuga diversifolia —— 27	Viburnum plicatum
Syringa reticulata —— 290	Tsuga sieboldii —— 26	var. tomentosum —— 310
T	**U**	Viburnum suspensum —— 309
Taxus cuspidata —— 42	Ulmus davidiana var. japonica —— 93	Vitis coignetiae —— 239
Taxus cuspidata var. nana —— 43	Ulmus laciniata —— 94	**W**
Ternstroemia gymnanthera —— 139	Ulmus parvifolia —— 95	Weigela coraeensis —— 313
Thuja standishii —— 37	**V**	Weigela hortensis —— 314
Thujopsis dolabrata —— 38	Viburnum dilatatum —— 311	Wisteria floribunda —— 193
Tilia japonica —— 244	Viburnum odoratissimum	**Z**
Tilia kiusiana —— 243	var. awabuki —— 308	Zanthoxylum piperitum —— 200
Tilia miqueliana —— 245	Viburnum opulus	Zelkova serrata —— 92
Torreya nucifera —— 44	var. calvescens —— 307	
Trachelospermun asiaticum —— 297		

和名さくいん

太い数字は見出しとしてあげた項目のページ数です。見出し項目で漢字表記のあるものは、カッコ内に表記しました。
また、細い数字は別名、*のついた細い数字はTOPICS、または、写真でとりあげたページ数です。

ア

アイアカマツ —— 20*	アメリカヤナギ —— 58*	インドボダイジュ —— 245*
アイグロマツ —— 20*	アメリカヤマボウシ —— 261	ウグイスカグラ（鶯神楽）—— 317
アオカゴノキ —— 125*	アラカシ（粗樫）—— 82	ウコギ —— 266
アオガシ —— 125*	アララギ —— 42*	ウシコロシ —— 184*
アオキ（青木）—— 256	アワノミツバツツジ —— 273*	ウシノハナギ —— 184*
アオギリ（青桐・梧桐）—— 246	アワブキ（泡吹）—— 228	ウダイカンバ（鵜松明樺）—— 61
アオダモ（青—）—— 287	アンズ —— 160*	ウツギ（卯木・空木）
アオハダ（青肌・青膚）—— 233	イイギリ（飯桐）—— 250	—— 152* 155* 156 205* 312*
アオモリトドマツ —— 25	イザヨイバラ —— 175*	ウノハナ —— 156*
アカイタヤ —— 221*	イズアカガシ —— 82*	ウバメガシ（姥目樫）—— 74
アカエゾマツ —— 24*	イスノキ（柞）—— 149	ウメ（梅）—— 160 182* 232*
アカガシ（赤樫）—— 80 82* 84*	イタヤカエデ（板屋楓）—— 220 268*	ウメモドキ（梅擬）—— 232
アカシア —— 192*	イチイ（一位）—— 42 43* 44*	ウラジロガシ（裏白樫）—— 83 84*
アカシデ —— 69* 70*	イチイガシ（石櫧）—— 81	ウラジロナナカマド —— 178* 179*
アカマツ（赤松）—— 19* 20	イチジク（無花果）—— 101 102*	ウラジロノキ —— 180*
アカメガシワ（赤芽柏・赤芽槲）—— 197	イチョウ（公孫樹・銀杏）—— 17	ウラジロハコヤナギ（裏白箱柳）—— 50
アキニレ（秋楡）—— 95	イトヤナギ —— 55*	ウラジロモミ（裏白樅）—— 22
アケビ（木通・通草）—— 131 130* 132*	イヌエンジュ —— 191	ウラスギ —— 29*
アケボノスギ —— 30*	イヌガヤ —— 44*	ウリハダカエデ（瓜肌楓）—— 216
アサダ（—）—— 67	イヌコリヤナギ（犬行李柳）—— 57	ウルシ —— 208*
アズキナシ（小豆梨）—— 180	イヌザクラ（犬桜）—— 161	ウワミズザクラ（上不見桜・上溝桜）
アズサ —— 64	イヌシデ（犬四手）—— 69* 70	—— 161* 162
アスナロ（翌檜）—— 31* 35* 38	イヌツゲ（犬黄楊）—— 204* 229 230*	エゴノキ（斎墩果）—— 282
アズマシャクナゲ（東石南花）—— 277	イヌビワ（犬枇杷）—— 102	エゾアジサイ —— 154*
アセビ（馬酔木）—— 279	イヌブナ（犬橅）—— 71	エゾノウワミズザクラ —— 162*
アブラチャン（油瀝青）—— 119	イヌマキ（犬槇）—— 40	エゾマツ —— 24*
アベマキ（阿部槇・椚）—— 75* 76	イノコシバ —— 285*	エドヒガン（江戸彼岸）—— 165
アベリア —— 312*	イボタノキ —— 296*	エノキ（榎）—— 91
アメリカスズカケノキ（—鈴懸木）	イモノキ —— 269*	エビヅル —— 240*
—— 143 144*	イヨミズキ —— 146*	エルム —— 93*
アメリカフウ —— 151*	イロハカエデ —— 212*	エンコウカエデ —— 221*
	イロハモミジ（以呂波紅葉）	エンジュ（槐・槐樹）—— 191
	—— 212 213* 214*	オオイタヤメイゲツ（大板屋名月）
	イワダレネズ —— 32*	—— 217

オオガシ ―― 80*	カラタチ（枸橘）―― 202	コジイ ―― 86*
オオカメノキ（大亀木）―― 309	カラタチバナ ―― 202*	コトリトマラズ ―― 128*
オオサワシバ ―― 68*	カラフトイバラ（樺太茨）―― 174	コナラ（小楢）―― 79
オオシマザクラ（大島桜）―― 164* 165* 166	カラマツ（唐松・落葉松）―― 18	コノテガシワ ―― 37*
オオシラビソ（大白比曾・大白檜曾）―― 25	カラムラサキツツジ ―― 274*	コバノトネリコ ―― 287
オオツノハシバミ ―― 66*	カリン（花梨・榠櫨）―― 185	コハブナ ―― 72*
オオツルウメモドキ ―― 237*	カンザクラ（寒緋桜）―― 164*	コブシ（辛夷）―― 104* 109 110*
オオバオオヤマレンゲ ―― 106*	ガンピ ―― 99*	コムラサキ ―― 303*
オオバガシ ―― 80*	カンヒザクラ ―― 164	コメツガ（米栂）―― 27
オオバクロモジ（大葉黒文字）―― 117* 118	カンボク（肝木）―― 307	コヤブニッケイ ―― 115*
オオハブナ ―― 72*	キクザキヤマブキ ―― 170*	ゴヨウアケビ ―― 131*
オオバマンサク ―― 148*	キソイチゴ ―― 176*	ゴヨウマツ（五葉松）―― 21
オオモミジ（大紅葉）―― 213 214*	キタコブシ ―― 109*	コリヤナギ ―― 57*
オオヤマザクラ（大山桜）―― 167	キタゴヨウ ―― 21*	コリンクチナシ ―― 298*
オオヤマレンゲ（大山蓮華）―― 104* 106	キヅタ（木蔦）―― 241* 263	コリンゴ ―― 186*
オガサワラニッケイ ―― 115*	キハダ（黄檗）―― 201	ゴンズイ（権萃）―― 238
オガタマノキ（小賀玉木・御賀玉木）―― 104	キブシ（通条花・木五倍子）―― 251	ゴンゼツノキ ―― 267*
オコウジンギライ ―― 157*	キモンヤツデ ―― 265*	コンテリギ ―― 155*
オニイタヤ ―― 221*	キャラボク（伽羅木）―― 43	
オニグルミ（鬼胡桃）―― 47	キリ（桐）―― 246* 268* 305	**サ**
オニモミジ ―― 222*	キリタチヤマザクラ ―― 167*	サイカチ（皀莢）―― 190
オノエヤナギ（尾上柳）―― 56	キレハノブドウ ―― 240*	サイモリバ ―― 197*
オヒョウ（―）―― 94	キンギンカ ―― 315	サオトメバナ ―― 314*
オマツ ―― 19*	キンギンボク（金銀木）―― 316	サカキ（榊）―― 113* 140 141*
オモテスギ ―― 29*	キンシナンテン ―― 129*	ザクロ（石榴）―― 254
オリーブ ―― 242*	ギンドロ ―― 50	サツキ（五月・皐月）―― 271
オンコ ―― 42*	キンモクセイ（金木犀）―― 293	サツキツツジ ―― 271
	ギンモクセイ ―― 293*	サビタ ―― 152
カ	クサギ（臭木）―― 304	サルスベリ（百日紅・猿滑）―― 252* 253
カイヅカイブキ（―伊吹）―― 33	クスノキ（楠）―― 114	サルトリイバラ（菝葜・猿捕茨）―― 318
カエデバスズカケノキ ―― 144*	クチナシ（梔子）―― 298 299	サルナメリ ―― 253*
カキ ―― 281	クヌギ（椚・櫟）―― 75 79*	サワグルミ（沢胡桃）―― 47* 48
カキノキ（柿木・柿樹）―― 281 301*	クマシデ（熊四手）―― 68* 69	サワシバ（沢柴）―― 68 69* 219*
カキノハダマシ ―― 301*	クマノミズキ（熊野水木）―― 257	サワフタギ（沢蓋木）―― 284
ガクアジサイ（額紫陽花）―― 153	クリ（栗）―― 85	サワラ（椹）―― 31* 35* 36
ガクウツギ（額空木）―― 155	クロベ（黒檜・榧）―― 31 35* 37	サンカクカエデ ―― 223*
カクレミノ（隠簑）―― 264	クロマツ（黒松）―― 19 20*	サンゴジュ（珊瑚樹）―― 308
カゴノキ（鹿子木）―― 124	クロモジ（黒文字）―― 117 118*	サンザシ（山櫨子）―― 177
カシ ―― 163*	クロヤナギ ―― 58*	サンシュユ（山茱萸）―― 259
カジカエデ（梶楓）―― 222	ケアブラチャン ―― 119*	サンショウ（山椒）―― 175* 200
カシグルミ ―― 47*	ゲッケイジュ（月桂樹）―― 122	サンショウバラ（山椒薔薇）―― 175
カジノキ（梶木）―― 98	ケナシヤブデマリ ―― 310*	シキミ（樒）―― 113
ガジュマル（―）―― 100	ケヤキ（欅）―― 92	シダレヤナギ（垂柳・四垂柳）―― 55
カシワ（柏）―― 77	ケヤマザクラ ―― 168*	シナノキ（科木）―― 244
カスミザクラ（霞桜）―― 168	ケヤマハンノキ（毛山榛木）―― 60	シバグリ ―― 85*
カタザクラ ―― 163*	ゲンカイツツジ（玄界躑躅）―― 274	シマサルスベリ（島百日紅）―― 252
カツラ（桂）―― 127	コウゾ（楮）―― 98* 99	シモクレン ―― 108
カナウツギ ―― 158*	コウヤボウキ（高野箒）―― 320	シモツケ（下野）―― 159
カナメモチ（要黐）―― 183	コウヤマキ（高野槇）―― 31	シャリンバイ（車輪梅）―― 182
ガマズミ（莢蒾）―― 311	コウヤミズキ ―― 146*	シラカシ（白樫）―― 84
カマツカ（鎌柄）―― 184	コーノキ ―― 127*	シラカバ（白樺）―― 62 63*
カヤ（榧）―― 44	コガクウツギ ―― 155*	シラキ（白木）―― 195
	コクサギ（小臭木）―― 199	シラビソ ―― 22* 25*
	コクチナシ（小梔子）―― 299	シリブカガシ（尻深樫）―― 88
	コゴメウツギ（小米空木）―― 158	シルク・ツリー ―― 188*
	コゴメヤナギ（小米柳）―― 51* 54	
	ゴサイバ ―― 197*	
	コシアブラ（金漆樹・漉油）―― 267	

シロシキブ ──── 302*	ツブラジイ ──── 82* 86*	ノイバラ(野茨・野薔薇) ──── 171
シロシデ ──── 70*	ツルウメモドキ(蔓梅擬) ──── 237	ノグルミ(野胡桃) ──── 46 47*
シロダモ(白一) ──── 123	ツルマサキ ──── 235*	ノダフジ ──── 193
シロバナハコネウツギ ──── 313*	テイカカズラ(定家葛) ──── 297	ノブドウ(野葡萄) ──── 240
シロバナハマナス ──── 173*	テウチグルミ ──── 47*	ノリウツギ(糊空木) ──── 152
シロバナヤマブキ ──── 170*	テマリカンボク ──── 307*	
シロブチヤツデ ──── 265*	テリハノイバラ(照葉野茨) – 171* 172	**ハ**
シロミナンテン ──── 129*	テリハノブドウ ──── 240*	
シロモジ(白文字) ──── 120 121*	トウカエデ(唐楓) ──── 150* 223	ハイイヌツゲ ──── 229*
シロヤナギ(白柳) ──── 51 54*	トウゴクミツバツツジ(東国三葉躑躅) ──── 275	バイタラジュ ──── 231*
スイカズラ(忍冬) ──── 315		ハイドランジア ──── 153*
スオウバナ ──── 189*	ドウダンツツジ(燈台躑躅・満天星) ──── 278	ハイノキ(灰木) ──── 285
スギ(杉) ──── 28* 29		ハイビャクシン(這柏槇) ──── 32
スズカケノキ(鈴懸木) ──── 142 143* 144*	トウネズミモチ(唐鼠黐) ──── 294	ハウチワカエデ(羽団扇楓) ──── 215 217*
スダジイ(一椎) ──── 82* 86	トガ ──── 26*	ハクウンボク(白雲木) ──── 283
ズミ(桷・棠梨) ──── 186	トキワアケビ ──── 130*	ハクサンシャクナゲ(白山石南花) ──── 276
セイヨウアジサイ ──── 153*	ドクウツギ(毒空木) ──── 205	
セイヨウキヅタ ──── 263*	ドクグルミ ──── 46*	ハクモクレン(白木蓮) ──── 107 108* 111*
セイヨウハコヤナギ(西洋箱柳) – 49	トサノミツバツツジ ──── 273*	ハクヨウ ──── 50*
セイヨウハシバミ ──── 65*	トサミズキ(土佐水木) ──── 147	ハコネウツギ(箱根空木) ──── 313
セッケンノキ ──── 282*	トチノキ(栃・橡) ──── 227	ハコネバラ ──── 175
センダン(栴檀) ──── 203	トチュウ(杜仲) ──── 89	ハシドイ(一) ──── 290
センノキ ──── 268	トックリハシバミ ──── 66*	ハシバミ(榛) ──── 65
ソナレ ──── 32	トドマツ(椴松) ──── 24	ハゼノキ(黄櫨・櫨) – 196* 209 210*
ソメイヨシノ ──── 165* 169*	トネリコ(秦皮・梣) ──── 289 291*	バッコヤナギ(一柳) ──── 52
ソロ ──── 70*	トビラノキ ──── 157*	ハナイカダ(花筏) ──── 255
ソロノキ ──── 70*	トベラ(海桐花) ──── 157	ハナズオウ(花蘇芳) ──── 189
		ハナツクバネウツギ ──── 312*
タ	**ナ**	ハナノキ(花木) ──── 211
		ハナミズキ(花水木) ──── 260* 261
ダイトウシロダモ ──── 123*	ナガバモミジイチゴ ──── 176*	ハマナシ ──── 173
タウエバナ ──── 314*	ナガバヤナギ ──── 56*	ハマナス(浜梨) ──── 173 174*
タカオモミジ ──── 212*	ナギ(梛・竹柏) ──── 41 319*	ハマヒサカキ ──── 141*
タカネナナカマド ──── 179*	ナギイカダ(梛筏) ──── 319	ハヤトミツバツツジ ──── 273*
タカノツメ(鷹爪) ──── 269	ナシ ──── 180*	ハリエンジュ(針槐樹) ──── 192
ダケカンバ(岳樺) ──── 24* 62* 63	ナツグミ(夏茱萸) ──── 248	ハリギリ(針桐) ──── 268
タゴ ──── 291*	ナツヅタ ──── 241*	バリバリノキ(一) ──── 125
タチヤナギ(立柳) ──── 53	ナツツバキ(夏椿) ──── 137 138*	ハルニレ(春楡) ──── 93 95*
タニウツギ(谷空木) ──── 314	ナナカマド(七竈) ──── 178	ハンテンボク ──── 112*
タブノキ(楠) ──── 116 286*	ナワシログミ(苗代茱萸) ──── 249	ハンノキ(榛木) ──── 59
タムシバ(一) ──── 109* 110	ナンキンハゼ(南京黄櫨) ──── 196	ヒイラギ(柊) ──── 163* 292
タラノキ(楤木) ──── 262	ナンジャモンジャ ──── 291	ヒイラギカシ ──── 163*
タラヨウ(多羅葉) ──── 230* 231	ナンテン(南天) ──── 129	ヒイラギナンテン ──── 129*
ダンコウバイ(檀香梅) ──── 120* 121	ニシキギ(錦木) ──── 234	ヒカンザクラ ──── 164*
タンナサワフタギ ──── 284*	ニセアカシア ──── 192*	ヒコサンヒメシャラ ──── 138*
チシャノキ(萵苣木) ──── 300* 301	ニレ ──── 93*	ヒサカキ(柃) ──── 141
チドリノキ(千鳥木) ──── 219	ニワトコ(接骨木・庭常) ──── 306	ヒダカミツバツツジ ──── 273*
チャノキ(茶木) ──── 136	ニンドウ ──── 315	ヒトツバカエデ(一葉楓) ──── 218
チューリップ・ツリー ──── 112*	ヌルデ(白膠木) ──── 207 251*	ヒトツバタゴ(一葉一) ──── 291
ツガ(栂) ──── 26 27*	ネコヤナギ(猫柳) ──── 58	ヒノキ(檜) ──── 25* 31* 34 36*
ツキデノキ ──── 255*	ネジキ(捩木・綟木) ──── 280	ヒノキアスナロ ──── 38*
ツクバネ(衝羽根) ──── 103	ネズ(杜松) ──── 39	ヒマラヤシーダー ──── 28*
ツクバネウツギ(衝羽根空木) – 312	ネズコ ──── 31* 37	ヒマラヤスギ(一杉) ──── 28
ツゲ(黄楊) ──── 204	ネズミサシ ──── 39	ヒメウコギ(姫五加木) ──── 266
ツタ(蔦) ──── 241 263*	ネズミモチ(鼠黐) ──── 295	ヒメシャラ(姫沙羅・姫裟羅) ──── 137* 138
ツタウルシ(蔦漆) ──── 206	ネブ ──── 188*	
ツノハシバミ(角榛) ──── 66	ネム ──── 188*	
	ネムノキ(合歓木) ──── 188	

さくいん

333

ビャクダン ──────── 203*
ヒュウガミズキ（日向水木）
──────── 146 147*
ヒョウタンボク ──────── 316
ヒョンノキ ──────── 149*
ビロードサワシバ ──────── 68*
ビロードムラサキ（一紫） ── 302
ビワ（枇杷） ──────── 102* 181
フウ（楓） ──────── 150 151*
フクリンヤツデ ──────── 265*
フクロシバ ──────── 67*
フサザクラ（総桜） ──────── 126
フジ（藤） ──────── 193
フジグルミ ──────── 48*
フジナンテン ──────── 129*
フシノキ ──────── 207*
ブナ（橅） ──────── 71* 72
フユヅタ ──────── 241*
プラタナス ──────── 143* 144
フリソデヤナギ ──────── 58*
ヘデラ ──────── 263*
ベニカナメモチ ──────── 183*
ベニバナハコネウツギ ──────── 313*
ベニマンサク ──────── 145*
ヘラノキ（箆木） ──────── 243
ホオノキ（朴） ── 77* 104* 105
ホソバアオダモ ──────── 286*
ホソバイヌグス ──────── 116*
ホソバグミ ──────── 248*
ホソバタイサンボク（細葉泰山木）
──────── 111
ホソバタブ ──────── 116*
ボダイジュ（菩提樹） ──────── 245
ポプラ ──────── 49
ホルトノキ（一） ──────── 242
ホワイトポプラ ──────── 50*

マ

マカバ ──────── 61*
マキ ──────── 40
マグワ（真桑） ──────── 96 97*
マサキ（正木・柾） ──────── 235
マタタビ（木天蓼） ──────── 133
マッコ ──────── 127*
マッコノキ ──────── 127*
マテバシイ（全手葉椎・真手葉椎）
──────── 87 88*
マユミ（真弓・檀） ──────── 236
マルバアオダモ（丸葉青一） ── 286
マルバカエデ ──────── 218*
マルバサツキ ──────── 271*
マルバシャリンバイ ──────── 182*
マルバチシャノキ（丸葉萵苣木）
──────── 300
マルバノキ（丸葉木） ──────── 145
マルバマンサク ──────── 148*
マルメロ ──────── 185*

マンサク（満作・萬作） ──────── 148
マンシュウハシドイ ──────── 290*
ミズキ（水木） ──────── 257* 258
ミズナラ（水楢） ──────── 24* 78
ミズメ（一） ──────── 64
ミズメザクラ ──────── 64*
ミツデカエデ（三手楓） ──────── 225
ミツバアケビ（三葉木通・三葉通草）
──────── 131* 132
ミツバツツジ（三葉躑躅） ── 273 275*
ミツマタ（三椏・三叉・三股） ── 99* 247
ミノカブリ ──────── 67*
ミヤコツギ ──────── 306*
ミヤマイボタ
（深山水蠟樹・深山疣取木） ── 296
ムクノキ（椋木） ──────── 90
ムクロジ（無患子） ──────── 226
ムシカリ ──────── 309
ムベ（郁子） ──────── 130
ムラサキシキブ（紫式部） ──────── 303
ムラサキハシドイ ──────── 290*
メギ（目木） ──────── 128
メグスリノキ（眼薬木） ── 224 225*
メタセコイヤ（一） ──────── 30
メマツ ──────── 19*
モガシ ──────── 242*
モクレン（木蓮・木蘭） ── 107* 108
モチノキ（黐木） ──────── 230
モッコク（木斛・木槲） ──────── 139
モミ（樅） ──────── 22* 23
モミジイチゴ（紅葉苺） ──────── 176
モミジバスズカケノキ（紅葉鈴懸木）
──────── 143* 144
モミジバフウ（紅葉楓） ──────── 151

ヤ

ヤエヤマブキ ──────── 170*
ヤチダモ（谷地一） ──────── 288
ヤツデ（八手） ──────── 265

ヤドリギ ──────── 91*
ヤブツバキ（藪椿） ──────── 134 135*
ヤブデマリ（藪手毬） ──────── 310
ヤブニッケイ（藪肉桂） ──────── 115
ヤマアジサイ（山紫陽花） ──────── 154
ヤマウグイスカグラ ──────── 317*
ヤマウルシ（山漆） ──────── 208
ヤマギリ ──────── 48*
ヤマグワ（山桑） ──────── 97 98*
ヤマザクラ（山桜） ── 167* 168* 169
ヤマシバカエデ ──────── 219*
ヤマツツジ（山躑躅） ──────── 272
ヤマナシ（山梨） ──────── 187
ヤマネコヤナギ ──────── 52 58*
ヤマハギ（山萩） ──────── 194
ヤマハゼ（山黄櫨） ──────── 210
ヤマハマナス ──────── 174
ヤマハンノキ ──────── 60*
ヤマブキ（山吹） ──────── 170 255*
ヤマフジ ──────── 193*
ヤマブドウ（山葡萄） ──────── 239
ヤマボウシ（山法師） ──────── 260
ヤマモミジ（山紅葉） ──────── 214
ヤマモモ（山桃・楊梅） ── 45 242*
ユキツバキ（雪椿） ──────── 135
ユズリハ（譲葉） ──────── 198
ユリノキ（百合木） ──────── 112
ヨーロッパモミ ──────── 23*
ヨグソミネバリ ──────── 64

ラ

ライラック ──────── 290*
ラクヨウショウ ──────── 18*
リュウキュウテリハノイバラ ── 172*
リョウブ（令法） ──────── 270
リンボク（橉木） ──────── 163
ローレル ──────── 122
ロサ・ルクスブルギー ──────── 175*
ロッカクヤナギ ──────── 55*

参考文献

『朝日百科/植物の世界』(全15巻, 朝日新聞社, 1997)
『資源植物事典/増補改訂版（7版）』(柴田桂太, 北隆館, 1989)
『週刊/日本の樹木』(全30巻, 学研, 2004)
『新日本植物誌/顕花編』(大井次三郎, 至文堂, 1983)
『図説/花と樹の大事典』(植物文化研究会, 柏書房, 1996)
『世界大百科事典/第2版』(平凡社, 1998)
『日本の野生植物/木本I』(佐竹義輔ほか, 平凡社, 1989)
『日本の野生植物/木本II』(佐竹義輔ほか, 平凡社, 1989)
『日本野生植物館』(奥田重俊, 小学館, 1997)
『葉でわかる樹木』(馬場多久男, 信濃毎日新聞社, 1999)
『山渓ハンディ図鑑3〈樹に咲く花〉離弁花1』(山と渓谷社, 2000)
『山渓ハンディ図鑑4〈樹に咲く花〉離弁花2』(山と渓谷社, 2000)
『山渓ハンディ図鑑5〈樹に咲く花〉合弁花・単子葉・裸子植物』(山と渓谷社, 2001)

監修
濱野周泰（はまの・ちかやす）
1953年生まれ。東京農業大学客員教授。専門は造園植物学および造園樹木学。社会資本整備検討会道路技術委員会委員、社叢学会副理事長などをつとめる。

写真協力　アルスフォト企画
　　　　　フォト・オリジナル
　　　　　石橋睦美
　　　　　中島隆
　　　　　松原渓
編集協力　田中つとむ

原寸図鑑 葉っぱでおぼえる樹木

2005年 9月30日 第 1 刷発行
2023年 6月10日 第10刷発行

監修者　濱野周泰
発行者　富澤凡子
発行所　柏書房株式会社
　　　　〒113-0033 東京都文京区本郷2-15-13
　　　　電話03(3830)1891［営業］ 03(3830)1894［編集］

装　丁　清水良洋（Malpu Design）
編　集　雅麗
印　刷　萩原印刷株式会社
製　本　株式会社ブックアート

© Kashiwashobo 2005, Printed in Japan
ISBN4-7601-2780-1

原寸図鑑 葉っぱでおぼえる樹木・2

濱野周泰・石井英美[監修]　　　　　　　　B5判・292頁 3,400円

山野に自生する日本の代表的な樹木はもちろん、庭や公園・街路に植えられる外国産樹木まで、日本に広く分布し身近に見る機会の多い樹木235種を収録した待望の第2弾。〈正・続〉2冊あわせて活用すれば北海道から沖縄に至る主要な樹木のほとんどが見分けられる。

自分で採れる薬になる植物図鑑

増田和夫[著]　　　　　　　　　　　　　　B5判・320頁 3,400円

薬になる身近な植物約300種の成分や健康効果を写真とともに解説。毒草やよく似た植物との見分け方、家庭栽培の方法など、類書では得られない情報が満載。症状や薬効、生薬名から検索可能なマルチインデックス付き。

鑑定図鑑 日本の樹木——枝葉で見分ける540種

三上常夫・川原田邦彦・吉澤信行[著]　　　B5判・484頁 7,800円
日本植木協会[編集協力]

造園・植木の現場の観点から構成した、実地で使える植物図鑑。基本種にプラスして色違いの派生種も掲載し、花・実・葉などの時期をチャート表示するなどヴィジュアル満載。

食べられる野生植物大事典——草本・木本・シダ〈新装版〉

橋本郁三[著]　　　　　　　　　　　　　　B5判・496頁 3,400円

北海道から沖縄まで、日本全国を調査し実際に食した約1100種の野生植物を、植物分類学の体系にそって網羅。植物の味を5段階で評価し、おいしさを最大限に引き出す調理レシピを紹介。また、自然環境を守るために、植物の希少性も5段階評価。有毒植物の種類と見分け方もわかりやすく解説。カラー図版750点。

〈価格税別〉

柏書房